高等学校教学用书

无机化学与化学分析学习指导

尤慧艳　主编

北京
冶金工业出版社
2016

内容提要

无机化学与化学分析是目前理工和综合性大学普遍开设的一门课程。本书以史启祯主编的《无机化学与化学分析》教材为参考，对本课程的学习提出了指导性的参考建议并附有大量例题与习题。

全书共17章。内容包括无机化学基础理论、平衡与滴定、元素及其化合物等。各章都含有教学基本要求、习题分析与解答、自测习题、自测习题答案四个部分。

本书可作为高等学校化学、化工、环境、过程控制、应用化学、医学、药学、生物工程等相关专业本科生的教学用书，也可供研究生及相关技术人员参考。

图书在版编目(CIP)数据

无机化学与化学分析学习指导/尤慧艳主编．—北京：冶金工业出版社，2011.9（2016.8 重印）

高等学校教学用书

ISBN 978-7-5024-5673-3

Ⅰ.①无… Ⅱ.①尤… Ⅲ.①无机化学—高等学校—教学参考资料 ②化学分析—高等学校—教学参考资料 Ⅳ.①O6

中国版本图书馆CIP数据核字(2011)第167181号

出 版 人 谭学余
地　　址 北京市东城区嵩祝院北巷39号 邮编 100009 电话 (010)64027926
网　　址 www.cnmip.com.cn 电子信箱 yjcbs@cnmip.com.cn
责任编辑 曾 媛 谢冠伦 美术编辑 吕欣童 版式设计 孙跃红
责任校对 卿文春 责任印制 李玉山
ISBN 978-7-5024-5673-3
冶金工业出版社出版发行；各地新华书店经销；三河市双峰印刷装订有限公司印刷
2011年9月第1版，2016年8月第3次印刷
787mm×1092mm 1/16；12.75印张；307千字；197页
25.00元

冶金工业出版社 投稿电话 (010)64027932 投稿信箱 tougao@cnmip.com.cn
冶金工业出版社营销中心 电话 (010)64044283 传真 (010)64027893
冶金书店 地址 北京市东四西大街46号(100010) 电话 (010)65289081(兼传真)
冶金工业出版社天猫旗舰店 yjgycbs.tmall.com

前　言

目前，许多高等学校，特别是理工和综合性大学，都将无机化学和化学分析合并为一门课程。由于配套的习题集，特别是近年来出版的习题集很少，给教学工作带来了一定的困难。本书的出版可以为高等学校的广大师生提供极大的方便，它对于加速实现高等教育课程体系的改革与建设具有重要的现实意义。

本书是按史启祯主编的《无机化学与化学分析》（高等教育出版社，2005）的章节顺序编写的，该教材已纳入教育部“高等教育面向21世纪教学内容和课程体系改革计划”，在高等学校本科教学中普遍使用，很受欢迎，但其二版教材没有课后习题。本书可以作为《无机化学与化学分析》教材的配套用书，同时也可以作为相关课程的主要参考书。本书内容突出教学重点，具有典型性，主要内容已经在大连大学环境与化学工程学院各专业六届学生中进行了教学实践，针对出现的问题不断进行修改和补充，日趋完善。

本书共17章，包括无机化学基础理论、平衡与滴定、元素及其化合物等内容。各章都含有教学基本要求、习题分析与解答、自测习题、自测习题答案四个部分。教学基本要求以近期教育部高等学校化学与化工学科教学指导委员会化学类专业教学指导分委员会为本科化学类专业教学制定的化学教学基本内容为指导，强调了各章教学的重点内容；习题分析与解答中的习题以史启祯主编的《无机化学与化学分析》第一版教材中的课后习题为基础，全部给出了参考答案；自测习题是编者在多年教学实践的基础上参考了大量资料编写而成的，既具有普遍性又具有典型性。自测习题答案给出了各题的参考答案，可为读者提供方便。

参加本书编写工作的人员皆为工作在本专业教学一线的、具有20年以上丰富教学工作经验的教师。全书17章，分别由大连大学的尤慧艳（第一章至第十七章部分内容）、武伟夫（第一章至第七章、第十二章至第十七章主要内容）、李英敏（第八章至第十一章主要内容）、齐建平（各章第二部分原题录入及全文校对）撰写，最后由尤慧艳增删、编辑、汇总定稿。

特别感谢已退休教师武伟夫老师为本书和本课程建设所付出的辛勤劳动和巨大贡献！

感谢大连大学教务处、环境与化学工程学院领导及本专业同仁的大力支持！

由于编者水平有限，不妥之处恳请读者批评指正。

编　者

2011 年春于大连

目　录

第一章 原子结构与元素周期律

一、教学基本要求

1. 了解核外电子运动的能量量子化特征及玻尔理论对氢原子及类氢离子光谱的解释。
2. 了解核外电子运动的波粒二象性特征。
3. 掌握波动力学中四个量子数的物理意义及其相互关系，能正确写出描述一个核外电子运动状态的四个量子数。
4. 熟悉波函数角度分布和径向分布图形。
5. 理解 $|\psi|^2$ 的物理意义。熟悉几率、几率密度及其相互关系。
6. 理解多电子原子体系中能级分裂与能级交错现象。
7. 掌握鲍林轨道填充顺序图。了解科顿能级图。
8. 熟练掌握核外电子排布三原则及常见元素的电子构型。
9. 掌握元素在周期表中的位置与其原子电子构型的关系。掌握元素周期表的分区，周期及族的结构。
10. 理解电离能、电子亲和能、电负性等概念的意义及它们与原子结构的关系。

在本章的学习过程中，应从核外电子的运动特征入手，以核外电子的排布规律为主线，掌握周期表中各元素基态原子的核外电子排布及其周期性变化规律，进而讨论元素性质的周期性，为研究分子结构和化学反应打下基础。

二、习题分析与解答

1. 区别下列概念。

（1）质量数和相对原子质量；

答： 质量数：对某种原子（核素）而言，其原子核中的质子数与中子数之和（为整数）。

相对原子质量（符号为 A_r）：对某元素而言，其平均原子质量（与同位素的丰度有关）与 ^{12}C 的原子质量的 1/12 的比值。

（2）线状光谱和连续光谱；

答： 线状光谱：不同元素的原子其特征波长的一系列光谱线。与原子轨道能级的差值有关。

连续光谱：由固体发光所产生的，波长连续变化的光谱图。

（3）原子轨道与玻尔的固定轨道；

答： 原子轨道：薛定谔方程的一个数学解，核外电子的一种可能的空间运动状态。

玻尔固定轨道：玻尔理论中假想的、核外电子可以在其上运动的、符合一定能量条件的圆形轨道。

（4）定态、基态和激发态；

答：定态：原子核外电子可能处于的受量子化条件制约的能态。

基态：能量最低的定态。

激发态：比基态能量高的其余的定态。

（5）顺磁性和抗磁性；

答：顺磁性：物质受磁场吸引的性质（与未成对电子数的多少有关）。

抗磁性：物质受磁场排斥的性质（不含未成对电子）。

（6）波长、波数和频率；

答：波长：波的一个周期性变化的距离（用 λ 表示）。

波数：单位长度（通常为 cm）内，波的周期性变化的次数。为 $1/\lambda$。

频率：单位时间（通常为 s）内，波的周期性变化的次数。$\gamma = c/\lambda$。

（7）电子的粒性和波性；

答：电子的粒性：电子的质量、运动速度、运动轨迹等，在经典物理中表现出来的性质。

电子的波性：电子在原子核外运动时表现出需用波动方程（薛定谔方程）描述的性质。如电子的衍射等。

（8）轨道能级的简并、分裂和交错；

答：轨道能级的简并：能级相同的轨道称为简并轨道。

轨道能级的分裂：在外磁场等因素的影响下，简并轨道的能级变得不相等的现象。

轨道能级的交错：多电子原子中，主量子数小的某些能级的能量高于主量子数大的某些能级的能量的现象。

（9）核电荷与有效核电荷；

答：核电荷：原子核由于所含质子数不同，而带有的不同数目的正电荷（为整数，与原子序数相等）。

有效核电荷：在中心势场模型中，原子核外其他电子对指定电子的作用，可以看做是部分地抵消了原子核的正电荷，相当于核电荷降低，这种降低后的核电荷称为有效核电荷。

（10）共价半径、金属半径和范德华半径；

答：共价半径：在以共价键结合的两原子间，由成键原子核间距所计算出来的半径。

金属半径：在金属晶体中，由相邻原子的核间距所计算出来的半径。

范德华半径：由两个相邻分子的相邻不成键原子的核间距所计算出来的半径。

（11）电子云径向分布曲线和电子云径向密度分布曲线；

答：电子云的径向分布曲线：以 $r^2R^2(r)$ 对 r 作图，所得的曲线。它表示电子在半径 r 至 $r+\mathrm{d}r$ 之间的球面薄壳层内出现的几率。通常在玻尔半径处有极大值。

电子云的径向密度分布曲线：以 $R^2(r)$ 对 r 作图，所得的曲线。它表示几率密度随半径的变化。如，对 s 电子云，在靠近原子核处有最大值，然后随 r 的增加而逐渐减小。

（12）波函数角度分布图和电子云角度分布图。

答：波函数的角度分布图：以不同的 θ 和 φ 值代入 $Y_{l,m}(\theta, \varphi)$ 的函数式后，由这些 Y 值所连成的曲面（Y 的值有正、负之分）。

电子云的角度分布图：以不同的 θ 和 φ 值代入 $Y^2_{l,m}(\theta, \varphi)$，由 Y^2 值所连成的曲面（Y^2 均为正值）。由于 $Y^2 \leqslant Y$，所以电子云角度分布图比波函数的角度分布图要瘦些。

2. 求下列运动物质的德布罗意波长，将计算结果填入表中的空格。

物　体	质量 m/kg	运动速度 v/m · s^{-1}	波长 λ/m
枪　弹	1.2×10^{-3}	1.5×10^{2}	
汽　车	2.6×10^{4}	24.6	
电　子	9.11×10^{-31}	3.0×10^{7}	

答：德布罗意波的波长 $\lambda = \dfrac{h}{mv}$。计算结果见下表：

物　体	质量 m/kg	运动速度 v/m · s^{-1}	波长 λ/m
枪　弹	1.2×10^{-3}	1.5×10^{2}	3.7×10^{-33}
汽　车	2.6×10^{4}	24.6	1.03×10^{-39}
电　子	9.11×10^{-31}	3.0×10^{7}	2.4×10^{-11}

3. 区别教材中介绍的两种周期表族编号系统，试根据现有知识讨论 IUPAC 为什么提出新的编号系统。（提示：稀有气体化合物的合成表明它们并非总是显零价；第 8、第 9、第 10 号三列与其他过渡元素相比没有什么特殊，原系统却既不使用副族、也不使用主族编号，将三列编为一组在周期表中也是唯一的；现存这两种容易造成混乱的主、副族符号习惯等）

答：对周期表的 18 个纵列，习惯的族编号系统为（有的还将Ⅷ族称为ⅧB 族、0 族称为ⅧA 族）：

ⅠA	ⅡA	ⅢB	ⅣB	ⅤB	ⅥB	ⅦB	←	Ⅷ	→	ⅠB	ⅡB	ⅢA	ⅣA	ⅤA	ⅥA	ⅦA	0

另一习惯编号系统为：

ⅠB	ⅡB	ⅢB	ⅣB	ⅤB	ⅥB	ⅦB	←	ⅧB	→	ⅠA	ⅡA	ⅢA	ⅣA	ⅤA	ⅥA	ⅦA	ⅧA

可见两系统在ⅠA、ⅡA 与ⅠB、ⅡB 间易造成混乱。加之 0 族并不总是显零价，ⅧB 的三列编为一族也不尽合理，所以提出 IUPAC 系统：

1	2	3	4	5	6	7	8	9	10	11	12	13	14	15	16	17	18

4. 描述电子运动状态的下列各组量子数中哪几组不可能存在？说明理由。（说明：给出的各组数字是按主量子数、角量子数、磁量子数排序的）。

(1) 2，2，0；(2) 2，1，1；(3) 3，0，3；(4) 2，3，0；(5) 3，2，2。

答：由于 n、l、m 的取值范围有一定的条件制约：$l = 0,1,2\cdots(n-1)$，l 的值只能小于 n；$m = 0$，±1，±2，…，$\pm l$，m 的值只能是 $|m| \leqslant 1$。所以有如下的结果：

(1) 2，2，0 不存在。$n=l$ 不行。

(2) 3，0，3 不存在。$l=0$ 时，m 只能是 0。

(3) 2，3，0 不存在。理由同 (1)。

5. 为什么鲍林近似能级图又称为电子填入的顺序图？试分别用鲍林图和科顿图判断过渡元素原子失去电子形成的正二价离子的电子构型（中性原子形成正离子时总是优先失去最高能级轨道上的电子）。两种方法是否得出相同的结果，哪一种结果是正确的？

答：鲍林近似能级图并不反映在不同元素的原子中各能级能量的实际高低，而只是形象地描述了价电子层的组成规律。它主要用于指导某元素原子的电子排布式（电子构型）的写出，所以又称电子填入顺序图。它较好地解决了 K、Ca 中 4s 与 3d 能级交错（即 $E_{4s}<E_{3d}$）及类似的一些情况。

科顿原子轨道能级图则完全是按照每一元素原子中各能级能量的实测值画出来的，真实反映了原子中各能级能量高低的情况。如 K、Ca 中，有 $E_{4s}<E_{3d}$。而无论是在其前的 Cl、Ar，还是在其后的 Sc、Ti 等，都是 $E_{4s}>E_{3d}$。这种情况，在鲍林能级图中是无法反映出来的。

对 Ti 的失电子，从科顿能级图看最先失去的是 4s 电子，与实际情况相符。按鲍林能级图，则是先失去 3d 电子，易造成混乱。

6. 写出下列原子（离子）的电子构型，其中的哪些具有顺磁性？

(1) Zn；(2) Mn；(3) As；(4) Rb；(5) F；(6) Cr；(7) Cu；(8) Fe^{2+}；(9) V^{2+}；(10) La^{3+}。

答：各原子（离子）的电子构型如下：(1) Zn：$1s^2 2s^2 2p^6 3s^2 3p^6 3d^{10} 4s^2$ 或 [Ar] $3d^{10}4s^2$；(2) Mn：[Ar]$3d^5 4s^2$；(3) As：[Ar]$3d^{10}4s^2 4p^3$；(4) Rb：[Kr]$5s^1$；(5) F：[He]$2s^2 2p^5$；(6) Cr：[Ar]$3d^5 4s^1$；(7) Cu：[Ar]$3d^{10}4s^1$；(8) Fe^{2+}：[Ar]$3d^6$；(9) V^{2+}：[Ar]$3d^3$；(10) La^{3+}：[Xe]。

其中的 (1)、(10) 无成单的电子，无顺磁性，其他均有顺磁性。

7. 完成下列表格，并从教材中核对你的答案。

价层电子构型	元素所在周期号	元素所在族号
$2s^2 2p^4$		
$3d^{10}4s^2 4p^4$		
$4f^{14}5d^1 6s^2$		
$3d^7 4s^2$		
$4f^9 6s^2$		

提示：(1) 周期号等于构型式中最大的主量子数。

(2) 确定族号可按下述方法：价层只涉及 ns 和 np 电子时，罗马数字表示的族号等于这些价电子的总和；价层只涉及 ns、np 和 $(n-1)$d 电子时，阿拉伯数字表示的族号（下同）等于这些价电子的总和；价层只涉及 ns、np、$(n-1)$d 和 $(n-2)$f 电子时，族号等于除 $(n-2)$f 电子外其余电子的总和，但 $(n-1)$d 电子为零时，其他价层电子总和加 1 才等于族号。镧系和锕系元素往往出现最后一种情况。

答：

价层电子构型	元素所在周期号	元素所在族号
$2s^24p^4$	2	ⅥA/16（IUPAC 系统）
$3d^{10}4s^24p^4$	4	ⅥA/16（IUPAC 系统）
$4f^{14}5d^16s^2$	6	ⅢB/3（IUPAC 系统）
$3d^74s^2$	4	Ⅷ/9（IUPAC 系统）
$4f^96s^2$	6	ⅢB/3（IUPAC 系统）

8. 完成下列表格，并从教材中核对你的答案。

价层电子构型	元素所在周期号	元素所在族号
	3	15/Ⅴ
	6	11
	4	8
	4	17/Ⅶ
	5	2

提示：先确定元素位于哪一区，然后根据该区特有的价层电子构型直接写出，不要使用顺序图。

答：

价层电子构型	元素所在周期号	元素所在族号
[Ne]$3s^23p^3$	3	15/Ⅴ
[Xe]$4f^{14}5d^{10}6s^1$	6	11
[Ar]$3d^64s^2$	4	8
[Ar]$3d^{10}4s^24p^5$	4	17/Ⅶ
[Kr]$5s^2$	5	2

9. 以鲍林近似能级图为基础，完成下列表格。

说明：下表中编号(1)～(5)分别指一特定电子在某原子中的5种运动状态；如果该原子为氢原子，得出的顺序填入（A）栏；如果为多电子原子，得出的顺序填入（B）栏；能级顺序由高到低用数字1，2，3…编号，能级相同时用相同的编号。

编 号	n	l	m	m_s	轨道符号	能级高低顺序（A）	能级高低顺序（B）
(1)	4	0	0	+1/2			
(2)	3	1	−1	−1/2			
(3)	3	2	0	+1/2			
(4)	3	2	−2	−1/2			
(5)	3	0	0	−1/2			

答：

编号	n	l	m	m_s	轨道符号	氢原子能级顺序	K、Ca 原子能级顺序	其余原子能级顺序
(1)	4	0	0	+1/2	4s	1	2	1
(2)	3	1	−1	−1/2	3p	2	3	3
(3)	3	2	0	+1/2	3d	2	1	2
(4)	3	2	−2	−1/2	3d	2	1	2
(5)	3	0	0	−1/2	3s	2	4	4

10. 什么是屏蔽效应和钻穿效应？用屏蔽和（或）钻穿效应解释下列问题。

（1）氢原子中：$E_{ns}=E_{np}=E_{nd}=E_{nf}$；

（2）多电子原子中：$E_{ns}<E_{np}<E_{nd}<E_{nf}$；

（3）周期表横行中自左向右两元素间原子半径的平均减小幅度：

主族元素原子 > 过渡元素原子 > 内过渡元素原子；

（4）第 2 族元素的第一电子亲和能小于同周期的第 1 和第 3 族元素；稀有气体元素的电子亲和能则是同周期元素中最小的。

答：屏蔽效应：在多电子原子中，其他电子对某指定电子的排斥作用，相当于减弱了原子核对该电子的吸引力，部分抵消了原子的核电荷。这种抵消作用称为屏蔽效应。

钻穿效应：由于电子云径向分布在靠近原子核处有小峰，从而使某电子较少受到其他电子的屏蔽，这种作用称为钻穿效应。

（1）氢原子中 $E_{ns}=E_{np}=E_{nd}=E_{nf}$。这是由于原子核外的单电子没有受到其他电子的屏蔽作用，电子的能级只取决于主量子数 n。

（2）钻穿效应的强弱可由电子云径向分布图中的小峰数来判断。离核近处的小峰数越多，钻穿效应越强。在 ns、np、nd、nf 序列中，小峰数依次减少，电子的钻穿效应逐渐减弱，能量升高。

（3）主族元素为 ns 或 np 电子填充，每增加一个核电荷，在最外层增加一个电子。外层电子的屏蔽作用不好，核电荷增大导致对电子的吸引力明显增大，原子半径显著减小。

过渡元素原子的核电荷增加时，增加的电子填充在次外层，其屏蔽效应要强些，使有效核电荷增加得不多，原子半径减小得不多。

内过渡元素原子的电子增加在更内的$(n-2)$f 能级，其屏蔽作用更强，使有效核电荷几乎不增。

（4）电子亲和能的大小，即结合一个电子时放出能量的多少，取决于原子核对所结合电子吸引力的强弱，而内层电子屏蔽作用的大小决定了该吸引力的强弱。屏蔽作用越强，该元素的电子亲和能就越小。

对第 1 族原子的 ns^1 和第 3 族原子的 ns^2np^1，增加的电子都填充在原来已有电子的亚层，屏蔽作用没有显著的变化。而第 2 族原子的 ns^2，增加的电子填充在 np 亚层，内层电子对其屏蔽有明显增加，所以电子亲和能较小。

对稀有气体元素，增加的电子要填充在一个新的电子层，内层电子对其屏蔽作用有极大的增强，所以其电子亲和能最小。

11. 什么是镧系收缩？试说明产生镧系收缩的原因以及这一现象对镧系元素本身和第六周期过渡元素性质的影响。

答： 镧系收缩是指随原子序数的增加，镧系元素原子半径很缓慢减小的现象。原因是镧系元素为 $(n-2)$f 电子填充，填在较内层的 4f 电子有较强的屏蔽作用，几乎完全抵消掉了核电荷的增加，使原子核的有效核电荷只有些许增大，对外层电子的吸引力稍稍增加，原子半径极缓慢地减小。

镧系收缩使镧系元素的性质极为相近，常共生、难分离；使第六周期过渡元素的原子半径与第五周期相应元素的原子半径相近，性质相近，造成分离困难。

12. 按半径大小将下列等电子离子排序：Na^+，F^-，Al^{3+}，Mg^{2+}，O^{2-}，并说明理由。

答： 半径由大到小为：$O^{2-} > F^- > Na^+ > Mg^{2+} > Al^{3+}$。

因为电子构型相同，核电荷依次增大，原子核对外层电子的吸引力增大，离子半径减小。

13. 解释电离能变化趋势。

（1）中性原子的第一电离能 I_1：

Li < Be > B < C < N > O < F < Ne

He > Ne > Ar > Kr > Xe > Rn

Mn > Tc > Re

（2）Ne 与 Na^+ 都有 10 个电子（等电子体），电子构型也相同（$1s^22s^22p^6$），但 Ne < Na^+(47.3eV)。

（3）Al 的各级电离能之间的关系：I_1(5.99eV) < I_2(18.83eV) < I_3(28.45eV) << I_4(120.0eV)。

答：（1）在同一周期中，随原子核电荷的增加，应该有第一电离能逐渐增大的趋势。又由于 Be 为[He]$2s^2$ 电子构型，为全满；N 为[He]$2s^22p^3$，为半充满，都有特殊的稳定性，其电离能分别大于其后一元素。从而有 Li < Be > B < C < N > O < F < Ne 的顺序。

（2）在同一族中，随电子层数的增加，原子核对外层电子的吸引力减弱，电离能变小。从而对 0 族有 He > Ne > Ar > Kr > Xe > Rn，对ⅦB 族也有 Mn > Tc > Re。Ne 与 Na^+ 的电子构型虽然相同，但核电荷数不同，所以分别再电离出一个电子所需的能量不同。

（3）由于离子带有正电荷后电子间的斥力变小，电离能肯定要增大，对任何元素都有 $I_1 < I_2$。对 Al 来说，电子构型为[Ne]$3s^23p^1$，失去 3 个电子还是比较容易的。失去属于原子实的内层的第四个电子，会很难。所以有 $I_1 < I_2 < I_3 \ll I_4$。

三、自测习题

（一）选择题

1. 原子半径最接近下列哪个数据（　）。

A. 1μm　　B. 1nm　　C. 1pm　　D. 1fm

2. 最成功解释氢光谱的学者是（　）。

A. 汤姆逊　　B. 德布罗意　　C. 玻尔　　D. 海森堡

3. 下列关于氢原子结构叙述不正确的是（　）。

A. 电子在 $r<53$pm 的区域出现的几率密度大

B. 电子在 $r=53$pm 处出现的几率最大

C. 电子在 $r=53$pm 处出现的几率密度最大

D. 电子在 $r>53$pm 的空间出现的几率随 r 的增大而减小

4. 玻尔理论不能解释（　）。

A. 氢原子光谱为线状光谱

B. 在一给定的稳定轨道上，运动的核外电子不发射能量——电磁波

C. 氢原子的可见光区谱线

D. 氢原子光谱的精细结构

5. 氢原子第一激发态上的电子能量为（　）。

A. −13.6ev　　B. −3.4ev　　C. −6.8ev　　D. 13.6ev

6. 基态氢原子的半径为（　）。

A. 0.53pm　　B. 0.53nm　　C. 53pm　　D. 53nm

7. 量子力学的一个轨道（　）。

A. 与玻尔理论中的原子轨道相同

B. 是 n 有一定值时的一个波函数

C. 是 n，l 有一定值时的一个波函数

D. 是 n，l，m 有一定值时的一个波函数

8. 下列各量子数（n，l，m，m_s 依次排列），可能存在的是（　）。

A. 3，2，2，+1/2　　B. 3，0，1，+1/2

C. 2，−1，0，−1/2　　D. 2，0，−2，+1/2

9. 一个原子的 M 壳层能容纳的电子数是（　）。

A. 8　　B. 18　　C. 32　　D. 50

10. 下列各组中，量子数不合理的一组是（　）。

A. $n=2$，$l=2$，$m=2$，$m_s=+1/2$　　B. $n=3$，$l=2$，$m=2$，$m_s=+1/2$

C. $n=1$，$l=0$，$m=0$，$m_s=-1/2$　　D. $n=2$，$l=1$，$m=0$，$m_s=+1/2$

11. 在波动力学模型中，所谓原子轨道是指（　）。

A. 一定的电子云　　B. 核外电子的几率

C. 一定的波函数　　D. 某个径向分布函数

12. 下列关于电子云的说法，不正确的是（　）。

A. 电子云是描述核外某空间电子出现的几率密度的概念

B. 电子云是 $|\psi|^2$ 的形象化描述

C. 电子云有多种图形，黑点图只是其中一种

D. 电子就像云雾一样在原子核周围运动，故称为电子云

13. 下列说法错误的是（　）。

A. $|\psi|^2$ 表示电子出现的几率密度　　B. $|\psi|^2$ 表示电子出现的几率

C. $|\psi|^2$ 在空间分布的图形称为电子云　　D. $|\psi|^2$ 值一定大于 ψ 值

14. 下列说法不正确的是（　）。

A. 氢原子中，电子的能量只取决于主量子数 n

B. 多电子原子中，电子的能量不仅与 n 有关，还与 l 有关

C. 波函数由四个量子数确定

D. $m_s = \pm 1/2$ 表示电子的自旋有两种方式

15. 下列波函数符号错误的是（　）。

A. $\psi(1,0,0)$　　B. $\psi(2,1,0)$　　C. $\psi(1,1,0)$　　D. $\psi(3,0,0)$

16. $n=4$ 时 m 的最大取值为（　）。

A. 4　　B. ±4　　C. 3　　D. 0

17. 2p 轨道的磁量子数可能有（　）。

A. 1，2　　B. 0，1，2

C. 1，2，3　　D. 0，+1，-1

18. n，l，m 确定后，仍不能确定该量子数组合所描述的原子轨道的（　）。

A. 数目　　B. 形状

C. 能量　　D. 所填充的电子数目

19. 描述一确定的原子轨道（即一个空间运动状态），需用以下参数（　）。

A. n，l　　B. n，l，m　　C. n，l，m，m_s　　D. 只需 n

20. 原子中电子的描述不可能的量子数组合是（　）。

A. 1，0，0，+1/2　　B. 3，1，1，-1/2

C. 2，2，0，-1/2　　D. 4，3，-3，-1/2

21. 下列对四个量子数的说法正确的是（　）。

A. 电子的自旋量子数是1/2，在某一个轨道中有两个电子，故总自旋量子数是1或是0

B. 磁量子数 $m=0$ 的轨道都是球形的轨道

C. 角量子数 l 的可能取值是从 0 到 n 的正整数

D. 多电子原子中，电子的能量取决于主量子数 n 和角量子数 l

22. 在主量子数为 4 的电子层中，能容纳的最多电子数是（　）。

A. 18　　B. 24　　C. 32　　D. 36

23. 多电子原子中，在主量子数为 n，角量子数为 l 的分层上，原子轨道数为（　）。

A. $2l+1$　　B. $n-1$　　C. $n-l+1$　　D. $2l-1$

24. 在多电子原子中，各电子具有下列量子数，其中能量最高的电子是（　）。

A. 2，1，-1，+1/2　　B. 2，0，0，-1/2

C. 3，1，1，-1/2　　D. 3，2，-1，+1/2

25. 当基态原子的第六电子层只有两个电子，则原子的第五电子层的电子数是（　）。

A. 肯定为 8 电子　　B. 肯定为 18 电子

C. 肯定为 8～18 电子　　D. 肯定为 8～32 电子

26. 在多电子原子中，决定轨道能量的是（　）。

A. n　　B. n 和 l　　C. n、l 和 m　　D. n 和 m

27. 钻穿效应使屏蔽效应（　）。

A. 增强　　B. 减弱

C. 无影响　　D. 增强了外层电子的屏蔽效应

28. 下列电子构型中，属于原子激发态的是（　）。

A. $1s^22s^22p^63s^23p^6$　　B. $1s^22s^22p^63s^23p^64s^2$

C. $1s^22s^22p^63s^23p^64s^1$　　D. $1s^22s^22p^63s^23p^63d^1$

29. 第39号元素钇的电子排布应是下列各组中的（　）。

A. $1s^22s^22p^63s^23p^63d^{10}4s^24p^64d^15s^2$　　B. $1s^22s^22p^63s^23p^63d^{10}4s^24p^65s^25p^1$

C. $1s^22s^22p^63s^23p^63d^{10}4s^24p^64f^15s^2$　　D. $1s^22s^22p^63s^23p^63d^{10}4s^24p^65s^25d^1$

30. 下列元素中，哪一个元素外围电子构型中3d全满、4s半充满（　）。

A. 汞　　B. 银　　C. 铜　　D. 镍

31. 下述几种元素：C、Cr、Ag、Pb基态原子中，未成对电子数应分别是（　）。

A. 2、1、1、2　　B. 2、1、4、1　　C. 2、6、1、2　　D. 2、4、1、2

32. 氢原子的3d和4s能级的能量高低是（　）。

A. 3d > 4s　　B. 3d < 4s

C. 3d = 4s　　D. 无3d、4s轨道，无所谓能量高低

33. 第六周期元素最高能级组为（　）。

A. 6s6p　　B. 6s6p6d　　C. 6s5d6p　　D. 4f5d6s6p

34. 一个原子在第三电子层上有10个电子可以写成（　）。

A. 3^{10}　　B. $3d^{10}$　　C. $3s^23p^63d^2$　　D. $3s^23p^64s^2$

35. 某金属离子 M^{2+} 的第三电子层中有15个电子，该金属的符号是（　）。

A. Fe　　B. Mn　　C. Co　　D. Ni

36. 某元素位于周期表中36号元素之前，失去3个电子后，在角量子数为2的轨道上刚好半充满，该元素是（　）。

A. 铬　　B. 钌　　C. 砷　　D. 铁

37. 外围电子构型为 $4f^75d^16s^2$ 的元素在周期表中的位置应为（　）。

A. 第四周期ⅦB族　　B. 第五周期ⅢB族

C. 第六周期ⅦB族　　D. 第六周期ⅢB族

38. 如果发现114号元素，该元素应属于哪一周期、哪一族（　）。

A. 第八周期ⅢA族　　B. 第六周期ⅤA族

C. 第七周期ⅣB族　　D. 第七周期ⅣA族

39. 下列基态原子中，第一电离能最大的是（　）。

A. B　　B. C　　C. N　　D. O

40. 按周期表排列，元素Be、B、Mg、Al的电负性大小顺序为（　）。

A. B > Be > Al > Mg　　B. B > Al > Be > Mg

C. B > Be ≈ Al > Mg　　D. B < Al < Be < Mg

41. 以下元素原子半径递变规律是（　）。

A. Be < B < Na < Mg　　B. B < Be < Mg < Na

C. Be < B < Mg < Na　　D. B < Be < Na < Mg

42. 在周期表中，第一电子亲和能具有最大值的元素是（　）。

A. F　　B. Cl　　C. Br　　D. O

43. 氧原子的第一电子亲和能 E_1 和第二电子亲和能 E_2 的值应该（　）。

A. 都是负值　　B. 都是正值

C. E_1 是正值、E_2 为负值　　D. E_1 是负值、E_2 为正值

44. 鲍林电负性可以预言元素的下列哪个性质（　）。

A. 配位数　　B. 偶极矩　　C. 分子的极性　　D. 键的极性

45. 下面各系列哪一个是按电离能增加的顺序排列的（　）。

A. C，P，Se　　B. O，F，Ne　　C. B，Be，Li　　D. Li，Na，K

46. 下列原子或离子中，半径最大的是（　）。

A. P　　B. S^{2-}　　C. Mg^{2+}　　D. Cl^-

47. 在下面的电子结构中，第一电离能最小的原子可能是（　）。

A. ns^2np^3　　B. ns^2np^5　　C. ns^2np^4　　D. ns^2np^6

48. 下列原子中电离能最大的是（　）。

A. Be　　B. C　　C. Al　　D. Si

49. 第一电子亲和势最大的元素是（　）。

A. F　　B. Cl　　C. Na　　D. H

50. 有 A、B 和 C 三种主族元素，若 A 元素阴离子与 B、C 元素的阳离子具有相同的电子层结构，且 B 的阳离子半径大于 C，则这三种元素的原子序数大小次序是（　）。

A. B < C < A　　B. A < B < C　　C. C < B < A　　D. B > C > A

（二）填空题

1. 微观粒子运动的共性是__________和__________。

2. 基态氢原子的 1s 电子在距核 53pm 附近的__________中出现的__________最大。这是因为距核较近时，__________虽大，__________却较小，因而__________较小；距核较远时，__________虽较大，__________却很小，因而__________也较小之故。

3. 符号 4d 表示主量子数 n 等于__________，角量子数等于__________。该电子亚层最多可能有__________种空间取向不同的轨道，可容纳最多__________个电子。

4. 波函数角度分布图与__________量子数无关，只由__________量子数决定。

5. 含有半满 p 亚层的最轻原子是__________。

6. 写出具有下列指定量子数的原子轨道符号。

（1）$n=4$，$l=1$ __________；（2）$n=5$，$l=2$ __________。

7. 对于原子的外层电子来说，__________值越大则能级越高，对于原子较深内层电子来说，能级的高低基本上仍决定于__________。

8. 氢原子 1s 电子的__________是在原子核附近最大，而__________的径向分布却是在 52.9pm 处最大。

9. 电子云的角度分布图表示了电子在空间不同角度出现的__________的大小，而几率的径向分布图则表示电子在整个空间出现的几率随__________变化的情况，从而反映了核外电子几率分布的层次及穿透性。

10. 氢原子的电子能级由__________决定，而锂原子的电子能级由__________共同决定。

11. 当 $n=4$ 时，电子层最大电子容量为__________。如果没有能级交错，其各轨道能级的顺序为__________。实际 4f 第一个电子将在周期表中__________周期、__________元素中的第__________个元素中出现。该元素的名称为__________。
12. 在近似能级图中，4s < 3d 是由于__________的缘故。
13. 下述原子在基态时有多少个未配对的电子？
（1）Mn __________；（2）Fe __________；
14. 试填写适合下列条件的各元素的名称（以元素符号表示）。
（1）含有半满 p 亚层的最轻原子__________；
（2）某元素最外层有 2 个电子的量子数为 $n=4$，$l=0$ 和 8 个电子的量子数为 $n=3$，$l=2$__________。
15. 已知下列元素在周期表中的位置，写出它们的外层电子构型和元素符号。
（1）第四周期第ⅣB 族__________；
（2）第五周期第ⅦA 族__________。
16. 在多电子原子中，电子的钻穿效应是指由于角量子数 l 不同，几率的径向分布不同，电子钻到核外附近的几率不同，因而__________不同的现象，称为电子的钻穿效应。钻穿效应不仅能解释 n 相同，l 不同时轨道能量的高低，而且可以解释当 n 和 l 都不同时，有些轨道发生__________。
17. 能级组划分为Ⅰ、Ⅱ、Ⅲ…等组的根据是各能级的（$n+0.7l$）的第一位数是几就属第几能级组，能级组的划分是元素周期表中__________的依据。而最高能级组中电子的填充是元素周期表中__________的依据。
18. 主族元素原子的价电子层结构特征是__________；副族元素原子的价电子层结构特征是__________。
19. 镧系元素的价电子构型为__________，锆与铪性质相似是由于__________。
20. 在某一周期，其稀有气体最外层电子构型为 $4s^2 4p^6$。其中有 A、B、C、D 四种元素。已知它们最外层电子数分别为 2、2、1、7；A、C 的次外层电子数为 8；B、D 的次外层电子数为 18。则 A __________、B __________、C __________、D __________。
21. $Z=46$ 的元素的电子构型为__________，其元素名称为__________。
22. 在元素周期表中，按外电子层构型可将它们分为__________、__________、__________、__________、__________五个区域。各区的价电子通式为__________、__________、__________、__________、__________。
23. Ag 是第五周期ⅠB 族元素，它的价电子构型为__________。
24. 价电子构型为 $3d^3 4s^2$ 的元素，在元素周期表中位于__________周期__________族。
25. 铬的原子序数是 24，其外层电子构型是__________。Tl^+ 的价电子构型是__________。
26. 元素的电负性数值越大，在分子中此元素__________越强。
27. 一个元素的外层电子结构为 ns^2np^3，它可能出现的价态是__________。
28. Be 的第一电离能大于 B 的第一电离能，这是因为__________。

（三）问答题

1. 在氢原子的激发态中，4s 和 3d 哪一个状态的能量高，在钾原子中，4s 和 3d 哪一个状态的能量高，为什么？

2. 根据电子构型预测元素 Mg、Cr、Au 的最高氧化态。
3. 某元素位于第五周期VB，写出元素符号和三价离子的电子构型。用四个量子数表示离子最外层电子的运动状态。
4. 根据原子核外电子排布规律，试推断115号元素的电子结构，并指出它可能与哪个元素的性质相似。
5. 价电子构型满足下列条件的是哪个元素？

（1）在 $n=4$、$l=0$ 的亚层有两个电子，在 $n=3$、$l=2$ 的亚层有六个电子的元素；

（2）4s 与 3d 为半充满的元素；

（3）具有 4 个 p 电子的元素。

6. 已知某元素在氪之前，当此元素的原子失去1个电子后在其角量子数为2的轨道内恰好达到半满。试推断该元素的名称，并说明它属哪一族。
7. 写出24号元素的电子排布式，并指出该元素是第几周期，第几族，金属还是非金属，最高氧化数是几？
8. 写出原子序数分别为33、52、74三种元素原子的电子排布，并判断它们在周期表中的位置（区、周期、族）及元素名称。
9. 写出下列原子或离子的核外电子排布。

（1）Cl（17号元素），Cl^-　（2）Fe（26号元素），Fe^{3+}　（3）Hg（80号元素）

判断上述各元素分别属于第几周期？第几族？

10. 有第四周期的A，B，C，D四种元素，其价电子数依次为1，2，2，7。其原子序数按A，B，C，D顺序增大，已知A与B的次外层电子数为8，而C与D的次外层电子数为18，根据结构判断：

（1）哪些是金属元素？

（2）D与A的简单离子是什么？

（3）哪一种元素的氢氧化物碱性最强？

（4）B与D两原子间能形成何种化合物？写出其化学式。

11. 元素的最高氧化数和原子的电子层结构有何联系，在常见元素中哪些元素的氧化数是不变的，哪些元素的氧化数是可变的？
12. 试从原子结构解释以下各项：

（1）逐级电离能总是 $I_1 < I_2 < I_3$。

（2）第二、第三周期的元素由左到右第一电离能逐渐增大，并出现两个转折。

（3）电离能总为正，且数值上大于电子亲和能。

13. 下列各组元素中，哪一个元素的第一电离能较高？

Li 和 Cs，Na 和 Cl，N 和 O，Cu 和 Zn。

14. 说明为什么氟的第一电子亲和能小于氯的第一电子亲和能。
15. 说明同一周期过渡元素的原子半径变化规律及原因。
16. 元素电负性意义是什么，电负性数据应用在哪些方面？
17. 元素周期表中非金属元素的电子亲和能大小的一般规律如何，为什么？

四、自测习题答案

（一）选择题

1. B；2. C；3. C；4. D；5. B；6. C；7. D；8. A；9. B；10. A；11. C；12. D；13. D；14. C；15. C；16. C；17. D；18. D；19. B；20. C；21. D；22. C；23. A；24. D；25. C；26. B；27. B；28. D；29. A；30. C；31. C；32. B；33. D；34. C；35. C；36. D；37. D；38. D；39. C；40. C；41. B；42. B；43. C；44. D；45. B；46. B；47. C；48. B；49. B；50. B。

（二）填空题

1. 量子化特征，波粒二象性。
2. 单位厚度球壳，概率，电子出现的概率密度，单位厚度球壳的体积，电子出现的概率，单位厚度球壳的体积，电子出现的概率密度，电子出现的概率。
3. 4，2，5，10。
4. 主，角。
5. N：$2p^3$。
6. （1）4p；（2）5d。
7. $n+0.7l$，n。
8. 几率密度，几率。
9. 几率密度，半径。
10. 主量子数，主量子数和角量子数。
11. 32，E_{4s}、$E_{4p_x}=E_{4p_y}=E_{4p_z}$、$E_{4d_{xy}}=E_{4d_{yz}}=E_{4d_{zx}}=E_{4d_{x^2-y^2}}=E_{4d_{z^2}}$，第六，镧系，2，铈。
12. 能级交错。
13. （1）5；（2）4。
14. （1）N；（2）Ni。
15. （1）Ti：$3d^24s^2$；（2）I：$5s^25p^5$。
16. 能量，能级次序交错的现象。
17. 化学元素划分为周期，元素分族排列。
18. $ns^{1\sim2}$或$ns^2np^{1\sim6}$，$(n-1)d^{1\sim10}ns^{1\sim2}$。
19. $4f^{1\sim14}5d^{0\sim1}6s^2$，镧系收缩的影响。
20. A为Ca，B为Zn，C为K，D为Br。
21. [Kr]$4d^{10}$，钯（Pd）。
22. s，d，ds，p，f，$ns^{1\sim2}$，$(n-1)d^{1\sim9}ns^{1\sim2}$（价电子总数为3～10），$(n-1)d^{10}ns^{1\sim2}$，$ns^2np^{1\sim6}$，$(n-2)f^{1\sim14}(n-1)d^{0\sim1}ns^2$。
23. [Kr]$4d^{10}5s^1$。
24. 第四，VB。
25. $3d^54s^1$，$5d^{10}6s^2$。
26. 吸引电子的能力。

27. 3 或 5。

28. Be 为全满结构很稳定。

（三）问答题

1. **答**：在氢原子中，4s 状态的能量高，因为在单电子状态下，能量只取决于主量子数。在钾原子中，3d 状态的能量高，因为在多电子原子中，能量除与主量子数有关外，还与角量子数有关。

2. **答**：Mg 的电子构型为[Ne]$3s^2$，最高氧化态是 2；Cr 的电子构型为[Ne]$3d^5 4s^1$，最高氧化态是 6；Au 的电子构型为[Xe]$5d^{10} 6s^1$，由于 d 电子也可部分失去，所以最高氧化态是 3（ⅠB 族各元素的最高氧化态较特殊，需单独记忆）。

3. **答**：Nb，[Kr]$4d^2$，(4，2，0，+1/2) 及 (4，2，1，+1/2)。

4. **答**：[Rn]$5f^{14} 6d^{10} 7s^2 7p^3$，ⅤA 的 Bi。

5. **答**：(1) Fe；(2) Cr；(3) O、S 等ⅥA 元素。

6. **答**：铬，ⅥB。

7. **答**：$1s^2 2s^2 2p^6 3s^2 3p^6 3d^5 4s^1$，第四周期，ⅥB，金属元素，最高氧化数为 6。

8. **答**：33 号元素，[Ar]$3d^{10} 4s^2 4p^3$，p 区，第四周期，ⅤA 族，砷（As）。
   52 号元素，[Kr]$4d^{10} 5s^2 5p^4$，p 区，第五周期，ⅥA 族，碲（Te）。
   74 号元素，[Xe]$4f^{14} 5d^4 6s^2$，d 区，第六周期，ⅥB 族，钨（W）。

9. **答**：(1) Cl（17 号元素），[Ne]$3s^2 3p^5$，第三周期，ⅦA；Cl^-，[Ne]$3s^2 3p^6$。
   (2) Fe（26 号元素），[Ar]$3d^6 4s^2$，第四周期，ⅧB；Fe^{3+}，[Ar]$3d^5$。
   (3) Hg（80 号元素），[Xe]$4f^{14} 5d^{10} 6s^2$，第六周期，ⅡB。

10. **答**：(1) A，B，C 是金属元素；(2) A^+，D^-；(3) AOH；(4) $CaBr_2$。

11. **答**：主族元素的最高氧化数等于原子价电子层的电子数，也就等于其族序数。副族元素情况稍有不同，次外层电子数多于 8 而少于 18 的一些元素，在反应中它们除失去最外层的电子外，还失去次外层上的一部分 d 电子。失去电子总数就等于该元素所在的族序数，除第Ⅷ和ⅠB 外，副族元素的最高氧化数也等于族序数。常见的元素中 s 区主族元素在各种化合物中通常氧化数不变，而大多数 p 区元素和大多数副族（包括Ⅷ族）元素有可变氧化数。

12. **答**：(1) 随核外电子的逐个失去，原子核的有效核电荷增大，电离所需能量增大。
    (2) 同周期中，随核电荷增多，电离能要逐渐增大。但第二周期的 Be 全充满的 $2s^2$ 和 N 半充满的 $2p^3$，都比后一元素难失去电子，电离能要大。第三周期的 Mg 与 P 也有同样的情况。
    (3) 克服原子核的静电引力移去电子，要吸收能量，电离能总为正。电子亲和能在数值上相当于其逆过程 $M^- \rightarrow M$ 的能量变化。与电离过程在一起比较 $M^- \rightarrow M \rightarrow M^+$。可见，先、后过程的区别在于，核外电子是在不同的情况下连续失去的。前一过程（即电子亲和能）是在电子较多的情况下失电子，电子相互间的斥力大，相对所需的能量要较少，数值上大于后者的电离能。

13. **答**：电离能 Li > Cs，Na < Cl，N > O，Cu < Zn。

14. **答**：F 原子半径很小，再增加一个电子时，在较小体积内的电子间会有很大的斥力，

体系 F^- 不如 Cl^- 稳定。F 得一个电子时放出的能量较少。

15. **答**：同周期过渡元素原子半径从左至右递减，但较缓慢，这是因为新增电子增在次外层的 d 亚层中，这些增加的电子有效地屏蔽着增大的核电荷对外层 *ns* 电子的作用，从而使原子半径的递减变化很小。

16. **答**：元素电负性意义：通常把原子在分子中吸引成键电子的能力或本领称为元素电负性。元素电负性值越大，其原子吸引电子能力越强。在所形成的分子中就得到或靠近成键电子，成为负电荷一方，反之则反。

应用：

（1）判断元素金属性和非金属性，一般以电负性值 2 为判断标准。大于 2 的一般为非金属，电负性值越大，非金属性越强；小于 2 的一般为金属，电负性值越小，金属性越强。

（2）预估化合物中的化学键类型，若形成化合物的两种原子电负性值相差大于 1.7 为离子键，小于 1.7 为共价键。

17. **答**：一般规律为：在同一周期中，从左到右由于元素有效核电荷逐渐增加，原子半径逐渐减小，元素的电子亲和能逐渐增大（即代数值逐渐减小）。在同一族中，从上到下，由于原子半径不断增加，元素的电子亲和能减小（代数值增加）。但同一族中第三周期元素的电子亲和能反而大于第二周期元素的电子亲和能，这是因为第二周期元素的原子半径小，电子云密度大，所以接受外来电子时，第二周期元素的原子核外价电子对外来电子的排斥力大，故其电子亲和能反而小。

第二章　化学键与分子结构

一、教学基本要求

1. 掌握离子化合物的特点，离子半径、离子的电子构型及晶格能等概念。
2. 掌握价键理论的基本要点，成键特点及成键类型。
3. 熟悉杂化轨道理论的基本内容，会用其解释某些分子或离子的空间构型，从而判断物质的某些性质。
4. 掌握价层电子对互斥理论并用其判断某些分子或离子的空间构型。
5. 了解分子轨道理论，能用其分析同核双原子分子的成键情况。
6. 了解分子间力的产生及影响分子间力大小的因素。
7. 熟悉氢键的形成条件及氢键的特点，了解氢键对物质性质的影响。

在本章的学习过程中应以化学键的形成为主线，掌握分子特别是共价分子的成键特征并判断其空间构型。同时注意分子内化学键和分子间力的区别。

二、习题分析与解答

1. 区分下列概念。

（1）离子键、共价键和金属键；

答：离子键：离子晶体中正、负离子间的静电作用。

共价键：原子通过共用电子对而形成的化学键。

金属键：金属晶体中，自由电子与金属阳离子间的作用力。

（2）金属导电和离子导电；

答：金属导电：金属晶体中，自由电子在外电场的作用下定向移动。

离子导电：在溶液、熔融状态或某些特殊固体中，由于离子定向移动而产生的导电现象。

（3）极性共价键和非极性共价键；

答：极性共价键：共用电子对偏向某一个键合原子的共价键。

非极性共价键：共用电子对同等程度地属于两个键合原子的共价键。

（4）共价键和配位键；

答：共价键：原子通过共用电子对而形成的化学键（两个电子可由双方提供、也可单方提供）。

配位键：构成电子对的两个电子均由一个原子提供的共价键（是特殊的共价键）。

（5）给予体原子和接受体原子；

答：给予体原子：在配位键中，提供电子给双方共用的原子。

接受体原子：在配位键中，提供空轨道，以接受另一方提供的电子对的原子。

（6）电正性原子和电负性原子；

答：电正性原子：分子中具有部分正电荷的成键原子。

电负性原子：分子中具有部分负电荷的成键原子。

（7）d^2sp^3 杂化轨道和 sp^3d^2 杂化轨道；

答：d^2sp^3 杂化轨道：由 2 个 $(n-1)$d 轨道、1 个 ns 轨道、3 个 np 轨道杂化所形成的轨道。

sp^3d^2 杂化轨道：由 1 个 ns 轨道、3 个 np 轨道、2 个 nd 轨道杂化所形成的轨道。

（8）价键理论和分子轨道理论；

答：价键理论：用原子轨道重叠（电子在两个原子间出现的机会更多）来解释共价键的形成。

分子轨道理论：电子不再属于某一个原子，而是在属于整个分子的分子轨道上运动。

（9）成键分子轨道和反键分子轨道；

答：成键分子轨道：在能量相近的两个原子轨道形成的分子轨道中，能级低的为成键分析轨道。

反键分子轨道：在能量相近的两个原子轨道形成的分子轨道中，能级高的为成键分析轨道。

（10）σ 键和 π 键；

答：σ 键：重叠轨道的电子云密度绕键轴对称的共价键（头对头）。

π 键：重叠轨道的电子云密度以包含键轴的某一特定平面为对称面的共价键（肩并肩）。

（11）定域键和离域键；

答：定域键：以共用电子对的形式构成的，电子云在两原子核间重叠的共价键。

离域键：由分子轨道理论才能解释的，电子云要遍及分子中所有或多个原子的共价键。

（12）导带、价带和禁带。

答：导带：自由电子在其中能自由运动的部分填充的能带。

价带：最高的全充满能带。

禁带：能带之间的能量差值区间。

2. 下列各对原子间哪些主要形成离子键？哪些主要形成极性共价键或非极性共价键？

（1）Li，O；（2）Br，I；（3）Mg，H；（4）O，O；（5）H，O；（6）Si，O；（7）N，O；（8）Sr，F。

答：较典型的金属与非金属间形成的化学键为离子键。如（1）Li_2O、（3）MgH_2、（8）SrF_2。

极性共价键由不同种非金属元素构成。如（2）IBr、（5）H_2O、（6）SiO_2、（7）NO_2。

非极性共价键由同种非金属元素构成。如（4）O_2。

3. 写出下列各离子的最外层电子构型，并指出它们分别属于哪一类型。

Al^{3+}；Fe^{2+}；Bi^{3+}；Cd^{2+}；Mn^{2+}；Hg^{2+}；Ca^{2+}；Br^{-}。

答： Al^{3+} 的电子构型为[He]$2s^22p^6$，为 8 电子构型，或称为稀有气体构型（Ca^{2+}[Ar] 与 Br^{-}[Kr]也属于该类型）。

Fe^{2+}[Ar]$3d^6$ 是 9 ~ 17 电子构型，或称为不规则构型（Mn^{2+}[Ar]$3d^5$ 也属于该类型）。

Bi^{3+}[Xe]$5d^{10}6s^2$ 是 18 +2 电子构型，或称为含惰性电子对构型。

Cd^{2+}[Ke]$4d^{10}$是 18 电子构型，或称为拟稀有气体构型（Hg^{2+}[Xe]$5d^{10}$也属于该类型）。

4. 什么叫八隅律？下列物种中哪个（些）原子不服从八隅律？

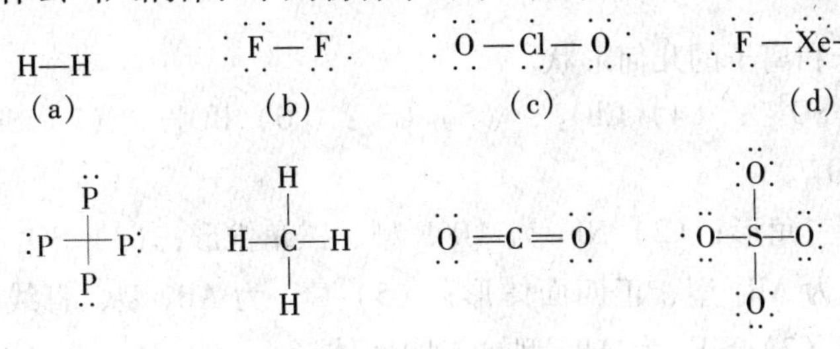

（a）（b）（c）（d）（e）（f）（g）（h）

答： 在形成共价化合物时，每个原子的键合电子数与非键合电子数之和为 8，称之为八隅律。

（a）H 的电子数为 2，（c）Cl 的电子数为 7，（d）Xe 的电子数为 10。不符合八隅律。

5. 写出下列分子和多原子离子的路易斯结构式。

（1）H_2O_2；（2）OH^-；（3）H_2S；（4）IO_4^-；（5）NO；（6）ONCl；（7）OF_2；（8）BeH_2；（9）POF_3；（10）H_2SO_4；（11）PH_4^+；（12）CN^-。

答：

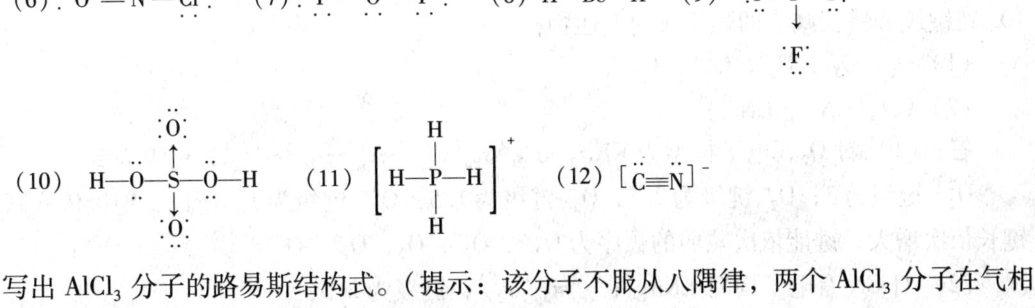

6. 写出 $AlCl_3$ 分子的路易斯结构式。（提示：该分子不服从八隅律，两个 $AlCl_3$ 分子在气相结合为二聚分子 Al_2Cl_6，本题要求写出该二聚体的式子）

答：

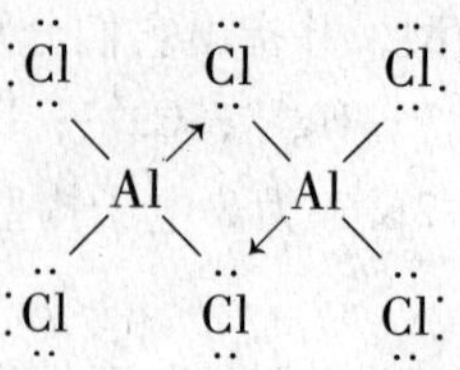

7. 用 VSEPR 理论判断下列物种键角∠ONO 的变化趋势：NO_2^+；NO_2；NO_2^-。

答：NO_2^+ 中 N 为 sp 杂化，键角为 180°。

NO_2 中 N 为 sp^2 杂化。其中 1 个杂化轨道被 1 个成单电子占据，对成键电子有斥力，键角略小于 120°。

NO_2^- 中 N 也为 sp^2 杂化。但其中 1 个杂化轨道被孤电子对占据，对成键电子有较大斥力，键角更小于 120°。

8. 试用 VSEPR 理论判断下列分子和离子的几何形状。

（1）NO_3^-；（2）NF_3；（3）SO_3^{2-}；（4）ClO_4^-；（5）CS_2；（6）BO_3^{3-}；（7）SiF_4；（8）H_2S；（9）$A_SO_3^{3-}$；（10）ClO_3^-。

答：（1）NO_3^- 为 AB_3 型、正三角形；（2）NF_3 为 AB_3E 型、三角锥形；（3）SO_3^{2-} 为 AB_3E 型、三角锥形；（4）ClO_4^- 为 AB_4 型、正四面体形；（5）CS_2 为 AB_2 型、直线形；（6）BO_3^{3-} 为 AB_3 型、正三角形；（7）SiF_4 为 AB_4 型、正四面体形；（8）H_2S 为 AB_2E_2 型、角形；（9）AsO_3^{3-} 为 AB_3E 型、三角锥形；（10）ClO_3^- 为 AB_3E 型、三角锥形。

9. 用分子轨道式表示下列气态同核双原子分子（如果能形成的话）的电子构型：Na_2；Mg_2；Al_2；Si_2；P_2；S_2；Cl_2；Ar_2。这些分子中哪些具有顺磁性？（提示：由 3s 和 3p 原子轨道组合而成的分子轨道与 2s 和 2p 组合成的分子轨道具有相同的模式）

答：Na_2 的电子构型为[Ne][Ne]σ_{3s}^2，键级为 1。

Mg_2 的电子构型为[Ne][Ne]σ_{3s}^2、σ_{3s}^{*2}，键级为 0，不成键。

Al_2 的电子构型为[Ne][Ne]σ_{3s}^2、σ_{3s}^{*2}、π_{3py}^1、π_{3pz}^1，键级为 1。

Si_2 的电子构型为[Ne][Ne]σ_{3s}^2、σ_{3s}^{*2}、π_{3p}^4，键级为 2。

P_2的电子构型为[Ne][Ne]σ_{3s}^2、σ_{3s}^{*2}、π_{3p}^4、σ_{3p}^2，键级为 3。

S_2的电子构型为[Ne][Ne]σ_{3s}^2、σ_{3s}^{*2}、σ_{3p}^2、π_{3p}^4、π_{3py}^{*1}、π_{3pz}^{*1}，键级为 2。

Cl_2 的电子构型为[Ne][Ne]σ_{3s}^2、σ_{3s}^{*2}、σ_{3p}^2、π_{3p}^4、π_{3p}^{*4}，键级为 1。

Ar_2 的电子构型为[Ne][Ne]σ_{3s}^2、σ_{3s}^{*2}、σ_{3p}^2、π_{3p}^4、π_{3p}^{*4}、σ_{3p}^{*2}，键级为0，不成键。

其中 Al_2、S_2 具有顺磁性。

10. 按键级和键长减小的顺序排列下述物种。

（1）O_2，O_2^+，O_2^-，O_2^{2+}，O_2^{2-}；

（2）CN，CN^+，CN^-。

答：（1）对 O_2，电子构型为 $KK\sigma_{2s}^2\sigma_{2s}^{*2}\sigma_{2p}^2\pi_{2py}^2\pi_{2pz}^2\pi_{2py}^{*1}\pi_{2pz}^{*1}$，键级为 2。

O_2^{2+} 键级为3；O_2^+ 键级为2.5；O_2^- 键级为1.5；O_2^{2-} 键级为1。所以，键级依次减小，键长依次增大，键能依次减弱的顺序为 O_2^{2+}，O_2^+，O_2，O_2^-，O_2^{2-}。

（2）对 CN 有电子构型 $KK\sigma_{2s}^2\sigma_{2s}^{*2}\pi_{2p}^4\sigma_{2p}^1$，键级为 2.5；

而 CN^+键级为2；CN^-键级为3。

所以，键级依次减小，键长依次增大，键能依次减弱的顺序为 CN^-、CN、CN^+。

11. 写出 O_2 和 O_3 分子的路易斯结构式。两个化合物中氧原子采取哪种类型的轨道杂化？分子中各个键的键级是多少？

答： O_2 的路易斯结构式为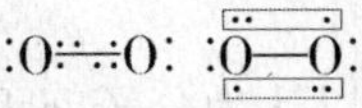，其中 O 为 sp 杂化，σ 键键级为 1，2 个叁电子 π 键、每个键级为 0.5，这样氧原子间键级为 2。

O_3 的路易斯结构式为，其中 O 为 sp^2 杂化，2 个 σ 键、每个键级为 1，π_3^4 键的键级为 1、分配到每两个氧原子间，键级各为 0.5。

12. 用能带理论解释钠、钾等碱金属是电的良导体。

答： 由能带理论可知，Na、K 等碱金属的 *n*s 轨道组成的能带为半满的状态，电子在其中可以自由运动，称为导带。有导带的物质都是电的良导体。

13. 即使像 Mg 和 Ca 这样的碱土金属由 s 轨道组合而成的导带已填满电子，但它们仍是电的良导体。解释这些金属的导电原理。

答： 对 Mg、Ca 这些碱土金属来说，其 *n*s 轨道组成的能带已被电子完全充满，而称为价带（电子在价带中是无法自由移动的）。但由于 *n*p 轨道组成的空能带的能量不但不高，与 *n*s 价带还有部分的重叠。*n*s 价带中的电子可以进入 *n*p 能带，使两个能带都未完全充满而导电。

14. 碘与氟形成一系列卤素互化物：IF；IF_3；IF_4^-；IF_5；IF_6^- 和 IF_7。它们当中的碘原子各采取哪种类型的杂化轨道？

答： 在 IF 中，I 为不等性 sp^3 杂化；在 IF_3 中，I 为不等性 sp^3d 杂化；

在 IF_4^- 中，I 为不等性 sp^3d^2 杂化；在 IF_5 中，I 为不等性 sp^3d^2 杂化；

在 IF_6^- 中，I 为不等性 sp^3d^3 杂化；在 IF_7 中，I 为等性 sp^3d^3 杂化。

15. 将下列各组中的化合物按键的极性由大到小排序。

（1）ZnO，ZnS；（2）HI，HCl，HF，HBr；（3）H_2Se，H_2Te，H_2S；（4）NH_3，NF_3；（5）OF_2，H_2O。

答： 各组中的化合物按键的极性由大到小排序如下：

（1）ZnO > ZnS；（2）HF > HCl > HBr > HI；（3）$H_2S > H_2Se > H_2Te$；（4）$NF_3 > NH_3$；（5）$H_2O > OF_2$。

16. 丁烷 C_4H_{10} 有两种不同的分子结构（见下图），试判断哪一种结构的沸点更高些？解释理由。

$CH_3CH_2CH_2CH_3$ 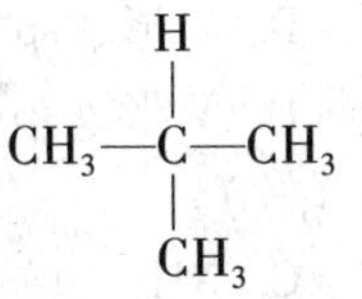

答： 直链丁烷的变形性大，分子容易相互铰接，分子间作用力强，色散力大，沸点高。

17. 判断下列各组分子之间存在哪种类型的分子间作用力。

（1）H_2S 气体分子；

（2）CH_4分子；

（3）H_2O 分子与单原子分子 Ne；

（4）NH_3 气体分子；

（5）CH_3Br 分子。

答：（1）H_2S 气体分子间距离很大，可以认为分子间无作用力。

（2）CH_4 分子间只有色散力。

（3）H_2O 是极性分子，与 Ne 间有诱导力和色散力。

（4）NH_3 气体分子间无作用力。

（5）CH_3Br 为极性分子，相互间有诱导力、取向力和色散力。

三、自测习题

（一）选择题

1. 下列离子中属于（18 +2）电子构型的是（　）。

A. Ba^{2+}　　B. Cu^{2+}　　C. Cu^{+}　　D. Bi^{3+}

2. 下列各反应中，能量变化可代表晶格能的是（　）。

A. $K^+(g) + Cl^-(g) = KCl(s)$　　B. $KCl(s) = K^+(g) + Cl^-(g)$

C. $K(s) + 1/2Cl_2(g) = KCl(s)$　　D. $KCl(s) = K(g) + Cl(g)$

3. NaF、MgO 和 CaO 晶格能大小顺序正确的一组是（　）。

A. MgO > CaO > NaF　B. CaO > MgO > NaF　C. NaF > MgO > CaO　D. NaF > CaO > MgO

4. 在下列物质中，哪种物质的晶格能最大（　）。

A. NaF　　B. NaCl　　C. NaBr　　D. NaI

5. OF_2 分子的电子结构是哪种杂化（　）。

A. sp^2　　B. sp^3　　C. sp^3d　　D. sp^3d^2

6. SO_3 中心原子是采用什么杂化形式（　）。

A. sp^2　　B. sp^3　　C. sp^3d　　D. sp^3d^2

7. IF_5 的空间构型是（　）。

A. 三角双锥　　B. 平面三角形

C. 四方锥　　D. 变形四面体

8. H_2S 分子的空间构型、中心原子杂化方式分别为（　）。

A. 直线形、sp 杂化　　B. V 形、sp^2 杂化

C. 直线形、sp^3d 杂化　　D. V 形、sp^3 杂化

9. 下列分子中，几何构型为平面三角形的是（　）。

A. ClF_3　　B. BF_3　　C. NH_3　　D. PCl_3

10. 关于共价键的说法，下述说法正确的是（　）。

A. 一般来说，σ 键键能小于 π 键键能

B. 原子形成共价键的数目等于基态原子的未成对电子数

C. 相同原子间的双键键能是单键键能的两倍

D. 所有不同原子间的键至少具有弱极性

11. 下列关于化学键正确的说法是（ ）。

A. 原子与原子之间的作用

B. 分子之间的一种相互作用

C. 相邻原子之间的强烈相互作用

D. 非直接相邻的原子之间的相互作用

12. 下列分子中，键角最小的是（ ）。

A. $HgCl_2$ B. H_2O C. NH_3 D. PH_3

13. 下列分子中心原子是 sp^2 杂化的是（ ）。

A. PBr_3 B. CH_4 C. BF_3 D. H_2O

14. SO_4^{2-} 离子的空间构型是（ ）。

A. 平面正方形 B. 三角锥形 C. 四面体 D. 八面体

15. 下列各物质分子中，中心原子以 sp^2 杂化的是（ ）。

A. H_2O B. NO_2 C. SCl_2 D. CS_2

16. 下列各物种中，键长最短的是（ ）。

A. O_2 B. O_2^+ C. O_2^- D. O_2^{2-}

17. 分子轨道表示式 $KK\sigma_{2s}{}^2\sigma^*_{2s}{}^2\sigma_{2p}{}^2\pi_{2py}{}^2\pi_{2pz}{}^2\pi^*_{2py}{}^2\pi^*_{2pz}{}^2$,表示的是下列哪一种分子或离子（ ）。

A. O_2^{2-} B. O^{2-} C. O_2 D. O_2^-

18. 下列物质中，属顺磁性的是（ ）。

A. Li_2 B. Be_2 C. O_2^- D. N_2

19. 下列双原子分子或离子中，最不稳定的是（ ）。

A. Li_2 B. Be_2 C. B_2 D. O_2^-

20. CO 和 N_2 的键级都是3，两者相比，CO 的（ ）。

A. 键能较小，较易氧化 B. 键能较小，较难氧化

C. 键能较大，较难氧化 D. 键能较大，较易氧化

21. 用价键法和分子轨道法处理 O_2 分子结构，其结果是（ ）。

A. 键能不同 B. 磁性不同 C. 极性不同 D. 结果不同

22. 下列关于 O_2^{2-} 和 O_2^- 的性质的说法，哪项不正确？（ ）。

A. 两种离子都比 O_2 分子稳定性小

B. O_2^- 的键长比 O_2^{2-} 的键长长

C. 键级次序是 $O_2 > O_2^- > O_2^{2-}$

D. O_2^- 是反磁性的，但 O_2^{2-} 是顺磁性的

23. 下列物质中键级最小的是（ ）。

A. O_2 B. N_2 C. F_2 D. O_2^+

24. 下列晶体熔化时，需破坏共价键作用的是（ ）。

A. HF B. Al C. KF D. SiO_2

25. 均处于液态的下列物质，只需克服色散力就能沸腾的是（ ）。

A. HCl B. Cu C. CH_2Cl_2 D. CS_2

26. 石墨中，层与层间的结合力是（ ）。

A. 共价键　　B. 金属键　　C. 离子键　　D. 范德华力

27. 下列叙述中错误的是（ ）。

A. 单原子分子的偶极矩等于零

B. 键矩越大，分子的偶极矩也一定大

C. 有对称中心的分子，其偶极矩等于零

D. 分子的偶极矩是键矩的矢量和

28. 下列各组物质沸点高低顺序正确的是（ ）。

A. $HI > HBr > HCl > HF$　　B. $H_2Te > H_2Se > H_2S > H_2O$

C. $NH_3 > AsH_3 > PH_3$　　D. $CH_4 > GeH_4 > SiH_4$

29. 在下列各分子中，偶极矩不为零的是（ ）。

A. $BeCl_2$　　B. BF_3　　C. NF_3　　D. CH_4

30. 在下列各晶体中，熔化时只需克服色散力的是（ ）。

A. K　　B. H_2O　　C. SiC　　D. SiF_4

31. 下列哪种分子的偶极矩最大？（ ）

A. HCl　　B. HI　　C. HBr　　D. HF

32. 下列哪种化合物中的氢键表现得最强？（ ）

A. HF　　B. H_2O　　C. NH_3　　D. HCl

33. 甲醇和水之间存在的分子间作用力是什么？（ ）

A. 取向力　　B. 氢键

C. 色散力和诱导力　　D. 以上几种作用力都存在

34. 下列化合物中氢键最强的是（ ）。

A. CH_3OH　　B. HF　　C. H_2O　　D. NH_3

35. 对羟基苯甲醛比邻羟基苯甲醛的熔沸点高的原因是（ ）。

A. 前者不能形成氢键，后者能形成氢键

B. 前者能形成氢键，后者不能形成氢键

C. 前者形成分子间氢键，后者形成分子内氢键

D. 前者形成分子内氢键，后者形成分子间氢键

36. I_2 的 CCl_4 溶液中分子间主要存在的作用力是（ ）。

A. 色散力　　B. 取向力

C. 取向力、诱导力、色散力　　D. 氢键、色散力

37. 下列分子中偶极矩为零的是（ ）。

A. NF_3　　B. NO_2　　C. PCl_3　　D. BCl_3

38. 加热熔化时需要打开共价键的物质是（ ）。

A. $MgCl_2$　　B. CO_2（s）　　C. SiO_2　　D. H_2O

39. 下列关于分子间力的说法正确的是（ ）。

A. 分子型物质的沸点总是随相对分子质量的增大而增加的

B. 大多数含氢化合物中都存在氢键

C. 极性分子间仅存在取向力

D. 色散力存在于所有相邻分子间

40. 在酒精的水溶液中，分子间主要存在的作用力为（　）。

A. 取向力　　B. 诱导力

C. 色散力、诱导力、取向力　　D. 取向力、诱导力、色散力、氢键

（二）填空题

1. 离子晶体 NaCl、MgO、BaO 中，熔点最高的是__________。
2. 对离子晶体，晶格能越大则__________越牢固，该离子化合物的熔沸点也__________。
3. 在 CO_3^{2-}、NF_3、PCl_5、$POCl_3$、BF_3 中，中心原子的杂化方式依次为__________、__________、__________、__________、__________。其中心原子有孤对电子的物种有__________，中心原子 d 轨道参与杂化的物种有__________。
4. 根据价层电子对互斥理论可知，ICl_4^- 共有__________对价层电子对，离子的空间构型为__________，中心原子采用的杂化方式为__________。
5. SiF_4 中硅原子的杂化方式为__________，分子中键角为__________。SiF_6^{2-} 中硅原子的杂化方式为__________，离子中的键角为__________。
6. 把 NaCl、HCl、Cl_2、HI 按键的极性大小排序为____________________。
7. 共价键的强度一般用__________和__________表示。
8. 在核间距相等时，σ 键稳定性比 π 键稳定性__________，故 π 电子比 σ 电子__________。
9. 共价键按共用电子对来源不同分为__________和__________；共价键按轨道重叠方式不同分为__________和__________。
10. SO_3^{2-} 和 SO_4^{2-} 的空间构型分别为__________和__________。
11. 碳原子在下列各式中，杂化方式分别是：

    （1）CH_3Cl __________；（2）CO_3^{2-} __________。
12. 等性 sp^2、sp^3 杂化轨道的夹角分别为__________，__________。
13. O_2^+ 的分子轨道电子排布式为______________________________，N_2 的分子轨道电子排布式为______________________________。它们的键级依次为__________和__________。它们在磁场中呈现出______________________________。
14. Be_2 的分子轨道电子排布式为_________________________，CO 的分子轨道电子排布式为_________________________，CO^+ 的分子轨道电子排布式为_________________________。它们的键级分别为__________、__________、__________。稳定性大小的顺序为__________。呈顺磁性的是__________。
15. NO^+ 和 NO 中稳定性大的是__________，呈顺磁性的是__________，呈反磁性的是__________。
16. 由原子轨道组合成分子轨道必须遵守的三个原则是__________、__________、__________。HF 中 H 的 1s 轨道与 F 的 1 个__________轨道组合成分子轨道。
17. 按照分子轨道理论，O_2 分子是 1 个__________键和 2 个__________键形成，因此有__________磁性。
18. 氟原子中 2s 和 2p 原子轨道能差较大，故 F_2 分子的分子轨道能级 $E(\sigma_{2p})$__________

$E(\pi_{2p})$；硼原子中 2s 和 2p 原子轨道能差较小，故 B_2 分子的分子轨道能级 $E(\sigma_{2p})$ __________ $E(\pi_{2p})$。

19. 2s 与 2s 原子轨道可组成两个分子轨道，用符号__________表示，分别称为____________________轨道。

20. MO 法中成键电子数与反键电子数之差的一半就是分子的键级。键级的大小表示两个相邻原子之间成键的__________，键级越大，键越__________。

21. BBr_3 熔点为 -46℃，属__________晶体，晶格结点上排列的是__________，该微粒间结合力为__________。KF 的熔点为 860℃，属__________晶体，晶格结点上排列的是__________，该微粒间结合力为__________。Si 熔点为 1423℃，属__________晶体，晶格结点上排列的是__________，该微粒间结合力为__________。

22. 在石墨晶体中，碳原子用__________的杂化形式，相互间以共价键结合，形成层状的巨分子，所以石墨具有__________晶体的性质，有较高的熔点。每个碳原子剩余的 p 轨道形成了__________键，电子可以在该轨道上自由运动，所以石墨有金属晶体的性质，有导电性。石墨晶体中，层与层之间以__________结合，石墨还具有__________晶体的性质，较软而可以作润滑剂。

23. 干冰是由__________结合成的分子晶体。冰是由__________以__________结合成的__________晶体。石英砂则是__________以__________结合成的__________晶体。

24. 指出下列物质的键型：Li __________，CsF __________，F_2 __________，Si __________，SiF_4 __________，Na_4Si __________。

25. 晶体的特性有三点：（1）____________________；（2）____________________；（3）____________________。

26. NaCl、$MgCl_2$、$AlCl_3$、$SiCl_4$ 自左向右各化合物熔点依次__________，其原因是__________。

27. NH_3、PH_3、AsH_3、SbH_3 四种氢化物的沸点高低顺序为____________________，NH_3 分子间除存在__________、__________、__________三种力外，还有__________。

28. He、Ne、Ar、Kr、Xe 均为__________原子分子，在它们的分子之间只存在__________力，它们的沸点高低顺序为____________________。

29. HI 分子间的作用力为__________，其中主要的作用力是__________。

30. Cl_2、Br_2、I_2、F_2 的沸点高低顺序为_______________。它们都是__________性分子，偶极矩为__________，分子间的作用力只有__________。

31. 下列各对分子间，存在的相互作用力分别为：

（1）CH_3Cl 和 CH_3Cl 之间存在__________；（2）CH_3Cl 和 CCl_4 之间存在__________；（3）N_2 和 N_2 之间存在__________；（4）H_2O 和 CH_3OH 之间存在__________。

32. 氢键一般具有__________性和__________性。分子间存在氢键时，物质的熔沸点__________，而具有分子内氢键的物质熔沸点往往会__________。

33. 下列物质的变化主要需打破或克服什么结合力？

（1）冰融化__________；（2）单质硅熔化__________。

34. （1）对于双原子分子，键能与键的离解能的关系是_______________；

（2）对于多原子分子，键能与键的离解能的关系是_______________。

35. 一般来说，键能越大，键越__________，由该键构成的分子越__________。

36. 分子间力按产生的原因和特性一般分为取向力、诱导力、色散力。

（1）取向力存在于____________________________之间；

（2）诱导力存在于____________________________之间。

37. 分子的磁性主要是由____________________________所引起的。由极性键组成的多原子分子的极性是由__________________决定的。

（三）问答题

1. 以 NH_3 分子为例，说明不等性杂化的特点。
2. BF_3 分子构型是平面三角形，而 NF_3 分子构型是三角锥形，试用杂化轨道理论进行解释。
3. 用杂化理论描述 CCl_4 的生成和分子构型。
4. 为什么 H_2O 分子的键角既不是90°也不是109°28′而是104.5°？
5. CH_4、H_2O、NH_3 中心原子杂化态皆是 sp^3，其键角大小是否相同？为什么？其空间构型各为何？
6. N_2 的键能比 N_2^+ 键能大，而 O_2 的键能比 O_2^+ 键能小，试用分子轨道法进行解释。
7. 用 VB 法和 MO 法说明 H_2 稳定存在，He_2 不能稳定存在的原因。
8. 用 VB 法和 MO 法说明 O_2 的分子结构。
9. 用 MO 法讨论 N_2、N_2^+ 的稳定性和磁性。
10. 为什么 SiO_2 的熔点高于 SO_2？金刚石和石墨都是碳的同素异形体，石墨可导电，金刚石却不能，为什么？
11. 试从离子极化观点解释，$HgCl_2$ 为白色，溶解度较大，HgI_2 为黄色或红色，溶解度较小。
12. 如何解释下列颜色变化？

    AgF 无色，AgCl 白色，AgBr 浅黄色，AgI 黄色
13. $ZnCl_2$ 的沸点和熔点低于 $CaCl_2$，如何解释？
14. 形成氢键的条件是什么？氢键与共价键的相似性有哪些？
15. 水的沸点高于氟化氢的沸点，说明水中氢键的键能高于氟化氢中氢键的键能，这句话是否正确？如何解释这种沸点的差异？
16. 写出 SiI_4、$SiCl_4$、SiF_4、$SiBr_4$ 四种晶体的熔点高低顺序，并进行解释。

（四）计算题

1. 已知锂的升华热（S）为 159kJ · mol^{-1}，锂的第一电离能（I）为 520.2kJ · mol^{-1}，F_2 的离解势（D）为 155.5kJ · mol^{-1}，F 的电子亲和势（E）为 −349.3kJ · mol^{-1}，氟化锂的生成热（$\Delta H^\ominus$）为 −612kJ · mol^{-1}，求 LiF(s)的晶格能（U）是多少？
2. 已知：$Na(s) + 1/2F_2(g) = NaF(s)$　　$\Delta H^\ominus = -576kJ \cdot mol^{-1}$

    $Na^+(g) + F^-(g) = NaF(s)$　　$\Delta H^\ominus = -920kJ \cdot mol^{-1}$

    $Na(s) = Na(g)$　　$\Delta H^\ominus = 102kJ \cdot mol^{-1}$

$F_2(g) = 2F(g)$　　　　　　$\Delta H^{\ominus} = 159 kJ \cdot mol^{-1}$

$F(g) + e = F^-(g)$　　　　　　$\Delta H^{\ominus} = -340 kJ \cdot mol^{-1}$

求 Na 的电离能。

3. 已知：H_2 的键能 $D(H—H) = 436 kJ \cdot mol^{-1}$，$Cl_2$ 的键能 $D(Cl—Cl) = 247 kJ \cdot mol^{-1}$，HCl 的生成热 $\Delta H_f^{\ominus}(H—Cl) = -92.5 kJ \cdot mol^{-1}$，求 HCl 的键能。

四、自测习题答案

（一）选择题

1. D；2. B；3. A；4. A；5. B；6. A；7. C；8. D；9. B；10. B；11. C；12. B；13. C；14. C；15. B；16. B；17. A；18. C；19. B；20. D；21. B；22. D；23. C；24. D；25. D；26. D；27B；28. C；29. C；30. D；31. D；32. B；33. D；34. B；35. C；36. A；37. D；38. C；39. D；40. D。

（二）填空题

1. MgO。
2. 阳离子与阴离子结合得，越高。
3. sp^2，sp^3，sp^3d，sp^3，sp^2，NF_3，PCl_5。
4. 6，平面正方形，sp^3d^2。
5. sp^3，109.5°，sp^3d^2，90°。
6. NaCl > HCl > HI > Cl_2。
7. 键能、键级。
8. 强、活泼。
9. 正常共价键，配位键，σ 键，π 键。
10. 三角锥形，正四面体形。
11. （1）sp^3；（2）sp^2。
12. 120°，109°28′。
13. $KK\sigma_{2s}{}^2\sigma^*_{2s}{}^2\sigma_{2p}{}^2\pi_{2p}{}^4\pi^*_{2p}{}^1$，$KK\sigma_{2s}{}^2\sigma^*_{2s}{}^2\pi_{2p}{}^4\sigma_{2p}{}^2$，2.5，3，前者有顺磁性、后者有抗磁性。
14. $KK\sigma_{2s}{}^2\sigma^*_{2s}{}^2$，$KK\sigma_{2s}{}^2\sigma^*_{2s}{}^2\pi_{2p}{}^4\sigma_{2p}{}^2$，$KK\sigma_{2s}{}^2\sigma^*_{2s}{}^2\pi_{2p}{}^4\sigma_{2p}{}^1$，0，3，2.5，$CO > CO^+ > Be_2$，$CO^+$。
15. NO^+，NO，NO^+。
16. 能量相近，对称性匹配，最大重叠，2p。
17. σ，三电子 π，顺。
18. <，>。
19. σ_{2s} 和 σ^*_{2s}，成键和反键。
20. 强度，稳定。
21. 分子，分子，范德华力，离子，正、负离子，静电引力，原子，原子，共价键。
22. sp^2，原子，大 π 键，范德华力，分子。
23. 范德华力，水分子，氢键，分子，硅原子和氧原子，共价键，原子。

24. 金属键，离子键，共价键，共价键，共价键，离子键。
25. （1）具有固定的几何外形；（2）具有固定的熔点；（3）各向异性。
26. 递减，阳离子电荷升高极化力增强导致离子键过渡到共价键。
27. $NH_3 > SbH_3 > AsH_3 > PH_3$，取向力，诱导力，色散力，氢键。
28. 单，色散力，$He < Ne < Ar < Kr < Xe$。
29. 范德华力，色散。
30. $F_2 < Cl_2 < Br_2 < I_2$，非极，0，色散力。
31. （1）取向力、诱导力、色散力；（2）诱导力、色散力；（3）色散力；（4）取向力、诱导力、色散力、氢键。
32. 方向，饱和，反常地升高，降低。
33. （1）氢键；（2）共价键。
34. （1）大小相等；（2）键能等于键的离解能的平均值。
35. 牢固，稳定。
36. （1）极性分子与非极性分子；（2）极性分子与非极性分子、极性与极性分子。
37. 分子中未成对电子产生的磁场，分子的空间构型。

（三）问答题

1. **答**：NH_3 分子的中心原子 N 与 H 成键时采取 sp^3 不等性杂化。由于一条杂化轨道被孤电子对占据，因而所形成的杂化轨道中含的 s 成分不完全一样，被孤电子对占据的那条 sp^3 杂化轨道中 s 成分大，这种不完全等同的杂化轨道的形成过程即为不等性杂化。
2. **答**：BF_3 中硼原子成键时呈等性 sp^2 杂化，得到三条能量相等的 sp^2 杂化轨道，对称分布在硼原子周围互成 120°角，它们与三个氟原子的 2p 轨道形成三条 sp^2-pσ 键，所以 BF_3 为平面三角形。NF_3 中氮原子成键时呈不等性的 sp^3 杂化，生成的四条杂化轨道中一条被成对电子占有，其他三条与三个氟原子的 2p 轨道形成 sp^3-pσ 键，孤电子对对成键电子对有排斥作用，所以其空间构型是三角锥形。
3. **答**：在 CCl_4 分子中，C：$2s^22p^2$，用 sp^3 杂化轨道和四个 Cl 的 p 轨道形成四个等同的 p-sp^3σ 键，分子构型为正四面体。
4. **答**：因中心原子 O 不是单纯用 2p、2p 轨道与氢原子轨道成键，所以键角不是 90°。中心原子 O 在成键时进行了 sp^3 不等性杂化，用其中含未成对电子的杂化轨道与氢原子的 1s 轨道成键，两个含孤电子对的杂化轨道对成键电子对排斥的结果使键角受到压缩，不是 109°28′，而是 104.5°。
5. **答**：CH_4、H_2O、NH_3 中心原子虽然都是 sp^3 杂化，但其键角大小不相同。由于后两者为不等性杂化，有孤对电子，如上题所述，键角受到压缩，其空间构型分别为四面体、角形、三角锥形。
6. **答**：由分子轨道法知，N_2 的键级为 3，而 N_2^+ 的键级为 2.5；O_2 的键级为 2，而 O_2^+ 的键级为 2.5，所以，N_2 的键能比 N_2^+ 键能大，而 O_2 的键能比 O_2^+ 键能小。
7. **答**：按 VB 法，2 个 H 的各一个电子若自旋相反，则可配对形成 H_2，按 MO 法，2 个 H 的 1s 轨道组成两个分子轨道，σ_{1s}，σ^*_{1s}，2 个电子按 σ_{1s}轨道形成 H_2（H—H），故 H_2

稳定存在。按 VB 法，He 中无单电子，不能配对成键，按 MO 法，He_2 中四个电子在分子轨道中的电子排布为 $\sigma_{1s}^2\sigma^*_{1s}^2$，键级为 0，净成键效应为 0，故 He_2 不能稳定存在。

8. **答：** 按 VB 法，氧原子有两个成单电子，两个氧原子组成 O_2 分子时，各自提供一个自旋相反的电子形成一个 σ 键，同时，另外的一个成单电子则按肩并肩的方式重叠形成一个 π 键，因此 VB 法不能解释 O_2 分子的磁性；按 MO 法，O_2 分子的电子排布为：$KK\sigma_{2s}^2\sigma^*_{2s}^2\sigma_{2p}^2\sigma_{2p}^4\sigma^*_{2p}^2$，由 σ_{2p}^2 电子形成一个 σ 键，由 $\pi_{2p}^4\pi^*_{2p}^2$ 电子形成两个三电子 π 键，由于分子中存在成单电子，所以 O_2 具有磁性。

9. **答：** N_2：$KK\sigma_{2s}^2\sigma^*_{2s}^2\pi_{2p}^4\sigma_{2p}^2$。键级为 3，无单电子，反磁性。

   N_2^+：$KK\sigma_{2s}^2\sigma^*_{2s}^2\pi_{2p}^4\sigma_{2p}^1$。键级为 2.5，有单电子，顺磁性。

   所以，N_2 比 N_2^+ 键级高，稳定。

10. **答：** SiO_2 为原子晶体，SO_2 为分子晶体，所以前者熔点高，后者熔点低；石墨为层状晶体，层与层之间有离域的 π 电子，所以它能导电，金刚石为原子晶体，所以不能导电。

11. **答：** Hg^{2+} 为 18e 构型，极化力较强，变形性也较强，而 Cl^- 与 I^- 相比，I^- 半径更大，变形性更强，所以 Hg^{2+} 与 I^- 间附加极化作用很强，其结果使晶体中共价成分增大，而难溶于水且颜色加深。

12. **答：** 根据离子极化作用增强可使化合物颜色加深的道理，F^-、Cl^-、Br^-、I^- 的半径依次增大，变形性增大，Ag^+ 为 18e 型，有较强的极化力，则 Ag^+ 与 X^- 之间的相互极化作用依次增强，而使 AgF、AgCl、AgBr、AgI 的颜色依次加深。

13. **答：** 由于 Zn^{2+} 的半径比 Ca^{2+} 的小，Zn^{2+} 是 18e 型，而 Ca^{2+} 是 8e，所以 Zn^{2+} 的离子极化作用强于 Ca^{2+}，使得 $ZnCl_2$ 共价成分高于 $CaCl_2$，所以熔沸点低于 $CaCl_2$。

14. **答：** 分子中含有由原子半径很小、电负性很大的原子与氢原子所形成的分子或基团（即 H—或 H—O—、H—N＝），相互间都能形成氢键，都有方向性和饱和性。

15. **答：** 不对。沸点除与分子的性质有关外，还与氢键数目的多少有关，与氢键的键能关系不大。沸点的差异在于水分子有两个 H—O—基团，有两个孤对电子，平均每个水分子可以生成两个氢键；而 HF 分子平均只有一个氢键。

16. **答：** 熔点由低到高的顺序为 $SiF_4 < SiCl_4 < SiBr_4 < SiI_4$。由于色散力不同，相对分子质量大的分子间色散力大、熔点高。

（四）计算题

1. **解：** $1019.2 kJ \cdot mol^{-1}$。
2. **解：** $502.5 kJ \cdot mol^{-1}$。
3. **解：** $434 kJ \cdot mol^{-1}$。

第三章　化学反应速率与反应动力学的初步概念

一、教学基本要求

1. 掌握化学反应速率的表示方法。
2. 了解化学反应速率理论。
3. 掌握活化能的概念。
4. 掌握影响化学反应速率的因素。

在本章的学习过程中，应掌握化学反应速率的计算及各种因素对反应速率的影响，以达到通过改变影响因素控制化学反应速率的目的。

二、习题分析与解答

1. 区别下列概念。

（1）有效碰撞与无效碰撞；

答：有效碰撞：能导致化学反应的碰撞。

无效碰撞：不能导致化学反应的碰撞。

（2）活化能与反应热；

答：活化能：活化分子的平均能量与反应物分子的平均能量之差。

反应热：活化分子的平均能量与产物分子的平均能量之差。

（3）均相催化与多相催化；

答：均相催化：均相催化剂与反应物同处一相，通常作为溶质存在于液体反应混合物中。

多相催化：多相催化剂一般自成一相，通常为固体物质。

（4）催化剂、助催化剂与阻化剂；

答：催化剂：能够改变化学反应速率而本身在反应前后质量和化学组成不变的物质。

助催化剂：本身无催化作用但可以大大提高催化剂催化效率的物质。

阻化剂：使反应速率减慢的物质，又称为负催化剂。

（5）物理吸附与化学吸附；

答：物理吸附：被吸附物与催化剂表面之间的作用力为范德华力的吸附。

化学吸附：被吸附物与催化剂表面之间的作用力达到化学键数量级的吸附。

（6）反应分子数与反应级数；

答：反应分子数：为基元反应中发生反应所必需的分子、原子或离子的数目。

反应级数：为描述速率方程的一个术语，数值上等于速率方程中浓度项指数的和。

（7）反应的平均速率与瞬时速率。

答：反应的平均速率：为一段时间间隔内的反应速率。

瞬时速率：为反应瞬间的真实反应速率。

2. 下列哪些表述是正确的？改正错误的和不完全正确的说法。

（1）元反应是指单分子反应；

答：不正确。不一定。

（2）活化配合物可能将催化剂作为其结构的一部分；

答：正确。

（3）助催化剂的存在能加速化学反应速率；

答：助催化剂的存在可以提高催化剂的催化效率，如果是正催化剂，可以加快化学反应速率。

（4）催化剂的存在能改变平衡系统中产物与反应物的含量；

答：不正确。催化剂不能改变系统的平衡状态。

（5）总反应速率等于组成总反应的各元反应速率的平均值；

答：不正确。总反应速率通常取决于最慢的一步。

（6）对有的反应而言，反应分子数与反应级数数值可能相同，但一般情况下却不同。

答：正确。

3. 相同温度下，下列两个反应哪一个的 k 值更大些：

（1）$2HI(g) = H_2(g) + I_2(g)$；

（2）$2DI(g) = D_2(g) + I_2(g)$。

（提示：考虑反应速率与碰撞频率、碰撞频率与分子运动频率的关系，而分子运动频率与分子的相对分子质量成反比）

解：DI(g) 比 HI(g) 相对分子质量大，分子运动频率低，碰撞频率低，有效碰撞相对少，因此（2）的反应速率小，k 值小；（1）的 k 值更大些。

4. 由于按下述反应产生强 γ 辐射，放射性 ^{60}Co 广泛用于癌症治疗。某医院 10 年前购得一个 20 居里的钴源，现为多少居里（1 居里 $=3.7\times10^{10}$ 贝可）？

$$^{60}_{27}Co \longrightarrow {}^{60}_{28}Ni + {}^{0}_{-1}e \quad T_{1/2} = 5.26a$$

解：由公式 $t = 3.32T_{1/2}\lg N_0/N$

$$10 = 3.32\times5.26\times\lg 20/N$$

$N = 5.3$ 居里

5. 由埃及一法老古墓发掘的木样中每克碳每分钟放射性 ^{14}C 的放射计数为 7.2 次，即 $7.2min^{-1}\cdot(g\cdot C)^{-1}$，而活体动植物组织相应的计数则为 $12.6min^{-1}\cdot(g\cdot C)^{-1}$。试计算该古墓的年龄。

（提示：由于与环境中含碳物质的交换平衡，放射性同位素 ^{14}C 与稳定同位素 ^{12}C 的比例在动植物活体组织中保持恒定。动植物死亡意味着交换终止，^{14}C 按放出电子，生成 ^{14}N 以一级反应速率衰减。据历史记载，该法老当政于公元前 2625（±75）年，计算结果不难表明测定方法的精确性。美国科学家利比因发明放射性 ^{14}C 确定地质年代的方法获 1960 年诺贝尔奖）

解：由公式 $t=3.32T_{1/2}\lg N_0/N$，查得放射性同位素 ^{14}C 的半衰期 $T_{1/2}=5270a$

$$t = 3.32 \times 5270 \times \lg 12.6/7.2 = 4252a$$

6. 实验测定了反应 $S_2O_8^{2-}+3I^- = 2SO_4^{2-}+I_3^-$ 在不同温度下的速率常数如下，试求：（1）反应的活化能；（2）298K 时的速率常数。

T/K	273	283	293	303
k/L·mol^{-1}·s^{-1}	8.2×10^{-4}	2.0×10^{-3}	4.1×10^{-3}	8.3×10^{-3}

（提示：以 $\lg k$ 对 $1/T$ 作图，由直线斜率计算活化能，298K 的 k 值用内插法求得）

解：用作图工具以 $\lg k$ 对 $1/T$ 作图得直线方程。

$1/T$	3.66×10^{-3}	3.53×10^{-3}	3.41×10^{-3}	3.30×10^{-3}
$\lg k$	−3.09	−2.70	−2.39	−2.08

以 $\lg k$ 对 $1/T$ 作图，对直线进行拟合，得直线方程为：$\lg k=-3.4/T+0.334$

（1）反应的活化能等于 $-2.303R\times$ 斜率 $=-2.303\times8.314\times(-3.4)=65.1\ J\cdot mol^{-1}$。

（2）找出横坐标 1/298 对应的 $\lg k$ 值即可求得 k。$\lg k=-2.23$，$k=5.9\times10^{-3}$。

7. 某学生研究（$2A+B\rightarrow$产物）的速率方程，溶液中 B 大大过量于 A 的条件下收集到拟一级反应条件下的如下数据，用作图法确定对组分 A 的反应级数。

t/s	0	10	20	30	50	70
c(A)/mol·L^{-1}	10.00	9.00	8.35	7.70	6.60	5.95

解：如果以 $\lg c(A)$ 对 t 作图得到一条直线，则证明反应为一级反应。计算 $\lg c(A)$ 后作图。

t/s	0	10	20	30	50	70
$\lg c$（A）	1	0.95	0.92	0.89	0.82	0.77

以 $\lg c(A)$ 对 t 作图得到一直线，直线方程为 $Y=aX+b$，$a=0.98873$，$b=-0.00324$，$R=-0.99588$，证明为一级反应。

三、自测习题

（一）选择题

1. 下列说法错误的是（　）。
   A. 一步完成的反应是基元反应
   B. 由一个基元反应构成的化学反应称简单反应
   C. 由两个或两个以上基元反应构成的化学反应称复杂反应
   D. 基元反应都是零级反应
2. 有基元反应，$A+B=C$，下列叙述正确的是（　）。

A. 此反应为一级反应

B. 两种反应物中，无论哪一种的浓度增加一倍，都将使反应速率增加一倍

C. 两种反应物的浓度同时减半，则反应速率也将减半

D. 两种反应物的浓度同时增大一倍，则反应速率增大两倍

3. 氨在金属钨表面分解，当氨的浓度增大一倍，其反应速率没有变化，则该反应属（　）级反应。

A. 0　　B. 1　　C. 2　　D. 无法判断

4. 已知：$2NO + 2H_2 = N_2 + 2H_2O$，当反应容器体积增大一倍，其反应速率为原来的1/8，则该反应为（　）级反应。

A. 1　　B. 2　　C. 3　　D. 0

5. 下列叙述正确的是（　）。

A. 反应的活化能越小，单位时间内有效碰撞越多

B. 反应的活化能越大，单位时间内有效碰撞越多

C. 反应的活化能越小，单位时间内有效碰撞越少

D. 反应的活化能太小，单位时间内几乎无有效碰撞

6. 某一反应的活化能为 $65kJ \cdot mol^{-1}$，则其逆反应的活化能为（　）。

A. $65kJ \cdot mol^{-1}$　　B. $-65kJ \cdot mol^{-1}$　　C. 0　　D. 无法确定

7. 正反应的活化能大于逆反应的活化能，则正反应的热效应为（　）。

A. 0　　B. 大于0　　C. 小于0　　D. 无法确定

8. 关于活化能的叙述，正确的为（　）。

A. 活化能是活化配合物具有的能量

B. 一个反应的活化能越高，反应速率越快

C. 活化能是活化分子平均能量与反应物分子平均能量之差

D. 正逆反应的活化能数值相等，符号相似

9. 下列叙述错误的是（　）。

A. 催化剂不能改变反应的始态和终态

B. 催化剂不能影响产物和反应物的相对能量

C. 催化剂不参与反应

D. 催化剂同等程度地加快正逆反应的速度

10. 催化剂通过改变反应历程来加快反应速率，这是由于（　）。

A. 增大碰撞频率　　B. 增大平衡常数值

C. 减小速度常数值　　D. 降低反应活化能

11. 一反应物在某条件下的最大转化率为35%，若在相同条件下，加入正催化剂，则它的转化率将（　）。

A. 大于35%　　B. 等于35%　　C. 小于35%　　D. 无法判知

12. 反应 $A + B = AB$ 的活化能是 E_a，加入催化剂 K 后，反应历程发生变化，$A + K = AK$，活化能为 E_1，$AK + B = AB + K$，活化能为 E_2，（$E_a > E_2 > E_1$）则加入催化剂后，反应的活化能为（　）。

A. E_1　　B. E_2　　C. $E_1 + E_2$　　D. $E_1 - E_2$

13. 加入正催化剂使反应速率加快，下列叙述不正确的是（　）。

A. 使反应体系的活化分子百分数增高　　B. 使反应体系的活化分子总数增多

C. 使反应体系的活化分子百分数降低　　D. 使反应体系的活化能降低

14. 下列关于催化剂具有的特性，叙述错误的是（　）。

A. 能改变所有反应的反应速率

B. 能改变由热力学确定的可行反应的反应速率

C. 催化剂有选择性，一种催化剂仅对某些反应有催化作用

D. 某些物质也可以使催化剂中毒

15. 已知反应：$m\mathrm{A}+n\mathrm{B}=p\mathrm{C}+q\mathrm{D}$，当体系总压力增大一倍时，该反应的反应速率增大到原来的四倍，则（$m+n$）等于（　）。

A. 1　　B. 2　　C. 4　　D. 0

16. 有基元反应，$\mathrm{A}+\mathrm{B}=\mathrm{C}$，当反应物浓度都是 $2.0\mathrm{mol}\cdot\mathrm{L}^{-1}$ 时，反应速率为 $0.1\mathrm{mol}\cdot\mathrm{L}^{-1}\cdot\mathrm{s}^{-1}$，当 $c(\mathrm{A})=0.10\mathrm{mol}\cdot\mathrm{L}^{-1}$，$c(\mathrm{B})=0.50\mathrm{mol}\cdot\mathrm{L}^{-1}$ 时，反应速率为（　）。

A. $2.5\times10\mathrm{mol}\cdot\mathrm{L}^{-1}\cdot\mathrm{s}^{-1}$　　B. $1.25\times10\mathrm{mol}\cdot\mathrm{L}^{-1}\cdot\mathrm{s}^{-1}$

C. $1.25\times10\mathrm{mol}\cdot\mathrm{L}^{-1}\cdot\mathrm{s}^{-1}$　　D. $2.5\times10\mathrm{mol}\cdot\mathrm{L}^{-1}\cdot\mathrm{s}^{-1}$

17. 下述关于 $k=A\mathrm{e}^{-E/RT}$ 的说法错误的是（　）。

A. A 称指前因子，单位与 k 相同，一般不随温度而变

B. E 是活化能，对给定反应可视为定值

C. $-E/RT$ 指数，本身无量纲

D. k 与 T 成反比

18. 对于所有零级反应来说，下列叙述正确的是（　）。

A. 活化能很低的反应　　B. 反应速率与反应物的浓度无关

C. 反应速率常数为零　　D. 反应速率与时间有关

19. 对于非基元反应，（　）。

A. 速度方程可由化学方程式导出　　B. 反应级数只能是正整数

C. 反应速率决定于最慢的基元反应　　D. 一般由三个基元反应构成

20. 对一个化学反应，下列说法中正确的是（　）。

A. ΔH 越负，反应速率越快　　B. 活化能越小，反应速率越快

C. 活化能越大，反应速率越快　　D. ΔS 越负，反应速率越快

21. 在298K，101.325kPa 时，反应 $\mathrm{O_3}+\mathrm{NO}=\mathrm{O_2}+\mathrm{NO_2}$ 的活化能为 $10.7\mathrm{kJ}\cdot\mathrm{mol}^{-1}$，$\Delta H$ 为 $-193.8\mathrm{kJ}\cdot\mathrm{mol}^{-1}$，则其逆反应的活化能为（　）$\mathrm{kJ}\cdot\mathrm{mol}^{-1}$。

A. −204.5　　B. 204.5　　C. 183.1　　D. −183.1

22. 某温度下，一个可逆反应的平衡常数为 K_c，同温下，经测定，计算得 $Q_c<K_c$，则此反应（　）。

A. 处于平衡状态　　B. 正向进行

C. 逆向进行　　D. 没有具体数据，无法判断

（二）填空题

1. 按反应物分子数，基元反应可分为＿＿＿＿＿类，绝大多数基元反应属于＿＿＿＿＿

反应。

2. 已知：$2A + B = 2C$ 为简单反应，此反应对 A 物质反应级数为__________，总反应为__________级反应。

3. 在一个基元反应中，如果加入一种正催化剂，反应速率 $v_{正}$ 增大了某一倍数，则速率常数 $k_{正}$__________同一倍数，$v_{逆}$ 和 $k_{逆}$__________倍数。

4. 催化剂之所以能改变化学反应速率是因为__________，__________。

5. 利用阿仑尼乌斯公式将 k 对 $1/T$ 作图，可得一条直线，直线的斜率为__________，在纵坐标上的截距为__________。

6. 对基元反应而言，反应分子数与反应级数__________，对非基元反应，讨论反应分子数__________（有或无）意义。

7. 已知：$mA + nB = pC + qD$，用 A 的浓度变化来表示此反应的平均速度为__________，瞬时速度为__________。

8. 在复杂反应中，反应速率主要取决于__________，这一步骤称为__________。

（三）问答题

1. 水在常压下 100℃沸腾，但在常温下也能不断挥发，用分子能量分布说明这一现象。
2. 根据热力学计算自由能变为负值的反应，在该条件下，却观察不到明显的反应，为什么（用有效碰撞理论说明）？
3. 试用有效碰撞理论说明影响反应速率的因素有哪些，如何影响？
4. 温度不变时，给反应加入正催化剂，反应速率加快，试用阿仑尼乌斯公式说明。

（四）计算题

1. 已知某反应在 700K 时，速率常数为：$k = 1.2L \cdot mol^{-1} \cdot s^{-1}$，此反应的活化能为 150 $kJ \cdot mol^{-1}$，试计算 800K 时的反应速率常数。
2. 人体中某种酶的催化反应活化能为 $50.0kJ \cdot mol^{-1}$，正常人的体温为 37℃，问发烧至 40℃的病人体中，该反应速率增加了百分之几？

四、自测习题答案

（一）选择题

1. D；2. B；3. A；4. C；5. A；6. D；7. B；8. C；9. C；10. D；11. B；12. B；13. C；14. A；15. B；16. B；17. D；18. B；19. C；20. B；21. B；22. B。

（二）填空题

1. 三，双分子。
2. 2，三。
3. 一定增大，增大相同。
4. 改变了原来的反应途径，降低了反应的活化能。

5. $-E_a/2.303R$，A。

6. 一般相同，无。

7. $v_A = -\Delta c(A)/\Delta t$，$dv_A = -dc(A)/dt$。

8. 反应速率最慢的基元反应，定速步骤。

（三）问答题

1. **答：**根据分子能量分布示意图，在水中有一小部分分子具有较高的能量而使其脱离水表面而转变为气体，能量较低的分子通过从环境中吸收能量（光、热）逐步变为具有较高能量的分子逸出表面变为气体而不断挥发。
2. **答：**热力学计算只是用始态与终态自由能之差进行判断反应能否自发进行，而实际反应却需要一个活化能，活化能越大，活化分子数越少，越难于发生有效碰撞而观察不到有明显的反应发生。
3. **答：**（1）增大反应物浓度可以增大反应速率，因为活化分子总数增加，有效碰撞次数增加，加快了反应速率。（2）增大反应物能量，如加热、光照等，提高活化分子百分数，以提高有效碰撞次数，加快反应速率。（3）加入催化剂，改变反应途径，降低活化能，增大活化分子百分数，提高有效分子碰撞次数，加快反应速率。
4. **答：**温度不变时，给反应加入正催化剂，作用是降低反应的活化能。根据 $k = Ae^{-E_a/RT}$，E_a 的降低，使 $e^{-E_a/RT}$ 增大，A 为常数，则 k 增大。在其他条件一定时，k 与 V 成正比，所以活化能的降低必然导致反应速率的加快。

（四）计算题

1. **解：**$k = 30L \cdot mol^{-1} \cdot s^{-1}$。
2. **解：**反应速率增加了 20%。

第四章　化学热力学初步与化学平衡

一、教学基本要求

1. 了解焓及反应焓变的概念，会运用盖斯定律进行有关计算。
2. 了解熵及反应熵变的概念，掌握化学反应熵变的判断及计算。
3. 了解吉布斯自由能及吉布斯自由能变的概念，掌握 $\Delta_r G$ 判断反应方向和限度的判据。
4. 熟练运用吉-赫方程及化学反应等温式进行有关 $\Delta_r G_{298}^{\ominus}$、$\Delta_r G_{298}$、$\Delta_r G_T^{\ominus}$、$\Delta_r G_T$ 的计算，分析温度对化学反应方向的影响。
5. 掌握化学平衡及化学平衡常数的概念。掌握 $K^{\ominus}$ 与 $\Delta_r G_T^{\ominus}$、K_c、K_p 间的关系。
6. 掌握多重平衡规则。掌握有关平衡常数的多种类型的计算。
7. 掌握浓度、温度、压力对化学平衡移动的影响。

在本章的学习过程中，应以化学反应自发性的判据为主线，进而了解自由能、焓、熵等概念，从热力学角度计算一个化学反应是否能自发进行，达平衡时转化率有多大。

二、习题分析与解答

1. 金属铝和铅的质量热容分别为 $0.900\text{J}\cdot\text{g}^{-1}\cdot\text{K}^{-1}$ 和 $0.130\text{J}\cdot\text{g}^{-1}\cdot\text{K}^{-1}$。如果从（1）1g 样品中；（2）1mol 样品中各移去 209.2J 的热，哪一种物质的温度下降更大些？

答：热量与热容的关系为 $Q = m\cdot C\cdot\Delta T$。

（1）1g 样品，Al：$209.2 = 1\times0.900\times\Delta T_{Al}$，$\Delta T_{Al} = 232\text{K}$。

Pb：$209.2 = 1\times0.130\times\Delta T_{Pb}$，$\Delta T_{Pb} = 1.61\times10^3\text{K}$。$\Delta T_{Pb}$ 大。

（2）1mol 样品，Al：$209.2 = 27.0\times0.900\times\Delta T_{Al}$，$\Delta T_{Al} = 8.61\text{K}$。

Pb：$209.2 = 207\times0.130\times\Delta T_{Pb}$，$\Delta T_{Pb} = 7.77\text{K}$。$\Delta T_{Pb}$ 小。

2. 在弹式热量计中燃烧 1.02g 尿素（$(NH_2)_2CO$）测得温度上升 0.381K，求尿素的摩尔燃烧热。（热量计常数为 $28.1\text{kJ}\cdot\text{K}^{-1}$）

答：摩尔燃烧热为 1 物质完全燃烧时放出的热量。

$$\frac{28.1\times0.381\times(14.0\times2+1.008\times4+16.0+12.0)}{1.02} = 630\text{kJ}\cdot\text{mol}^{-1}$$

3. 下面两个反应哪一个反应过程中放出的热量较大，为什么？

$$A(g) + B(s) = C(l) + H_2O(g)$$
$$A(g) + B(s) = C(l) + H_2O(l)$$

答：后一生成液态水的反应放出的热量更多。因为两反应中，只有 H_2O 处的状态不同。从 H_2O (g) 变为 H_2O (l)，是一个放热过程。

4. 写出由元素化合生成 1mol $CH_4(g)$ 的化学方程式，由下列方程和 298K 时的 $\Delta_r H_m^{\ominus}$ 值计算 CH_4 的生成热。

$H_2(g)+1/2O_2(g) = H_2O(l)$ $\Delta_r H_m^{\ominus} = -286.1kJ \cdot mol^{-1}$

$C(s)+O_2(g) = CO_2(g)$ $\Delta_r H_m^{\ominus} = -394.9kJ \cdot mol^{-1}$

$CH_4(g)+2O_2(g) = CO_2(g)+2H_2O(l)$ $\Delta_r H_m^{\ominus} = -882.0kJ \cdot mol^{-1}$

答： 令 $C(s)+2H_2(g) = CH_4(g)$ 为总反应，该反应的反应热就是 CH_4 的生成热。

与按原顺序编号为 1、2、3 的三个方程相比，有反应$_总$ = 2 × 反应$_1$ + 反应$_2$ − 反应$_3$。

$\Delta_f H_{CH_4}^{\ominus} = \Delta_r H_{总}^{\ominus} = 2 \times \Delta_r H_1^{\ominus} + \Delta_r H_2^{\ominus} - \Delta r H_3^{\ominus} = -281.1 \times 2 + (-394.9) - (-882.0) = -85.1kJ \cdot mol^{-1}$。

5. 由下列热化学方程式计算液体过氧化氢在 298K 时的生成热：

$H_2(g)+1/2O_2(g) = H_2O(g)$ $\Delta_r H_m^{\ominus} = -214.82kJ \cdot mol^{-1}$

$2H(g)+O(g) \longrightarrow H_2O(g)$ $\Delta_r H_m^{\ominus} = -926.92kJ \cdot mol^{-1}$

$2H(g)+2O(g) \longrightarrow H_2O_2(g)$ $\Delta_r H_m^{\ominus} = -1070.6kJ \cdot mol^{-1}$

$2O(g) \longrightarrow O_2(g)$ $\Delta_r H_m^{\ominus} = -498.34kJ \cdot mol^{-1}$

$H_2O_2(l) \longrightarrow H_2O_2(g)$ $\Delta_r H_m^{\ominus} = 51.46kJ \cdot mol^{-1}$

答： H_2O_2 的生成热，即反应 $H_2(g)+O_2(g) = H_2O_2(l)$ 的反应热 $\Delta_r H_{总}^{\ominus}$。

把原反应按顺序标号，反应间的关系为：

反应$_总$ = 反应$_1$ − 反应$_2$ + 反应$_3$ − (1/2) 反应$_4$ − 反应$_5$。

$\Delta_f H_{H_2O_2}^{\ominus} = \Delta_r H_{总}^{\ominus} = \Delta_r H_1^{\ominus} - \Delta_r H_2^{\ominus} + \Delta_r H_3^{\ominus} - (1/2) \times \Delta_r H_4^{\ominus} - \Delta_r H_5^{\ominus} = -214.82 - (-926.92) - 1070.6 - 1/2) \times (-498.34) - 51.46 = -160.79kJ \cdot mol^{-1}$。

6. 从总结教材内容着手，整理出一套有关焓、熵和自由能的符号和单位。

答： 物质的标准生成焓 $\Delta_f H_m^{\ominus}$、反应的标准焓变 $\Delta_r H_m^{\ominus}$，单位为 $kJ \cdot mol^{-1}$。

物质的标准熵 $S_m^{\ominus}$、反应的标准熵变 $\Delta_r S^{\ominus}$，单位为 $J \cdot mol^{-1} \cdot K^{-1}$。

物质的标准生成自由能 $\Delta_f G_m^{\ominus}$、反应的标准自由能变 $\Delta_r G^{\ominus}$、反应的自由能变 $\Delta_r G$，单位均为 $kJ \cdot mol^{-1}$。

7. 氯化钠溶于水的反应：

$$NaCl(s) + nH_2O(l) \longrightarrow Na^+(aq) + Cl^-(aq)$$

298K 的标准焓变为 $+3.81kJ \cdot mol^{-1}$，这暗示该过程可能不自发。我们知道 NaCl 事实上易溶于水，否则海水中就不会有那么高的盐分了。试回答：

（1）这一实际上自发的过程 $\Delta G^{\ominus}$ 值的符号是什么？

（2）如果焓变对过程不利，那么反应的驱动力是什么？

（3）$\Delta S^{\ominus}$ 值的符号是什么？

（4）该符号意味着混乱度增大还是减小？

（5）从纯液体和高度有序的晶体到形成钠离子和氯离子能在其中自由运动的溶液，这一事实是否支持你对第（4）个问题的回答？

答：（1）由生活常识可知，当 NaCl 溶液浓度为 $1mol \cdot L^{-1}$ 时，仍可继续溶解 NaCl。

这说明该反应的 $\Delta_r G^\ominus < 0$。

（2）熵变其影响更有利于反应的进行。

（3）据 $\Delta_r G^\ominus = \Delta_r H^\ominus - T\Delta_r S^\ominus$，已知 $\Delta_r H^\ominus > 0$，可见只有 $\Delta_r S^\ominus > 0$，才可能有 $\Delta_r G^\ominus < 0$。

（4）$\Delta_r S^\ominus > 0$，这是一个混乱度增大的反应。

（5）混乱度的增大，可以由能够自由运动的微观粒子的数目的增多加以说明。溶解前，纯净的 H_2O 是小范围有序、大范围无序的体系。NaCl 晶体则是 Na^+ 与 Cl^- 规则排列的体系，总体来看混乱度不大。溶解后，Na^+ 与 Cl^- 要分散到 H_2O 中去，在更大的范围内做热运动，体系的混乱度增大。

8. 同一温度和压力条件下液态氖与液态氟化氢样品哪个熵更高些？（提示：不要忘记 HF 中的氢键）

答：物质的熵值与温度、状态、微粒组成的复杂程度等因素有关，但更主要的因素还是粒子排列的有序程度。由于 HF 不但是极性分子，分子间还有很强的、具有方向性的氢键，在小范围内排列得更为规则，所以 HF 的熵值更小。

9. 如果（a）$\Delta H > 0$，$\Delta S > 0$；（b）$\Delta H > 0$，$\Delta S < 0$；（c）$\Delta H < 0$，$\Delta S > 0$；（d）$\Delta H < 0$，$\Delta S < 0$；试判断：

（1）哪种情况下反应肯定是自发的？

（2）哪种情况下反应肯定是不自发的？

（3）哪种情况下反应的自发或不自发取决于温度和 ΔH、ΔS 的量值？

答：（1）由 $\Delta_r G_T^\ominus = \Delta_r H^\ominus - T\Delta_r S^\ominus$ 可看出，反应（c）的 $\Delta_r H^\ominus < 0$、$\Delta_r S^\ominus > 0$，在任何温度下，反应都自发进行。

（2）反应（b）的 $\Delta_r H^\ominus > 0$、$\Delta_r S^\ominus < 0$，意味着在任何温度下，都有 $\Delta_r G^\ominus > 0$，反应不能自发进行。

（3）反应（a）在 T 较小（低温下）时不自发进行，T 较大时 $\Delta_r S^\ominus$ 项起较大作用，反应能自发进行。反应（d）在 T 较小时自发进行，T 较大时不自发进行。

10. 已知 $I_2(s)$，$I_2(g)$ 和 $I(g)$ 的 $S^\ominus$ 分别是 $116.1 J \cdot mol^{-1} \cdot K^{-1}$，$260.6 J \cdot mol^{-1} \cdot K^{-1}$ 和 $180.7 J \cdot mol^{-1} \cdot K^{-1}$。试计算 I_2 升华过程和气态 I_2 分子离解过程的熵变，并解释为什么算得的结果不但符号相同而且数值也接近？

$$I_2(s) \longrightarrow I_2(g) \qquad I_2(g) \longrightarrow 2I(g)$$

答：对 $I_2(s) \to I_2(g)$，$\Delta_r S^\ominus = S^\ominus_{I_2(g)} - S^\ominus_{I_2(s)} = 260.6 - 116.1 = 144.5 J \cdot mol^{-1} \cdot K^{-1}$。

对 $I_2(g) \to 2I(g)$，$\Delta_r S^\ominus = 2S^\ominus_{I(g)} - S^\ominus_{I_2(g)} = 2 \times 180.7 - 260.6 = 100.8 J \cdot mol^{-1} \cdot K^{-1}$。

因为气体物质的熵值特别的大。反应的熵变与反应前后气体物种分子数的变化有关。这两个反应都是气体分子数增加 1 的反应，所以 $\Delta_r S^\ominus$ 的符号都为正值，并且增加的幅度都较大，数值也较为相近。

11. 已知 $Fe_2O_3(s)$，$CuO(s)$ 和 $CO_2(g)$ 的标准生成自由能分别为 $-637.0 kJ \cdot mol^{-1}$，$-91.98 kJ \cdot mol^{-1}$ 和 $-395.4 kJ \cdot mol^{-1}$，试计算 700K 时下列铁、铜氧化物还原反应的 $\Delta G^\ominus$ 值。

$$2Fe_2O_3(s) + 3C(s) = 4Fe(s) + 3CO_2(g)$$

$$2CuO(s) + C(s) = 2Cu(s) + CO_2(g)$$

哪一个氧化物在木材燃烧的火焰（大约产生 700K 的高温）中可被碳还原？你的答案能否解释历史上铜器时代和铁器时代出现的先后？

答：对 $2Fe_2O_3(s)+3C(s)═══4Fe(s)+3CO_2(g)$

$\Delta_r H_{298}^{\ominus}=3\times(-393.51)-2\times(-824.2)=468.96kJ\cdot mol^{-1}$。

$\Delta_r S_{298}^{\ominus}=4\times27.3+3\times213.6-2\times87.4-3\times5.75=558J\cdot mol^{-1}\cdot K^{-1}$。

$\Delta_r G_{700}^{\ominus}=\Delta_r H_{298}^{\ominus}-700\times\Delta_r S_{298}^{\ominus}=468.95-700\times558\times10^{-3}=78.3kJ\cdot mol^{-1}$。

可见这是一个 $\Delta_r G^{\ominus}\gg0$ 的反应，即 700K 时 C 仍不能把 Fe 从铁矿石中还原出来。需要更高的温度才能得到 Fe，这在当时是较难做到的。

对 $2CuO+C(s)═══2Cu(s)+CO_2(g)$

$\Delta_r H_{298}^{\ominus}=-393.51-2\times(-157)=-79.51kJ\cdot mol^{-1}$。

$\Delta_r S_{298}^{\ominus}=2\times33+213.6-2\times42.7-5.75=188.5J\cdot mol^{-1}\cdot K^{-1}$。

$\Delta_r G_{700}^{\ominus}=-79.51-700\times188.5\times10^{-3}=-211kJ\cdot mol^{-1}$。

这是一个 $\Delta_r G^{\ominus}<0$ 的反应，即在 700K 的木柴燃烧的火焰中可自发进行。由 CuO 还原得到 Cu，其工艺条件比较容易掌握。所以铜器时代早于铁器时代。

12. 在 SO_2，O_2 和 SO_3 组成的平衡系统 $SO_2(g)+1/2O_2(g)═SO_3(l)$ 中加进含有放射性氧原子（如 ^{17}O 或 ^{18}O）的 O_2，再次达到平衡后能否从 SO_3 样品中检查出放射性？能否从 SO_2 样品中检查出放射性？

答：加进含有放射性氧原子的 O_2，由于 ^{17}O 或 ^{18}O 的化学性质与没有放射性的 ^{16}O 相同，所以平衡要正向移动，在 SO_3 样品中能够检测到放射性。因为对可逆反应来说，正逆反应始终在进行，所以在 SO_2 样品中也能够检测到放射性。

13. 动力学研究表明 298K 时下述反应的 $k_{正}=1.38\times10^{-28}$ 而 $k_{逆}=9.3\times10^{10}$，求该温度下反应的标准平衡常数。你能否根据计算结果大致判断反应进行的程度？

$$CO(g)+Cl_2(g)\underset{k_{逆}}{\overset{k_{正}}{\rightleftharpoons}}COCl(g)+Cl(g)$$

答：如果是基元反应，对 $CO(g)+Cl_2(g)═══COCl(g)+Cl(g)$

$$v_{正}=k_{正}\,c(CO)c(Cl_2),\quad v_{逆}=k_{逆}\,c(COCl)c(Cl),$$

由平衡时 $v_{正}=v_{逆}$，可得：

$$\frac{c(COCl)c(Cl)}{c(Co)c(Cl_2)}=\frac{k_{正}}{k_{逆}}=\frac{1.38\times10^{-28}}{9.3\times10^{10}}=1.48\times10^{-39}$$

由于这一反应 $K^{\ominus}=K_c=1.48\times10^{-39}$，为很小的值，反应在 298K 时不能进行。

14. 反应 $Cl_2(g)+F_2(g)═2ClF(g)$ 在 298K 和 500K 的标准平衡常数分别为 2.10×10^{18} 和 1.35×10^{11}，求反应的 $\Delta_r H_m^{\ominus}$。

答：由 $\ln\left(\frac{K_1}{K_2}\right)=\frac{\Delta_r H^{\ominus}(T_1-T_2)}{RT_1T_2}$，有 $\ln\left(\frac{2.01\times10^{18}}{1.35\times10^{11}}\right)=\frac{\Delta_r H^{\ominus}(298-500)}{8.31\times298\times500}$，可解得。$\Delta_r H^{\ominus}=1.02\times10^{5}J\cdot mol^{-1}=-102kJ\cdot mol^{-1}$。

15. 298K 时反应的 $CO(g)+Cl_2(g)═COCl(g)+Cl(g)$ 的 $\Delta_r H_m^{\ominus}=168.8kJ\cdot mol^{-1}$ 而 $K^{\ominus}=9.12\times10^{-30}$，求 500K 时的 $K^{\ominus}$。提高温度后平衡移向反应物一边还是移向产物一边？

答：由 $\ln\left(\frac{K_{500}}{9.12\times10^{-30}}\right)=\frac{168.8\times10^{3}(500-298)}{8.31\times500\times298}$，解得 $K_{500}=8.21\times10^{-18}$。

提高温度后，K 值变大，即平衡要向表示式中分子项（产物）增加分母项（反应物）减少的方向移动，所以平衡是正向移动。

16. $NaHCO_3$ 的分解反应

$$2NaHCO_3(s) \xlongequal{\quad} Na_2CO_3(s) + CO_2(g) + H_2O(g)$$

几种不同温度下的标准平衡常数如下：

T/K	303	323	353	373
$K^{\ominus}$	1.66×10^{-5}	3.90×10^{-4}	6.27×10^{-3}	2.31×10^{-1}

求标准反应焓 $\Delta_r H_m^{\ominus}$。

答：已知两个温度 T_1、T_2 及该温度下的 $K_1^{\ominus}$、$K_2^{\ominus}$，就可以用公式求出反应的 $\Delta_r H^{\ominus}$。

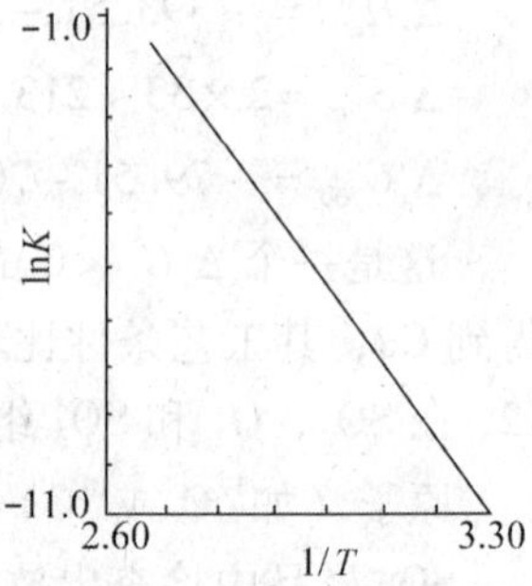

对多组 T 及 $K^{\ominus}$ 的数值，应该用图解法求 $\Delta_r H^{\ominus}$，以减少实验中偶然误差的影响。

由 $\Delta_r G_T^{\ominus}=\Delta_r H^{\ominus}-T\Delta_r S^{\ominus}=-RT\ln K^{\ominus}$，有 $\ln K^{\ominus}=\frac{\Delta_r S^{\ominus}}{R}-\frac{\Delta_r H^{\ominus}}{RT}$。可见，以 $\ln K^{\ominus}$ 对 $1/T$ 作图，斜率为 $(-\Delta_r H^{\ominus}/R)$。列表：

K/T	303	323	353	373
$K^{\ominus}$	1.66×10^{-5}	3.90×10^{-4}	6.27×10^{-3}	2.31×10^{-1}
$1/T$	3.30×10^{-3}	3.10×10^{-3}	2.83×10^{-3}	2.68×10^{-3}
$\ln K^{\ominus}$	-11.01	-7.85	-5.07	-1.47

作图后，再计算，可得斜率为 -1.70×10^{4}。

算得 $\Delta_r H^{\ominus}=-(-1.70\times10^{4})\times8.31=1.41\times10^{5}J\cdot mol^{-1}=1.41\times10^{2}kJ\cdot mol^{-1}$

三、自测习题

（一）选择题

1. 已知下列热化学反应式：$2Zn+O_2 = 2ZnO+702.9kJ$，$2Hg+O_2 = 2HgO+181.6kJ$，则下列反应 $Zn+HgO = ZnO+Hg+Q$ 的反应热是（　）。

A. 442.2kJ　　B. 521.3kJ　　C. 844.5kJ　　D. 260.7kJ

2. 下列反应中 $\Delta_r S^{\ominus}>0$ 的是（　）。

A. $CO(g)+Cl_2(g)\rightarrow COCl_2(g)$　　B. $N_2(g)+O_2(g)\rightarrow 2NO(g)$

C. $NH_4HS(s)\rightarrow NH_3(g)+H_2S(g)$　　D. $2HBr(g)\rightarrow H_2(g)+Br_2(l)$

3. 关于熵，下列叙述中正确的是（　）。

A. 0K 时，纯物质的标准熵 $S=0$

B. 单质的 $S=0$，单质的 ΔH、ΔG 均等于零

C. 在一个反应中，随着生成物的增加，熵增大

D. $\Delta S>0$ 的反应总是自发进行的

4. 室温下，稳定状态的单质的标准熵为（ ）。

A. 0　　B. $1J \cdot mol^{-1} \cdot K^{-1}$　　C. >0　　D. 不确定

5. 对于盖斯定律，下列表述不正确的是（ ）。

A. 盖斯定律反映了体系从一个状态变化到另一状态的总能量变化

B. 盖斯定律反映了体系状态变化时其焓变只与体系的始终态有关，而与所经历的途径无关

C. 盖斯定律反映了体系状态变化时其熵变只与体系的始终态有关，而与所经历的途径无关

D. 盖斯定律反映了体系状态变化时其自由能变只与体系的始终态有关，而与所经历的途径无关

6. 等温等压过程，在高温时不自发进行而在低温时可自发进行的条件是（ ）。

A. $\Delta H<0$，$\Delta S<0$　　B. $\Delta H>0$，$\Delta S<0$

C. $\Delta H<0$，$\Delta S>0$　　D. $\Delta H>0$，$\Delta S>0$

7. 已知298K时，$CO_2(g)$的ΔH为$-393.5kJ \cdot mol^{-1}$，$H_2O(l)$的ΔH为$-285.8kJ \cdot mol^{-1}$，乙炔的燃烧热为$-1300kJ \cdot mol^{-1}$，则乙炔的标准生成热为（ ）。

A. $227.2kJ \cdot mol^{-1}$　　B. $-227.2kJ \cdot mol^{-1}$

C. $798.8kJ \cdot mol^{-1}$　　D. $-798.8kJ \cdot mol^{-1}$

8. 如果体系在状态Ⅰ时吸收500J的热量，对外做功100J达到状态Ⅱ，则体系的内能变化和环境的内能变化分别为（ ）。

A. -400J，400J　　B. 400J，-400J

C. 500J，-100J　　D. -100J，500J

9. 对于封闭体系，体系与环境间（ ）。

A. 既有物质交换，又有能量交换　　B. 没有物质交换，只有能量交换

C. 既没物质交换，又没能量交换　　D. 没有能量交换，只有物质交换

10. 下列热力学函数的数值等于零的是（ ）。

A. $S^{\ominus}(O_2,g)$　　B. $\Delta_r H^{\ominus}(I_2,g)$

C. $\Delta_r G^{\ominus}(P_4,s)$　　D. $\Delta_r G^{\ominus}$（金刚石）

11. 反应 $CaCO_3(s)$══$CaO(s)+CO_2(g)$ 在高温时正反应自发进行，其逆反应在298K时变为自发的，则逆反应的$\Delta_r H^{\ominus}$与$\Delta_r S^{\ominus}$是（ ）。

A. $\Delta_r H^{\ominus}>0$ 和 $\Delta_r S^{\ominus}>0$　　B. $\Delta_r H^{\ominus}<0$ 和 $\Delta_r S^{\ominus}>0$

C. $\Delta_r H^{\ominus}>0$ 和 $\Delta_r S^{\ominus}<0$　　D. $\Delta_r H^{\ominus}<0$ 和 $\Delta_r S^{\ominus}<0$

12. 下列哪个条件有利于$3O_2 \rightarrow 2O_3$($\Delta_r H^{\ominus}=288.7kJ \cdot mol^{-1}$)的转化（ ）。

A. 高温低压　　B. 高温高压

C. 低温低压　　D. 低温高压

13. 单质S的燃烧热与下列哪一种物质的标准生成热相等（ ）。

A. SO　　B. SO_2　　C. SO_3　　D. H_2SO_4

14. 氮气的键焓是断开 N—N 键后形成下列哪一种物种所需的能量（　）。

A. 氮分子　　B. 氮原子　　C. 氮离子　　D. 氮蒸气

15. 反应 $CH_3OH(l) + NH_3(g) = CH_3NH_2(g) + H_2O(g)$ 在某温度自发向右进行，若反应的 $|\Delta H^{\ominus}| = 17kJ \cdot mol^{-1}$，$|\Delta G^{\ominus}| = 17kJ \cdot mol^{-1}$，则下列数值正确的是（　）。

A. $\Delta H^{\ominus} > 0$，$\Delta G^{\ominus} < 0$　　B. $\Delta H^{\ominus} < 0$，$\Delta G^{\ominus} > 0$

C. $\Delta H^{\ominus} > 0$，$\Delta G^{\ominus} > 0$　　D. $\Delta H^{\ominus} < 0$，$\Delta G^{\ominus} < 0$

16. 已知反应 $Cu_2O(s) + O_2(g), 2CuO(s)$ 在 300K 时，其 $\Delta G = -107.9kJ \cdot mol^{-1}$，400K 时，$\Delta G = -95.33kJ \cdot mol^{-1}$，则该反应的 ΔH 和 ΔS 近似各为（　）。

A. $187.4kJ \cdot mol^{-1}$，$-0.126kJ \cdot mol^{-1} \cdot K^{-1}$

B. $-187.4kJ \cdot mol^{-1}$，$0.126kJ \cdot mol^{-1} \cdot K^{-1}$

C. $-145.6kJ \cdot mol^{-1}$，$-0.126kJ \cdot mol^{-1} \cdot K^{-1}$

D. $145.6kJ \cdot mol^{-1}$，$-0.126kJ \cdot mol^{-1} \cdot K^{-1}$

17. 已知 298K 时 $NH_3(g)$ 的 $\Delta H = -46.19kJ \cdot mol^{-1}$，反应 $N_2(g) + 3H_2(g) = 2NH_3(g)$ 的 ΔS 为 $-198J \cdot mol^{-1} \cdot K^{-1}$，欲使此反应在标准状态时能自发进行，所需温度条件为（　）。

A. $<193K$　　B. $<466K$　　C. $>193K$　　D. $>466K$

18. 金属铝是一种强还原剂，它可将其他金属氧化物还原为金属单质，其本身被氧化为 Al_2O_3，则 298K 时，1mol Fe_2O_3 被 Al 还原的 ΔG 为（　）。

A. $839.8kJ \cdot mol^{-1}$　　B. $-839.8kJ \cdot mol^{-1}$

C. $397.3kJ \cdot mol^{-1}$　　D. $-393.7kJ \cdot mol^{-1}$

（已知：$\Delta G(Al_2O_3, s) = -1582kJ \cdot mol^{-1}$；$\Delta G(Fe_2O_3, s) = -742.2kJ \cdot mol^{-1}$）

19. 化学反应在任何温度下都不能自发进行时，其（　）。

A. 焓变和熵变两者都是负的　　B. 焓变和熵变两者都是正的

C. 焓变是正的，熵变是负的　　D. 焓变是负的，熵变是正的

20. 某化学反应其 ΔH 为 $-122kJ \cdot mol^{-1}$，ΔS 为 $-231J \cdot mol^{-1} \cdot K^{-1}$，则此反应在下列哪种情况下自发进行（　）。

A. 在任何温度下自发进行　　B. 在任何温度下都不自发进行

C. 仅在高温下自发进行　　D. 仅在低温下自发进行

21. 对一定温度下的气体反应，反应 1：A = B，平衡常数为 K_{p1}，反应 2：B + C = D，平衡常数为 K_{p2}，则表示反应 A + C = D 的 Kp 的式子为（　）。

A. K_{p1}/K_{p2}　　B. K_{p2}/K_{p1}　　C. $K_{p1} \cdot K_{p2}$　　D. $(K_{p1} \cdot K_{p2})^2$

22. 反应 $CaCO_3(s) = CaO(s) + CO_2(g)$，298K 时 $\Delta_r H^{\ominus} = 178kJ \cdot mol^{-1}$、$\Delta_r S^{\ominus} = 161 J \cdot mol^{-1} \cdot K^{-1}$，则此反应开始分解的温度是（　）。

A. 900K　　B. 0K　　C. 任意温度　　D. 1106K

23. 某温度时，反应 $SO_2(g) + 1/2O_2(g) = SO_3(g)$ 的 $K_p = 50$。同温度下反应 $2SO_3(g) = 2SO_2(g) + O_2(g)$ 的 K_p 为（　）。

A. 2×10^{-2}　　B. 4×10^{-4}　　C. 1×10^{2}　　D. 2.5×10^{2}

24. 已知 $2H_2(g) + S_2(g) = 2H_2S(g)$ 的 K_{p1}，$2Br_2(g) + 2H_2S(g) = 4HBr(g) + S_2(g)$ 的 K_{p2}，$H_2(g) + Br_2(g) = 2HBr(g)$ 的 K_{p3}。则 K_{p3} 等于（　）。

A. $(K_{p_1}/K_{p_2})^{1/2}$　　B. $(K_{p_2}/K_{p_1})^{1/2}$　　C. K_{p_2}/K_{p_1}　　D. $(K_{p_1}\cdot K_{p_2})^{1/2}$

25. 对反应 $CO_2(g)+C(s)=2CO(g)$　$-171.5kJ$，采用下面哪一种方法可使平衡向右移动（　）。

A. 降低压力，降低温度　　B. 降低压力，增加温度

C. 增加压力，增加温度　　D. 增加压力，降低温度

26. 在 $4NH_3+5O_2=4NO+6H_2O$ 平衡体系中，用铂网作催化剂，当体系达平衡时，如果增加催化剂的用量，下面哪一种情况是正确的（　）。

A. 更多的 NO 和 H_2O 生成　　B. 生成更多的 NH_3 和 O_2

C. 反应物和生成物都增加　　D. 体系不变化

27. 勒沙特列原理适用于（　）。

A. 气体间反应　　B. 所有化学反应

C. 平衡状态下的所有体系　　D. 所有物理平衡

28. 在一定温度下，有可逆反应 $C(s)+H_2O(g)=CO(g)+H_2(g)$，$\Delta H=133.9kJ\cdot mol^{-1}$，下列说明中正确的是（　）。

A. 达平衡时，反应物和生成物浓度相等

B. 增加 C(s)的量，有助于平衡正向移动

C. 增加温度，将对 C(s)的转化有利

D. 由于反应前后分子数相等，增加压力对平衡无影响

29. 在放热反应中，温度升高 10℃的结果是（　）。

A. 不影响反应　　B. 平衡常数降低

C. 反应速率不变　　D. 平衡常数增大

30. 反应 $2H_2O(g)=2H_2(g)+O_2(g)$ 达到平衡后，若保持体系的压力不变，加入一定量的稀有气体，平衡移动方向为（　）。

A. 向左移动　　B. 向右移动　　C. 不移动　　D. 无法确定

31. 下列因素对转化率无影响的是（　）。

A. 温度　　B. 浓度

C. 压力（对气相反应）　　D. 催化剂

（二）填空题

1. 当体系的状态被改变时，状态函数的变化只决定于________，而与________无关。

2. 在热力学中用热和功的正负号表示以热或功的形式传递能量的方向，体系吸收热量________，体系对环境做功________。

3. 化学反应中自由能的变化 ΔG 可作为反应能否自发进行的衡量标准。在等温、等压、不做其他功的条件下，对于自发过程，其 ΔG ________；对于平衡状态 ΔG ________；对于非自发过程 ΔG ________。

4. $\Delta_r H^\ominus$ 称为________，单位为________；$S^\ominus$ 称为________，单位为________；$\Delta_f G^\ominus$ 称为________，单位为________。

5. 反应 $N_2O_4(g)=2NO_2(g)$ 中，因为 NO_2 是红褐色，而 N_2O_4 无色，NO_2 分压可利用光吸收来测定。如果 35℃时，平衡体系总压力为 202kPa，NO_2 的分压 $p_{NO_2}=66kPa$，则该温

度下反应的 K_0 为__________。

6. 由实验测得的平衡常数称为________________，由吉布斯自由能变计算出的平衡常数称为________________。在恒温恒压下，吉布斯自由能变 $\Delta_r G_T^{\ominus}$，一般仅可作为化学反应进行__________的判断，而 $\Delta_r G_T$ 则可作为化学反应进行__________的判据。只有在__________这一特定条件下，$\Delta_r G_T^{\ominus}$ 才可作为__________的判据。
7. 已知823时，(1) $CoO(s) + H_2(g) = Co(s) + H_2O(g)$ 的 $K_{p_1} = 67$；(2) $CoO(s) + CO(g) = Co(s) + CO_2(g)$ 的 $K_{p_2} = 490$；则反应 (3) $CO_2(g) + H_2(g) = CO(g) + H_2O(g)$ 的 $K_{p_3} =$ __________。
8. 对下述反应 $2HBr(g) = H_2(g) + Br_2(g)$ 达平衡的。将体系压缩，平衡__________移动；引入 Ar 气体，平衡__________移动；引入 HBr 气体，平衡__________移动；引入 H_2 气体，平衡__________移动；升高温度，平衡__________移动。
9. 在确定温度对化学平衡的影响时，常以 $\lg K$ 对 $1/T$ 作图得一直线方程，对于__________反应，此直线的斜率为__________，表示 $\Delta H^{\ominus}$ 为__________，说明温度升高__________。对于__________反应，则此直线的斜率为__________，表示 $\Delta H^{\ominus}$ 为__________，说明温度增高__________。
10. 在下表变化方向栏内用箭头指示变化方向：

序号	可逆反应	$\Delta_r H^{\ominus}$	操作	变化方向
(1)	$2SO_2(g) + O_2(g) = 2SO_3(g)$	<0	加热	________，
(2)	$C(s) + H_2O(g) = CO(g) + H_2O(g)$	>0	冷却	________，
(3)	$NH_4Cl(s) = NH_3(g) + HCl(g)$	>0	加压	________，
(4)	$N_2O_4(g) = 2NO_2(g)$	<0	减压	________。

11. 下列反应处于平衡状态，$X(g) + Y(g) \rightleftharpoons 4Z(g)$，$\Delta H = -45kJ \cdot mol^{-1}$，当同时升高温度加入正催化剂时，正反应速率将__________，化学平衡将__________。
12. 反应 A：$C + H_2O \rightleftharpoons CO + H_2$，反应 B：$3H_2 + N_2 \rightleftharpoons 2NH_3$，在密闭容器中进行，且呈平衡状态，当温度不变时，在上述反应里加入氮气以增加总压力，对反应 A__________，对反应 B__________。

（三）问答题

1. 对反应：$mA + nB \rightleftharpoons pC$，$\Delta H < 0$，升高温度，对反应速率和化学平衡有何影响，为什么？
2. 催化剂能影响反应速率，但不能影响化学平衡，为什么？
3. 简述在合成氨生产中：$N_2(g) + 3H_2(g) \rightleftharpoons 2NH_3(g)$，$\Delta H^{\ominus} = -92.4kJ \cdot mol^{-1}$，工业上采用温度控制在673～773K（而不是更低的温度），压力控制在30390kPa（而不是更高的压力）？

（四）计算题

1. 从如下的数据计算反应 $NH_3(g) + H^+(g) = NH_4^+(g)$ 的 $\Delta_r H^{\ominus}$。

反应（1）：$H_2(g)$═$2H(g)$，$\Delta_r H_1^\ominus = +436kJ \cdot mol^{-1}$；

反应（2）：$Cl_2(g)$═$2Cl(g)$，$\Delta_r H_2^\ominus = +242kJ \cdot mol^{-1}$；

反应（3）：$H(g)$═$H^+(g) + e$，$\Delta_r H_3^\ominus = +1315kJ \cdot mol^{-1}$；

反应（4）：$Cl(g) + e$═$Cl^-(g)$，$\Delta_r H_4^\ominus = -364kJ \cdot mol^{-1}$；

反应（5）：$1/2N_2(g) + 3/2H_2(g)$═$NH_3(g)$，$\Delta_r H_5^\ominus = -46kJ \cdot mol^{-1}$；

反应（6）：$1/2N_2(g) + 2H_2(g) + 1/2Cl_2(g)$═$NH_4Cl(s)$，$\Delta_r H_6^\ominus = -314kJ \cdot mol^{-1}$；

反应（7）：$NH_4^+(g) + Cl^-(g)$═$NH_4Cl(s)$，$\Delta_r H_7^\ominus = -682kJ \cdot mol^{-1}$。

2. 由反应（1）：$H_2(g)$═$2H(g)$，$\Delta_r H_1^\ominus = +434.7kJ \cdot mol^{-1}$；

反应（2）：C(石墨)═C(g)，$\Delta_r H_2^\ominus = +714.8kJ \cdot mol^{-1}$；

反应（3）：C(石墨) + $2H_2(g)$═$CH_4(g)$，$\Delta_r H_3^\ominus = -740.8kJ \cdot mol^{-1}$。

求 CH_4 分子中 C—H 键的键能。

3. 已知下列键能数据：D(Cl—Cl) = $242.4kJ \cdot mol^{-1}$，D(N—H) = $388.7kJ \cdot mol^{-1}$，D(N—Cl) = $200.6kJ \cdot mol^{-1}$，D(H—Cl) = $430.5kJ \cdot mol^{-1}$。试估算 $NH_3(g) + Cl_2(g)$═$NH_2Cl(g) + HCl(g)$反应的热效应。

4. 已知反应（1）：$K(s)$═$K(g)$，$\Delta_r H_1^\ominus = +90kJ \cdot mol^{-1}$，

反应（2）：$K(g) - e$═$K^+(g)$，$\Delta_r H_2^\ominus = +419kJ \cdot mol^{-1}$，

反应（3）：$Br_2(l)$═$Br_2(g)$，$\Delta_r H_3^\ominus = +30kJ \cdot mol^{-1}$，

反应（4）：$Br_2(g)$═$2Br(g)$，$\Delta_r H_4^\ominus = +192kJ \cdot mol^{-1}$，

反应（5）：$Br(g) + e$═$Br^-(g)$，$\Delta_r H_5^\ominus = -324.5kJ \cdot mol^{-1}$，

反应（6）：$K(s) + 1/2Br_2(l)$═$KBr(s)$，$\Delta_r H_6^\ominus = -392.2kJ \cdot mol^{-1}$。

计算 KBr(s)的晶格能 U。

5. 已知数据如下

	CH_3OH (l) ═══	CH_4 (g) + $1/2O_2$ (g)
$\Delta_f G/kJ \cdot mol^{-1}$	−166	−50
$\Delta_f H/kJ \cdot mol^{-1}$	−238.6	−74.8

计算说明：（1）在 25℃，101.3kPa 下反应能否自发进行？

（2）该反应的 ΔS 是正还是负，其数值是多少？

（3）在什么温度以上，反应才能自发进行？

（4）用此反应生产 CH_4 有何缺点？

6. 已知 298K 时：

（1）$2Al(s) + O_2(g)$═$Al_2O_3(s)$　$\Delta_f H_1^\ominus = -1669.8kJ \cdot mol^{-1}$

（2）$2Fe(s) + O_2(g)$═$Fe_2O_3(s)$　$\Delta_f H_2^\ominus = -822.2kJ \cdot mol^{-1}$

求：$2Al(s) + Fe_2O_3(s)$═$2Fe(s) + Al_2O_3(s)$的 $\Delta_r H^\ominus$。若上述反应产生 1kg 的 Fe，能放出多少热量？

7. 水煤气的反应为 $C(s) + H_2O(g)$═$CO(g) + H_2(g)$，问各气体都处在标准大气压下，在多高温度时，此体系为平衡体系？

已知：$\Delta_f H^\ominus(H_2O,g) = -241.8kJ \cdot mol^{-1}$，$\Delta_f H^\ominus(CO,g) = -110.5kJ \cdot mol^{-1}$，$\Delta_f G^\ominus(H_2O,g) =$

$-228.6\mathrm{kJ \cdot mol^{-1}}$, $\Delta_f G^\ominus(\mathrm{CO,g}) = -137.3\mathrm{kJ \cdot mol^{-1}}$。

四、自测习题答案

（一）选择题

1. D；2. C；3. A；4. C；5. A；6. A；7. A；8. B；9. B；10. C；11. D；12. B；13. B；14. B；15. A；16. C；17. B；18. B；19. C；20. D；21. C；22. D；23. B；24. D；25. B；26. D；27. C；28. C；29. B；30. B；31. D。

（二）填空题

1. 体系的始态和终态，变化途径。
2. q 为正，反之为负，W 为正，反之为负。
3. <0，$=0$，>0。
4. 反应的标准焓变，$\mathrm{kJ \cdot mol^{-1}}$，物质的标准熵，$\mathrm{J \cdot mol^{-1} \cdot K^{-1}}$，物质的标准生成自由能，$\mathrm{kJ \cdot mol^{-1}}$。
5. 0.32。
6. 实验平衡常数，热力学平衡常数，程度，方向，标准状态，反应方向。
7. 0.137。
8. 不能，不能，正向，逆向，正向。
9. 放热，正值，负值，K 减小，吸热，负值，正值，K 增大。
10. ←，←，←，→。
11. 加快，向左移动。
12. 无影响，将使平衡右移。

（三）问答题

1. **答**：升高温度，可以加快正、逆反应的速度，平衡将逆向移动。因升高温度使速度常数增大，反应速率则加快（或从活化分子百分数增大，有效碰撞增多，微观角度说明）。依据勒沙特列原理，升高温度，平衡向吸热方向移动。给出反应正向放热，逆向吸热，所以平衡将逆向移动。
2. **答**：因为催化剂能改变反应历程，从而改变反应活化能，所以能影响反应速率。但由于催化剂同时改变正、逆反应的活化能，同等程度地影响正、逆反应速率，所以不影响化学平衡。
3. **答**：对于此反应，低温有利于提高反应物的转化率，但低温反应速率慢，使设备利用率低，单位时间合成氨量少。为使其有较高的转化率和较快的反应速率，单位时间内合成较多的氨，常以催化剂的活性温度为该反应的控制温度。高压对合成氨有利，但压力过高对设备要求高，运转费高。因此压力不宜过高，为了得到更多的氨，常用加压、冷却合成气的方法以分离氨，使平衡右移。

（四）计算题

1. **解**：$-876kJ \cdot mol^{-1}$。
2. **解**：$581.3kJ \cdot mol^{-1}$。
3. **解**：$0kJ \cdot mol^{-1}$。
4. **解**：$687.7kJ \cdot mol^{-1}$。
5. **解**：（1）$\Delta_r G^{\ominus} = 116kJ \cdot mol^{-1}$，反应不能自发进行。（2）$\Delta_r S^{\ominus} = 160.4J \cdot mol^{-1} \cdot K^{-1}$。（3）$T \geqslant 1024K$。（4）反应温度过高，用 CH_3OH 制 CH_4，成本高。
6. **解**：产生 1kg Fe 时可放热 7567.8kJ。
7. **解**：$T = 979.1K$。

第五章　酸、碱和酸碱反应

一、教学基本要求

1. 掌握酸碱质子理论。
2. 掌握酸碱电子理论。
3. 会用鲍林规则估算氧合酸的 K_{a_1}、K_{a_2}。

在本章的学习中，主要掌握新的酸碱定义和新的酸碱性强弱的判断方法。

二、习题分析与解答

1. 根据阿仑尼乌斯和（或）布朗斯特理论，下列物质中哪些可用作酸？哪些可用作碱？哪些既可用作酸又可用作碱？

（1）HCl；（2）$H_2PO_3^-$；（3）H_2CaO_2；（4）$ClO_3(OH)$；（5）$Sb(OH)_3$。

答：可用作酸的为（1）HCl，（4）$HClO_4$；可用作碱的为（3）$Ca(OH)_2$；既可用作酸、又可用作碱的有（2）$H_2PO_3^-$，（5）$Sb(OH)_3$。

2. 将下列各组酸按酸性增强的顺序排列。

（1）硫酸、磷酸、高氯酸；

（2）HIO_3、HIO_2、HIO 和 HIO_4；

（3）亚硒酸、亚硫酸、亚碲酸；

（4）氢硫酸、氢硒酸、氢碲酸；

（5）H_2CrO_4、H_2CrO_2、$HCrO_3$ 和 H_3CrO_3；

（6）$H_4P_2O_7$、$HP_2O_7^{3-}$、$H_3P_2O_7^-$ 和 $H_2P_2O_7^{2-}$。

答：（1）$H_3PO_4 < H_2SO_4 < HClO_4$（同周期元素最高价态含氧酸）；

（2）$HIO < HIO_2 < HIO_3 < HIO_4$（同一元素不同价态含氧酸）；

（3）$H_2TeO_3 < H_2SeO_3 < H_2SO_3$（同主族元素相同价态含氧酸）；

（4）$H_2S < H_2Se < H_2Te$（同主族元素氢酸）；

（5）$H_2CrO_2 < H_3CrO_3 < HCrO_4 < H_2CrO_4$（同一元素不同价态含氧酸）；

（6）$HP_2O_7^{3-} < H_2P_2O_7^{2-} < H_3P_2O_7^- < H_4P_2O_7$（不同级离解常数的比较）。

3. 60℃时 $K_w^\ominus$ 值为 9.614×10^{-14}，求该温度下水中的 $c(H^+)$，并计算 pH 值。60℃的纯水显酸性吗？

答：对 H_2O，$c(H^+)c(OH^-)=K_w$。在水中 $c(H^+)=c(OH^-)$。

60℃时，$c(H^+)^2=K_w=9.614\times10^{-14}$，$c(H^+)=3.101\times10^{-7}$，pH $=6.509$。

由此可见，随着温度变化，水溶液的pH值会发生微小改变，但仍为中性。

4. 吕·查德里原理不难由 K_2CrO_4 溶液中交替滴加稀 HCl 和稀 NaOH 而引起的颜色变化得到证明：

$$2CrO_4^{2-} + 2H_3O^+ \longrightarrow Cr_2O_7 + 3H_2O$$

（黄色）　　　　　　（橙色）

（1）指出该反应中较强的酸和它的共轭碱。

（2）加入 NaOH 的作用是什么？

（3）根据哪种理论可将该反应看作酸碱反应？

答： 该反应实际为 $2CrO_4^{2-} + 2H_3O^+ = 2H_2O + 2HCrO_4^-$，然后 $2HCrO_4^- = Cr_2O_7^{2-} + H_2O$。

（1）由第一个反应式可看出，较强的酸为 H_3O^+，其共轭碱为 H_2O。

（2）加入 NaOH 是为了减少体系中 H_3O^+ 的量，使平衡逆向移动。

（3）根据质子理论（布朗斯特理论），酸碱反应为：酸1 + 碱2 = 碱1 + 酸2。

5. 指出下列反应中的布朗斯特酸、碱及其共轭物。

（1）$HSO_4^- + OH^- = SO_4^{2-} + H_2O$；

（2）$PO_4^{3-} + H_2O = HPO_4^{2-} + OH^-$；

（3）$H_2Fe(CO)_4 + CH_3OH = [FeH(CO)_4]^- + CH_3OH_2^+$；

（4）$HNO_3 + H_2O = H_3O^+ + NO_3^-$；

（5）$CO_3^{2-} + H_2O = HCO_3^- + OH^-$；

（6）$NH_3 + H_2S = NH_4^+ + HS^-$；

（7）$NH_4I + KNH_2 = KI + 2NH_3$（液氨为溶剂）；

（8）$Zn(H_2O)_4^{2+}(aq) + H_2O(l) = Zn(H_2O)_3(OH)^+(aq) + H_3O^+(aq)$。

答：

序号	酸	共轭碱	碱	共轭酸
(1)	酸 HSO_4^-	SO_4^{2-}	OH^-	H_2O
(2)	H_2O	OH^-	PO_4^{3-}	HPO_4^{2-}
(3)	$H_2Fe(CO)_4$	$[FeH(CO)_4]^-$	CH_3OH	$CH_3OH_2^+$
(4)	HNO_3	NO_3^-	H_2O	H_3O^+
(5)	H_2O	OH^-	CO_3^{2-}	HCO_3^-
(6)	H_2S	HS^-	NH_3	NH_4^+
(7)	NH_4^+	NH_3	NH_2^-	NH_3
(8)	$Zn(H_2O)_4^{2+}$	$Zn(H_2O)_3(OH)^+$	H_2O	H_3O^+

6. 何谓拉平效应？用拉平效应概念讨论水溶液中的下列各碱：CO_3^{2-}，O^{2-}（提示：共轭酸为 OH^-），ClO_4^-，NO_3^-。

（1）哪些碱性太强以致无法用实验研究？

（2）哪些碱性太弱以致无法用实验研究？

（3）哪些可直接测定其强度？

答： 拉平效应：由于溶剂结合质子的能力过强，使不同强度的酸都表现为强酸；或溶剂给出质子的能力过强，使不同强度的碱都表现为强碱的作用。

（1）O^{2-} 的碱性太强，在水中 $O^{2-} + H_2O = 2OH^-$，无法用实验进行研究。

（2）ClO_4^- 及 NO_3^- 的碱性则太弱，无法用实验区分。

（3）CO_3^{2-} 可以直接测定其强度。

7. 应用鲍林规则：

（1）判断 H_3PO_4（2.12），H_3PO_3（1.80）和 H_3PO_2（2.0）的结构（括号内的数值为相应物质的 $pK_a^{\ominus}$）；

（2）粗略估计 H_3PO_4，$H_2PO_4^-$ 和 HPO_4^{2-} 的 $pK_a^{\ominus}$ 值，已知其实验值分别为 2.1，7.4，12.7。

答：

（1）结构分别为 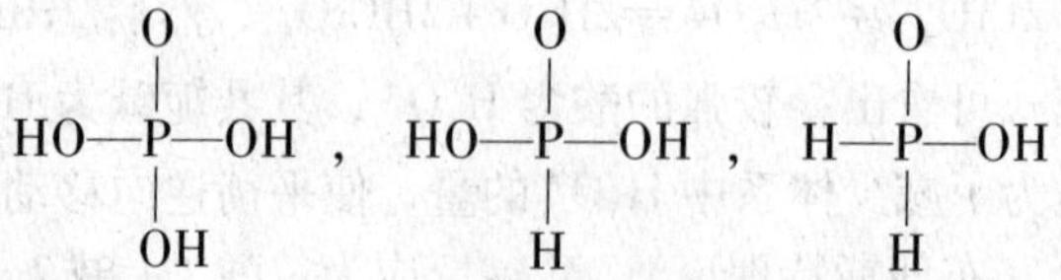

都只有 1 个氧基，所以都有 $pK_a = 8 - 5 = 3$。

（2）H_3PO_4 的 $p = 1$。$pK_{a_1} = 8 - 5 \times 1 = 3$（实际为 2.1）。

$H_2PO_4^-$ 的 $pK_{a_2} = pK_{a_1} + 5 = 8$（实际为 7.4）。

HPO_4^{2-} 的 $pK_{a_3} = pK_{a_2} + 5 = 13$（实际为 12.7）。

8. 按酸性增大的顺序排列下面四种水合酸：$[Na(OH_2)]^+$，$[Sc(OH_2)_6]^{3+}$，$[Mn(OH_2)_6]^{2+}$，$[Ni(OH_2)_6]^{2+}$。

答：碱性强弱的顺序为 $NaOH > Mn(OH)_2 > Ni(OH)_2 > Sc(OH)_3$，所以酸性增强顺序为 $[Na(H_2O)]^+ < [Mn(H_2O)_6]^{2+} < [Ni(H_2O)_6]^{2+} < [Sc(H_2O)_6]^{3+}$。

9. 指出下列反应中的路易斯酸和碱，并区分哪些是配位反应，哪些是取代反应，哪些是复分解反应？

（1）$FeCl_3 + Cl^- = [FeCl_4]^-$；

（2）$I^- + I_2 = I_3^-$；

（3）$KH + H_2O = KOH + H_2$；

（4）$[MnF_6]^{2-} + 2SbF_5 = 2[SbF_6]^- + MnF_4$；

（5）$Al^{3+}(aq) + 6F^-(aq) = [AlF_6]^{3-}(aq)$；

（6）$HS^- + H_2O = S^{2-} + H_3O^+$；

（7）$(C_2H_5)_3Si—I + AgBr = (C_2H_5)_3Si—Br + AgI$；

（8）$BrF_3 + F^- = [BrF_4]^-$；

（9）$(CH_3)_2CO + I_2 = (CH_3)_2CO—I_2$；

（10）$[SnCl_3]^- + (CO)_5MnCl = (CO)_5Mn—SnCl_3 + Cl^-$。

答：（1）$FeCl_3$ 为路易斯酸，Cl^- 为路易斯碱，是配位反应。

（2）I_2 为酸，I^- 为碱，是配位反应。

（3）K^+、H^+ 为酸，H^-、OH^- 为碱，是复分解反应。

（4）MnF_4、SbF_5 为酸，F^- 为碱，是复分解反应。

（5）Al^{3+} 为酸，F^- 为碱，是配位反应。

（6）H^+ 为酸，S^{2-}、H_2O 为碱，是取代反应。

(7) $(C_2H_5)_3Si^+$、Ag^+ 为酸，I^-、Br^- 为碱，是复分解反应。

(8) BeF_3 为酸，F^- 为碱，是配位反应。

(9) I_2 为酸，$(CH_3)_2CO$ 为碱，是配位反应。

(10) $(CO)_5Mn^+$ 为酸，$[SnCl_3]^-$、Cl^- 为碱，是取代反应。

10. 化学分析中 800℃左右用焦硫酸钠将 Ti，Ta 和 Nb 的矿样转化为可溶物，例如 $TiO_2 + Na_2S_2O_7 \xlongequal{\triangle} TiOSO_4 + Na_2SO_4$，试指出其中的酸和碱。

答： $TiO_2 + Na_2S_2O_7 = TiOSO_4 + Na_2SO_4$ 中，TiO_2 为碱。

$Na_2S_2O_7 = Na_2O \cdot 2SO_3 = Na_2SO_4 \cdot SO_3$ 中，SO_3 为酸。

11. 考查下列碳酸盐在高温下转化为偏硅酸盐的反应，指出这种情况下 SiO_2 和 CO_2 哪个酸性强：$nCaCO_3(s) + nSiO_2(s) \xlongequal{\triangle} (CaSiO_3)_n + nCO_2(g)$

答： 以与金属氧化物（碱）结合是否牢固作为酸强弱的标准。由于 SiO_2 与 CaO 结合得更牢固，所以 SiO_2 的酸性强于 CO_2（这是指高温下，在溶液中不见得如此）。

12. $(CH_3)_2N—PF_2$ 分子中有两个碱原子（P 和 N），与（1）BH_3 和（2）BF_3 形成配合物时哪一个原子与 B 键合？陈述理由。

答： $(CH_3)_2N—PF_2$ 中的氮原子为硬酸配体，磷原子为软碱配体。而（1）BH_3 为软酸，（2）BF_3 为硬碱。根据软硬酸碱理论，氮原子与 BF_3 形成的键较强（硬亲硬），而磷原子与 BH_3 形成的键较强。

13. 将下述各列化合物按路易斯酸性增强的方向排序，并说明理由。

（1）$BeCl_2$，BCl_3。

（2）BBr_3，BF_3，BCl_3。

（3）SiF_4，SiI_4，$SiBr_4$，$SiCl_4$。

答：（1）路易斯酸性 $BeCl_2 < BCl_3$，B 的电负性大，吸引孤对电子的能力更强。

（2）路易斯酸性 $BF_3 < BCl_3 < BBr_3$。配原子半径小时，所成的 Π_4^6 键更稳定，中心原子 B 不能提供有效的空的 p 轨道，酸性弱。

（3）路易斯酸性 $SiF_4 > SiCl_4 > SiBr_4 > SiI_4$。F 的电负性最大，吸引电子能力强，使 Si 有最强的接受孤对电子的能力。

14. 将下述各列化合物按形成化合物的稳定性大小排序，并说明理由。

（1）R_2O，R_2S，R_2Se，R_2Te（与 BF_3 形成配合物）。

（2）R_3N，R_3P，R_3As，R_3Sb（与 BF_3 形成配合物）。

答：（1）与 BF_3 形成的配合物稳定性 $R_2O > R_2S > R_2Se > R_2Te$。$BF_3$ 为硬酸，而作为碱，由 R_2O 到 R_2Te 硬度逐渐降低。

（2）与 BH_3 形成的配合物稳定性 $R_3N < R_3P < R_3As < R_3Sb$。$BH_3$ 为软酸，而作为碱，由 R_3N 到 R_3Sb 软度逐渐增加。

15. Ni，Zn，Cu 通常形成硫化物矿，而 Al 和 Ca 分别以氧化物和碳酸盐形式存在，用软硬酸碱概念解释这种现象。

答： Ni^{2+}、Zn^{2+}、Cu^{2+} 为较软的酸，S^{2-} 为软碱，软-软匹配稳定。

而 Al^{3+}、Ca^{2+} 为硬酸，O^{2-}、CO_3^{2-} 为硬碱，硬-硬匹配稳定。

三、自测习题

（一）选择题

1. 对于反应 $HS^- + H_2O = H_2S + OH^-$，其中强酸和弱碱分别是（　）。

A. H_2S 和 OH^-　　B. H_2S 和 HS^-　　C. H_2O 和 HS^-　　D. H_2S 和 H_2O

2. 下列离子中，两性电解质离子是（　）。

A. CO_3^{2-}　　B. SO_4^{2-}　　C. HPO_4^{2-}　　D. CH_3COO^-

3. 根据质子理论，下列水溶液中，碱性最弱的离子是（　）。

A. NO_3^-　　B. ClO_4^-　　C. CO_3^{2-}　　D. SO_4^{2-}

4. 在 $H_2PO_4^- + H_2O = HPO_4^{2-} + H_3O^+$ 平衡式中，哪个物质的碱性最强（　）。

A. $H_2PO_4^-$　　B. H_2O　　C. HPO_4^{2-}　　D. H_3O^+

5. 草酸在下列哪一种试剂中的电离度最大（　）。

A. HOH　　B. H_2SO_4　　C. $HC_2H_3O_2$　　D. $C_4H_9NH_2$

6. 盐酸在下列哪种溶剂中表现出酸性最强（　）。

A. H_2O　　B. C_2H_5OH　　C. CH_3COOH　　D. NH_3

7. 下述有非金属“X”的酸中，哪一种电离常数最大（　）。

A. HXO　　B. HXO_3　　C. HXO_2　　D. HXO

8. 酸 HA 的酸常数为 K_a，其共轭碱 A^- 的碱常数为 K_b。则两个常数的关系为（　）。

A. $K_a = 1/K_b$　　B. $K_a \cdot K_b = 10^{-14}$　　C. $\lg K_a + \lg K_b = 14$　　D. $K_a + K_b = 1$

9. 用鲍林规则估算，在下列含氧酸中，酸性最强的是（　）。

A. H_2CO_3　　B. H_5IO_6　　C. $HClO_3$　　D. $HBrO_4$

10. 根据酸碱电子理论，下列物质中不可作为路易斯碱的是（　）。

A. Cl^-　　B. NH_3　　C. Fe^{3+}　　D. CO

11. 下列关于酸碱电离理论，质子理论的说法错误的是（　）。

A. 电离理论的反应实质是 $H^+ + OH^- = H_2O$

B. 质子理论的反应实质是共轭酸碱对间的质子传递

C. 电离理论仅限于水溶液中的酸碱反应，碱只限于氢氧化物

D. 质子理论不适用于非水溶剂或气体间的酸碱反应

12. 下列哪一种关于质子酸碱的说法是错误的？（　）。

A. 酸碱反应平衡至少存在着两对共轭酸碱的平衡

B. 强酸弱碱盐是强酸和弱碱组成的化合物

C. 任何一种盐实际上是酸和碱结合的化合物

D. 很弱的酸或很弱的碱，可以看成是非酸非碱的物质

13. 无机化学中常用的酸性质子溶剂是（　）。

A. HF　　B. HCN　　C. CH_3COOH　　D. H_2O

14. 甲烷在非常特殊的条件下，也可提供质子，因此 H_2O、NH_3、CH_4 的酸性顺序可表示为：$H_2O > NH_3 > CH_4$。从另一角度来看，可以认为（　）。

A. 碱性顺序为：$CH_4 > NH_3 > H_2O$　　B. 碱性顺序为：$CH_4 < NH_3 < H_2O$

C. 碱性顺序为：$NH_3 > H_2O > CH_4$　　D. H_2O 和 NH_3 是碱而 CH_4 不是碱

（二）填空题

1. 根据酸碱质子理论，CO_3^{2-} 是__________，其共轭__________是__________；$H_2PO_4^-$ 是__________，它的共轭酸是__________；$[Fe(H_2O)_5(OH)]^{2+}$ 的共轭碱是__________，共轭酸是__________。
   在水中能够存在的最强碱是__________，最强酸是__________。
2. 酸碱质子理论认为，酸是__________，碱是__________；在共轭酸、碱对中，若共轭酸的__________，则共轭碱的__________；这种共轭酸碱对是__________，其半反应是__________，因为有__________存在，必然有__________存在。所以，酸碱质子理论不仅适用于__________体系，而且也适用于__________体系。而阿仑尼乌斯的酸碱理论仅适用于__________体系。
3. 根据酸碱质子理论，在 PO_4^{3-}、NH_4^+、H_2O、HCO_3^-、S^{2-}、Ac^- 这些分子和离子中，属于碱（不是酸）的是__________，它的共轭酸是__________。属于酸（不是碱）的是__________，它们的共轭碱分别是__________。既是酸又是碱的是__________。
4. 根据酸碱电子理论，碱是一种能提供__________的物质。酸碱反应的实质是以__________。
5. 两种无水氧化物生成盐的反应，可以看成是路易斯酸碱反应，如：CaO 与 SiO_2 的反应，可以看成是__________作为酸与__________作为碱的反应。

（三）问答题

1. 已知亚磷酸和次磷酸两者的电离常数分别为 1.6×10^{-2} 和 1.0×10^{-2}，试推测这两种酸的结构式。
2. 用鲍林规则解释，$HClO_3$ 的酸性比 HClO 强。
3. 用质子理论解释，水与下列物质作用时，水是酸还是碱。并用离子方程式标明质子的传递。
   （1）CH_3COONa；（2）HCN；（3）NH_4NO_3。

四、自测习题答案

（一）选择题

1. B；2. C；3. B；4. B；5. D；6. D；7. A；8. B；9. D；10. C；11. D；12. B；13. D；14. D。

（二）填空题

1. 碱，酸，HCO_3^-，碱，H_3PO_4，$[Fe(H_2O)_4(OH)_2]^+$，$[Fe(H_2O)_6]^{3+}$。OH^-，H^+。
2. 能给出 H^+ 的物质，能结合 H^+ 的物质，酸性越强，碱性越弱，互为反应物和产物的，不能单独存在的，给出质子的物质，结合质子的物质，水溶液，非水溶液，水溶液。

3. PO_4^{3-}、S^{2-}、Ac^-，HPO_4^{2-}、HS^-、HAc，NH_4^+，NH_3，H_2O、HCO_3^-。
4. 电子对，配键连接形成酸碱配合物。
5. SiO_2，CaO。

（三）问答题

1. 答：由 $K_a = 10^{5P-8}$，亚磷酸 H_3PO_3：$1.6 \times 10^{-2} = 10^{5P-8}$，$P = 1.24 \approx 1$；次磷酸 H_3PO_2：$1.0 \times 10^{-3} = 10^{5P-8}$，$P = 1.2 \approx 1$。两者都只有一个非羟基氧。结构分别为：$HPO(OH)_2$、$H_2PO(OH)$。
2. 答：$HClO_3$ 的 $P = 2$、$K_a = 10^2$；HClO 的 $P = 0$、$K_a = 10^{-8}$。
3. 答：（1）$CH_3COO^- + H_2O = CH_3COOH + OH^-$，水是酸。
（2）$HCN + H_2O = CN^- + H_3O^+$，水是碱。
（3）$NH_4^+ + H_2O = NH_3 + H_3O^+$，水是碱。

第六章　氧化还原反应

一、教学基本要求

1. 掌握氧化还原及氧化值的概念。会用氧化值法及半反应法来配平氧化还原反应方程式。
2. 熟悉原电池的构造及电池符号的写法。
3. 了解标准电极电势的概念和电池电动势与电极电势的关系。掌握有关能斯特方程的计算。
4. 掌握电池的标准电动势 $E^{\ominus}$ 与 $\Delta_r G_{298}^{\ominus}$ 及 $K^{\ominus}$ 间的关系。
5. 熟悉元素电势图，能判断歧化反应的发生，进行某电对标准电极电势的计算。
6. 了解元素电势图，pH-电势图，自由能-氧化态图。

在本章的学习过程中，应以一种化学电池——原电池为主线，掌握其构造、电极的电极电势、电池的电动势及其影响因素等，进而进行简单的原电池设计和制作。

二、习题分析与解答

1. 用氧化值法配平下列反应方程式。

（1）$SiO_2(s) + Al(s) \rightarrow Si(s) + Al_2O_3$；

（2）$I_2(s) + H_2S(aq) \rightarrow I^-(aq) + S(s) + H_3O^+(aq)$；

（3）$H_2O_2(aq) + I^-(aq) + H_3O^+(aq) \rightarrow I_2(s) + H_2O(l)$；

（4）$H_2S(g) + O_2(g) \rightarrow SO_2(g) + H_2O(g)$；

（5）$NH_3(g) + O_2(g) \rightarrow NO_2(g) + H_2O(g)$；

（6）$SO_2(g) + H_2S(g) \rightarrow S_8(s) + H_2O(g)$；

（7）$HNO_3(aq) + Cu(s) \rightarrow Cu(NO_3)_2(aq) + NO(g) + H_2O(l)$；

（8）$Ca_3(PO_4)_2(s) + C(s) + SiO_2(s) \rightarrow CaSiO_3(l) + P_4(g) + CO(g)$；

（9）$KClO_3(s) \rightarrow KClO_4(s) + KCl(S)$。

（提示：歧化反应可方便地从反方向进行配平）

答：（1）$3SiO_2 + 4Al = 3Si + 2Al_2O_3$；

（2）$I_2 + H_2S + 2H_2O = 2I^- + S + 2H_3O^+$；

（3）$H_2O_2 + 2I^- + 2H_3O^+ = I_2 + 4H_2O$；

（4）$2H_2S + 3O_2 = 2SO_2 + 2H_2O$；

（5）$4NH_3 + 7O_2 = 4NO_2 + 6H_2O$；

（6）$8SO_2 + 16H_2S = 3S_8 + 16H_2O$；

（7） $8HNO_3 + 3Cu = 3Cu(NO_3)_2 + 2NO + 4H_2O$；

（8） $2Ca_3(PO_4)_2 + 10C + 6SiO_2 = 6CaSiO_3 + P_4 + 10CO$；

（9） $4KClO_3 = 3KClO_4 + KCl$。

注：原反应式中各物质的状态略，以下各题中配平反应方程式同此题处理。

2. 用半反应法配平下列反应方程式。

（1） $I^-(aq) + H_3O^+(aq) + NO_2^-(aq) \rightarrow NO(g) + H_2O(l) + I_2(s)$；

（2） $Al(s) + H_3O^+(aq) + SO_4^{2-}(aq) \rightarrow Al^{3+}(aq) + H_2O(l) + SO_2(g)$；

（3） $Zn(s) + OH^-(aq) + NO_3^-(aq) + H_2O(l) \rightarrow NH_3(aq) + Zn(OH)_4^{2-}(aq)$；

（4） $I_2(l) + OH^-(aq) \rightarrow I^-(aq) + IO_3^-(aq) + H_2O(l)$；

（5） $H_2S(aq) + Cr_2O_7^{2-}(aq) + H_3O^+(aq) \rightarrow Cr^{3+}(aq) + H_2O(l) + S_8(s)$。

答：（1） $2I^- + 2NO_2^- + 4H_3O^+ = I_2 + 2NO + 6H_2O$；

（2） $2Al + 3SO_4^{2-} + 12H_3O^+ = 2Al^{3+} + 3SO_2 + 18H_2O$；

（3） $4Zn + 7OH^- + NO_3^- + 6H_2O = NH_3 + 4Zn(OH)_4^{2-}$；

（4） $3I_2 + 6OH^- = 5I^- + IO_3^- + 3H_2O$；

（5） $24H_2S + 8Cr_2O_7^{2-} + 64H_3O^+ = 16Cr^{3+} + 3S_8 + 120H_2O$。

3. 用半反应配平下列反应方程式。给出的方程中未示出 H^+、OH^- 或 H_2O，使用加进 H_2O 和它的两个组成离子的方法配平这些方程。

（1） $ClO^-(aq) + I_2(s) \rightarrow Cl^-(aq) + IO_3^-(aq)$；

（2） $Mn(OH)_2(s) + H_2O_2(aq) \rightarrow MnO_2(s)$；

（3） $Zn(s) + NO_3^-(aq) \rightarrow Zn^{2+}(aq) + NH_4^+(aq)$；

（4） $P_4(s) + NO_3^-(aq) \rightarrow H_3PO_4(aq) + NO(g)$；

（5） $H_2S(aq) + NO_3^-(aq) \rightarrow S(s) + NO(g)$。

答：（1） $5ClO^- + I_2 + 2OH^- = 5Cl^- + 2IO_3^- + H_2O$；

（2） $Mn(OH)_2 + H_2O_2 = MnO_2 + 2H_2O$；

（3） $4Zn + NO_3^- + 10H^+ = 4Zn^{2+} + NH_4^+ + 3H_2O$；

（4） $3P_4 + 20NO_3^- + 20H^+ + 8H_2O = 12H_3PO_4 + 20NO$；

（5） $3H_2S + 2NO_3^- + 2H^+ = 2NO + 3S + 4H_2O$。

4. 参考金属氧化物热还原过程的艾林罕姆图回答是否存在用 Al 还原 MgO 的条件？

答：在艾林汉姆图中，Al_2O_3 与 MgO 的线交于 1500℃左右。

温度低于 1500℃时，MgO 的线在下面，Al 不能还原 MgO。

温度高于 1500℃时，Al_2O_3 的线在下面，Al 可以把 MgO 还原为 Mg。

5. 仅根据电离能数据判断，碱金属电对的标准电极电势应有如下的顺序：

$E^\ominus(Li^+/Li) > E^\ominus(Na^+/Na) > E^\ominus(K^+/K)$。然而一般的标准电极电势表中数据并不是这个顺序，试解释之。

答：$\varphi^\ominus(M^+/M)$的值与过程 $M(s) \rightarrow M^+(aq) + e$ 的 $\Delta_r G^\ominus$ 有关。$\Delta_r G^\ominus = \Delta_r H^\ominus - T\Delta_r S^\ominus$，相似过程的 $\Delta_r S^\ominus$ 差不多相等，这样可以用 $\Delta_r H^\ominus$ 来代替 $\Delta_r G^\ominus$ 的讨论，即用 $\Delta_r H^\ominus$ 用来代替 $\varphi^\ominus(M^+/M)$的讨论。上述过程可分解为

M(s)	升华焓 M(g) /kJ · mol^{-1}	电离能 M^+(g) /kJ · mol^{-1}	水合焓 M^+(aq) /kJ · mol^{-1}	过程总能量 /kJ · mol^{-1}
Li	161	521	−519	163
Na	109	499	−406	202
K	90	421	−322	189

可见如只从升华焓和电离能的数据来看，过程 $K(s) \rightarrow K^+(g)$是最容易进行的（吸热少）。但$\varphi^{\ominus}M^+/M$ 与这三步的总能量变化有关。由于 $Li^+(g)$具有极大的水合能（放出的热多），使其 $\Delta_r H^{\ominus}$ 最小、$\Delta_r G^{\ominus}$ 最小、$\varphi^{\ominus}Li^+/Li$ 有最小的值。计算所得的 $\Delta_r H^{\ominus}$ 与实测 $\varphi^{\ominus}Li^+/Li(-3.045V) < \varphi^{\ominus}K^+/K(-2.925V) < \varphi^{\ominus}Na^+/Na(-2.7132V)$顺序相符。

6. 用标准电极电势判断下列反应在标准状态下能否按方程式表达的方向自发进行？

（1） $Cd(s) + HgO(s) + H_2O(l) \rightarrow Hg(l) + Cd(OH)_2(s)$；

（2） $2Fe(s) + 6H_3O^+(aq) \rightarrow 2Fe^{3+}(aq) + 3H_2(g) + 6H_2O(l)$；

（3） $6Cl^-(aq) + 14H_3O^+(aq) + Cr_2O_7^{2-}(aq) \rightarrow 2Cr^{3+}(aq) + 3Cl_2(g) + 21H_2O(l)$；

（4） $3H_2SO_3(aq) + 2NO_3^-(aq) + 3H_2O(l) \rightarrow 2NO(g) + 4H_3O^+(aq) + 3SO_4^{2-}(aq)$。

（参考数据：$E^{\ominus}(Cd(OH)/Cd) = -0.761V$；$E^{\ominus}(HgO/Hg) = +0.0984V$；$E^{\ominus}(Fe^{3+}/Fe) = -0.036V$；$E^{\ominus}(SO_4^{2-}/H_2SO_3) = +0.20V$；$E^{\ominus}(NO_3^-/NO) = +0.96V$；其他所需的数据可由附录中标准电极电势表查得）

答：（1） 查得碱性条件下，$\varphi^{\ominus}(Cd(OH)_2/Cd) = -0.76V$，$\varphi^{\ominus}(HgO/Hg) = 0.098V$。

$\varphi^{\ominus}(HgO/Hg) > \varphi^{\ominus}(Cd(OH)_2/Cd)$，所以反应 $Cd + HgO + H_2O \rightarrow Hg + Cd(OH)_2$ 可以自发进行。

（2） $\varphi^{\ominus}(H^+/H_2) > \varphi^{\ominus}(Fe^{3+}/Fe)$似乎 $Fe + H_3O^+ \rightarrow Fe^{3+} + H_2$ 能自发进行。但实际还有 $\varphi^{\ominus}(Fe^{3+}/Fe^{2+}) \gg \varphi^{\ominus}(H^+/H_2) > \varphi^{\ominus}(Fe^{2+}/Fe)$，因而反应 $Fe^{3+} + Fe \rightarrow Fe^{2+}$ 及 $Fe^{3+} + H_2 \rightarrow Fe^{2+} + H^+$，都能自发进行。这样 Fe^{3+} 不会生成。

（3） $\varphi^{\ominus}(Cr_2O_7^{2-}/Cr^{3+}) \approx \varphi^{\ominus}(Cl_2/Cl^-)$，标准状态下 $Cr_2O_7^{2-}$ 可部分氧化 Cl^-，反应有部分进行。当 $c(Cr_2O_7^{2-})$、$c(H^+)$、$c(Cl^-)$较大时（重铬酸钾晶体与浓盐酸），反应可自发进行。在实验室中，可用该反应 $6Cl^- + 14H_3O^+ + Cr_2O_7^{2-} = 2Cr^{3+} + 3Cl_2 + 21H_2O$ 来制取氯气。

（4） 由于 $\varphi^{\ominus}(SO_4^{2-}/H_2SO_3) < \varphi^{\ominus}(NO_3^-/NO)$，反应 $3H_2SO_3 + 2NO_3^- + 3H_2O = 2NO + 4H_3O^+ + 3SO_4^{2-}$ 可自发进行。

7. 如果与纯金接触的 $AlCl_3$ 浓度为 $1.0 \times 10^{-3} mol \cdot L^{-1}$，$Cl_2$ 的分压是 $1 \times 10^5 Pa$，计算水溶液中金与氯气能否发生如下反应？（用先求题给浓度条件下两个半反应的电极电势的方法，标准电极电势可查表）

$$2Au + 3Cl_2 = 2Au^{3+} + 6Cl^-$$

答：对 Cl_2 半电池，$Cl_2 + 2e = 2Cl^-$，

$$\varphi(Cl_2/Cl^-) = \varphi^{\ominus}(Cl_2/Cl^-) + \frac{0.0592}{2}\lg\frac{p_{Cl_2}}{c(Cl^-)^2} = 1.36 + \frac{0.0592}{2}\lg\frac{1 \times 10^5/1 \times 10^5}{(3.0 \times 10^{-3})^2} = 1.51V$$

对 Au 半电池，$Au^{3+} + 3e = Au$，

$$\varphi(Au^{3+}/Au)=\varphi^{\ominus}(Au^{3+}/Au)+\frac{0.0592}{3}\lg c(Au^{3+})=1.42+\frac{0.0592}{3}\lg(1.0\times10^{-3})=1.36V$$

$$E=\varphi_{+}-\varphi_{-}=\varphi(Cl_2/Cl^{-})-\varphi(Au^{3+}/Au)=1.51-1.36=0.15V$$

反应可以进行。

8. 根据 $E^{\ominus}$ 值计算下列反应的平衡常数，并比较反应进行的程度。

（1）$Fe^{3+}+Ag═Fe^{2+}+Ag^{+}$。

（2）$6Fe^{2+}+Cr_2O_7^{2-}+14H_3O^{+}═6Fe^{3+}+2Cr^{3+}+21H_2O$。

（3）$2Fe^{3+}+2Br^{-}═2Fe^{2+}+Br_2$。

答：（1）对 $Fe^{3+}+Ag═Fe^{2+}+Ag^{+}$，

$$E^{\ominus}=\varphi^{\ominus}(Fe^{3+}/Fe^{2+})-\varphi^{\ominus}(Ag^{+}/Ag)=0.77-0.80=-0.03V$$

$$\lg K=\frac{nE^{\ominus}}{0.0592}=\frac{1\times(-0.03)}{0.0592}=-0.51V$$

解得 $K=0.31$。

（2）对 $6Fe^{3+}+Cr_2O_7^{2-}+14H^{+}═6Fe^{2+}+2Cr^{3+}+21H_2O$，

$$\lg K=\frac{6\times[\varphi^{\ominus}(Cr_2O_7^{2-}/Cr^{3+})-\varphi^{\ominus}(Fe^{3+}/Fe^{2+})]}{0.0592}=\frac{6\times(1.33-0.77)}{0.0592}$$

解得 $K=5.7\times10^{56}$。

（3）对 $2Fe^{3+}+2Br^{-}═2Fe^{2+}+Br_2$，

$$\lg K=\frac{2\times[\varphi^{\ominus}(Fe^{3+}/Fe^{2+})-\varphi^{\ominus}(Br_2/Br^{-})]}{0.0592}=\frac{2\times(0.77-1.08)}{0.0592}$$

解得 $K=3.4\times10^{-11}$。

可见，反应（2）进行得最完全。反应（1）为可逆反应。反应（3）进行得很少。

9. 求下列电池的电动势。

（1）$(-)Zn\,|\,Zn^{2+}(0.1mol\cdot L^{-1})\,\|\,Cu^{2+}(0.001mol\cdot L^{-1})\,|\,Cu(+)$；

（2）$(-)Cu\,|\,Cu(1\times10^{-4}mol\cdot L^{-1})\,\|\,Cu(1mol\cdot L^{-1})\,|\,Cu(+)$；

答：（1）对反应 $Cu^{2+}+Zn═Cu+Zn^{2+}$，

$$E=\varphi^{\ominus}(Cu^{2+}/Cu)-\varphi^{\ominus}(Zn^{2+}/Zn)-\frac{0.0592}{2}\lg\frac{c(Zn^{2+})}{c(Cu^{2+})}$$

$$=0.34-(-0.76)-\frac{0.0592}{2}\lg\frac{0.1}{0.001}=1.04V$$

（2）对两支铜电极 $Cu^{2+}+2e═Cu$，

$$\varphi_{+}=\varphi^{\ominus}(Cu^{2+}/Cu)+0.0592/2\times\lg 1$$

$$\varphi_{-}=\varphi^{\ominus}(Cu^{2+}/Cu)+0.0592/2\times\lg(1\times10^{-4})$$

$$E=\varphi_{+}-\varphi_{-}=0.0592/2\times\lg[1/(1\times10^{-4})]=0.12V$$

10. 下列3个反应的平衡常数数值相同，判断下述哪一种说法正确？

（1）$A+B^{+}═A^{+}+B$；（2）$A+B^{2+}═A^{2+}+B$；（3）$A+B^{3+}═A^{3+}+B$。

A. 反应（1）的 $E^{\ominus}$ 值最大而反应（3）的 $E^{\ominus}$ 值最小；

B. 反应（3）的 $E^{\ominus}$ 值最大；

C. 不明确 A 和 B 性质的条件下无法比较 $E^{\ominus}$ 值的大小；

D. 三个反应的 $E^{\ominus}$ 值相同。

答：由三个反应可以看出，得失电子数不同（$n=1$，2，3）

而 $E^{\ominus}$ 与 n、K 的关系为 $\lg K = nE^{\ominus}/0.0592$，即 n 与 $E^{\ominus}$ 成反比。

这样反应（1）的 $n=1$，$E^{\ominus}$ 值最大。所以说法 A 是正确的。

11. 已知：$MnO_4^- + 8H_3O^+ + 5e^- \longrightarrow Mn^{2+} + 12H_2O \quad E^{\ominus} = +1.51V$；

$MnO_2 + 4H_3O^+ + 2e^- \longrightarrow Mn^{2+} + 6H_2O \quad E^{\ominus} = +1.22V$；

回答：（1）利用这些数据作出 Mn 的拉蒂麦尔图；

（2）计算下面半反应的标准电极电势：

$$MnO_4^- + 4H_3O^+ + 3e^- \longrightarrow MnO_2 + 6H_2O;$$

（3）MnO 歧化为 MnO 和 Mn 的过程和相关的反歧化过程，哪一个是热力学自发过程？

答：

（1）$MnO_4^- \text{——} MnO_2 \overset{1.22}{\text{——}} Mn^{2+}$

$MnO_4^- \xrightarrow{1.51} Mn^{2+}$

（2）可列出 $\varphi^{\ominus}(MnO_4^-/MnO_2) \times 3 + 1.22 \times 2 = 1.51 \times 5$，解得 $\varphi^{\ominus}(MnO_4^-/MnO_2) = 1.70V$。

（3）对歧化过程 $5MnO_2 + 4H_3O^+ = 2MnO_4^- + Mn^{2+} + 6H_2O$，其 $E^{\ominus} = \varphi^{\ominus}(MnO_2/Mn^{2+}) - \varphi^{\ominus}(MnO_4^-/MnO_2) = 1.22 - 1.70 = -0.48V$。

可见该歧化反应不能自发进行。反之，其逆反应（即反歧化过程）可以自发进行。

12. KNO_2 在碱性溶液中稳定，但将溶液酸化则有气体放出，该气体遇空气变为棕色，试问发生了什么反应？用氮在酸性介质及碱性介质中的弗洛斯特图作解释，比较 NO_2^- 作为氧化剂在酸性和碱性介质中的强度。

答：由氮在酸性介质及碱性介质中的弗洛斯特图可以看出，NO_2^- 在 NO、NO_3^- 两点连线的下方，NO_2^- 是稳定的；HNO_2 在 NO、HNO_3 两点连线的上方，HNO_2 要歧化。发生如下反应：

$$3HNO_2 = HNO_3 + 2NO + H_2O$$

放出的 NO，部分遇空气变为 NO_2。NO 与 NO_2 结合成 N_2O_3，而使溶液呈蓝色。

NO_2^- 的氧化性的强弱，由其做右端点的线段的斜率大小来反映。在酸性介质中，线段 NO－HNO_2 的斜率更大，即在酸性介质中 HNO_2 氧化性更强。

三、自测习题

（一）选择题

1. 反应 $Mn^{2+} + PbO_2 \rightarrow MnO_4^- + Pb^{2+}$ 总反应配平后氧化剂的化学计量系数是（　）。

A. 8　　B. 5　　C. 10　　D. 3

2. 在 $2KMnO_4 + 5H_2C_2O_4 + 3H_2SO_4 = K_2SO_4 + 2MnSO_4 + 10CO_2 + 8H_2O$ 的反应中，若消耗 1/5mol $KMnO_4$，则应消耗 $H_2C_2O_4$ 为（　）。

A. 1/5mol　　B. 2/5mol　　C. 1/2mol　　D. 2mol

3. 有关氧化数的叙述，不正确的是（　）。

A. 单质的氧化数总是0

B. 氢的氧化数总是 +1，氧的氧化数总是 -2

C. 氧化数可为整数或分数

D. 多原子分子中各原子氧化数之和是0

4. 电池反应为：$PbSO_4 + Zn = Zn^{2+}(0.02mol \cdot L^{-1}) + Pb + SO_4^{2-}(0.1mol \cdot L^{-1})$，原电池符号为（　）。

A. $(-)Zn \mid Zn^{2+}(0.02mol \cdot L^{-1}) \parallel SO_4^{2-}(0.1mol \cdot L^{-1}) \mid PbSO_4(s) \mid Pb(+)$

B. $(-)Pt \mid SO_4^{2-}(0.1mol \cdot L^{-1}) \mid PbSO_4 \parallel Zn^{2+}(0.02mol \cdot L^{-1}) \mid Zn(+)$

C. $(-)Zn^{2+} \mid Zn \parallel SO_4^{2-} \mid PbSO_4 \mid Pt(+)$

D. $(-)Zn \mid Zn^{2+}(0.02mol \cdot L^{-1}) \mid SO_4^{2-}(0.1mol \cdot L^{-1}) \mid PbSO_4(s) \mid Pt(+)$

5. 下列电池电极选择不正确的是（　）。

A. $(-)Zn \mid Zn^{2+}(0.1mol \cdot L^{-1}) \parallel Cu^{2+}(0.1mol \cdot L^{-1}) \mid Cu(+)$

B. $(-)Fe \mid Fe^{2+}(1mol \cdot L^{-1}), Fe^{3+}(1mol \cdot L^{-1}) \parallel I^-(1mol \cdot L^{-1}), I_2(s) \mid Pt(+)$

C. $(-)Pt \mid H_2(101.3kPa) \mid H^+(0.001mol \cdot L^{-1}) \parallel H^+(1mol \cdot L^{-1}) \mid H_2(101.3kPa) \mid Pt(+)$

D. $(-)Zn \mid Zn^{2+}(0.0001mol \cdot L^{-1}) \parallel Zn^{2+}(0.01mol \cdot L^{-1}) \mid Zn(+)$

6. 在一个氧化还原反应中，若两电对的电极电势值差很大，则可判断（　）。

A. 该反应是可逆反应　　B. 该反应的反应速率很大

C. 该反应能剧烈地进行　　D. 该反应的反应趋势很大

7. 下列反应方程式中，已经配平的是（　）。

A. $Mn^{2+} + 5BiO_3^- + 14H^+ \rightarrow MnO_4^- + 5Bi^{3+} + 7H_2O$

B. $2CrO_2^- + 3H_2O_2 + 2OH^- \rightarrow 2CrO_4^{2-} + 4H_2O$

C. $8Al + 3NO_3^- + 5OH^- \rightarrow 8Al(OH)_4^- + 3NH_3$

D. $S^{2-} + ClO_3^- \rightarrow Cl^- + S$

8. 配平后的 $PbO_2 + C_2O_4^{2-} + H^+ \rightarrow Pb^{2+} + CO_2 + H_2O$ 的方程式中，PbO_2 和 $C_2O_4^{2-}$ 系数的总和是（　）。

A. 2　　B. 3　　C. 5　　D. 7

9. 在 $11P + 15CuSO_4 + 24H_2O = 5Cu_3P + 6H_3PO_4 + 15H_2SO_4$ 的反应中，磷的作用是（　）。

A. 磷被还原　　B. 磷被氧化

C. 磷酸根被氧化　　D. 磷既被氧化又被还原

10. 下列有关 Cu-Zn 原电池的叙述中错误的是（　）。

A. 盐桥中的电解质可保持两个半电池中的电荷平衡

B. 盐桥用于维持氧化还原反应的进行

C. 盐桥中的电解质不能参与电池反应

D. 电子通过盐桥流动

11. 根据下列反应设计电池，常不用盐桥的是（ ）。

A. $H^+ + OH^- = H_2O$

B. $PbO_2 + Pb + 2H_2SO_4 = 2PbSO_4 + 2H_2O$

C. $2MnO_4^- + 5H_2O_2 + 6H^+ = 2Mn^{2+} + 5O_2 + 8H_2O$

D. $Zn + Cu^{2+} = Cu + Zn^{2+}$

12. 将反应 $Fe^{2+} + Ag^+ = Fe^{3+} + Ag$ 组成原电池，下列表示符号正确的是（ ）。

A. $(-)Pt \mid Fe^{2+}, Fe^{3+} \parallel Ag^+ \mid Ag(+)$

B. $(-)Cu \mid Fe^{2+}, Fe^{3+} \parallel Ag^+ \mid Fe(+)$

C. $(-)Ag \mid Fe^{2+}, Fe^{3+} \parallel Ag^+ \mid Ag(+)$

D. $(-)Pt \mid Fe^{2+}, Fe^{3+} \parallel Ag^+ \mid Cu(+)$

13. 有一原电池 $(-)Pt \mid Fe^{2+}, Fe^{3+} \parallel Ce^{4+}, Ce^{3+} \mid Pt(+)$，下列反应中哪一个是该电池的反应（ ）。

A. $Ce^{3+} + Fe^{3+} = Ce^{4+} + Fe^{2+}$ B. $Ce^{4+} + e = Ce^{3+}$

C. $Ce^{4+} + Fe^{2+} = Ce^{3+} + Fe^{3+}$ D. $2Ce^{3+} + Fe^{2+} = 2Ce^{4+} + Fe$

14. 在下列反应中 CO 不做还原剂的是（ ）。

A. CO 与金属氧化物反应制备金属单质 B. CO 在空气中燃烧

C. CO 与 Fe 形成配合物 $Fe(CO)_5$ D. $CO(g) + H_2O(g) = H_2(g) + CO_2(g)$

15. 下列各组物质可能共存的是（ ）。

A. Cu^{2+}、Fe^{2+}、Sn^{4+}、Ag B. Cu^{2+}、Ag^+、Fe^{2+}、Fe

C. Fe^{3+}、Fe、Cu^{2+}、Ag D. Fe^{3+}、I^-、Sn^{4+}、Fe^{2+}

16. 通常配制 $FeSO_4$ 溶液时加入少量铁钉，其原因与下列反应有关的是（ ）。

A. $O_2(g) + 4H^+(aq) + 4e^- = 2H_2O(l)$ B. $Fe^{3+}(aq) + e^- = Fe^{2+}(aq)$

C. $Fe(s) + 2Fe^{3+}(aq) = 3Fe^{2+}(aq)$ D. $Fe^{3+}(aq) + 3e^- = Fe(s)$

17. 根据元素取代电位序，可以预言下列哪种性质（ ）。

A. 氢的电位为零，因而是惰性的 B. 铜从铅盐溶液中置换出铅

C. 锡从铜盐中取代出铜 D. 铜从酸中置换出氢

18. 当下列反应用于组成原电池时，其电动势最大的是（ ）。

A. $H_2O = H_2 + 1/2O_2$ B. $K + 1/2F_2 = KF$

C. $Cu^{2+} + Fe = Cu + Fe^{2+}$ D. $Ag^+(1.0mol \cdot L^{-1}) = Ag^+(0.1mol \cdot L^{-1})$

19. 在电极反应 $S_2O_8^{2-} + 2e^- = 2SO_4^{2-}$ 中，下列叙述中正确的是（ ）。

A. $S_2O_8^{2-}$ 是正极，SO_4^{2-} 是负极 B. $S_2O_8^{2-}$ 被氧化，SO_4^{2-} 被还原

C. $S_2O_8^{2-}$ 是氧化剂，SO_4^{2-} 是还原剂 D. $S_2O_8^{2-}$ 是氧化型，SO_4^{2-} 是还原型

20. 在一氧化还原反应中，如两个电对的电极电势值相差越大，则该氧化还原反应（ ）。

A. 反应速率越大 B. 反应速率越小

C. 反应能自发进行 D. 反应不能自发进行

21. 已知 $\varphi^\ominus(Fe^{3+}/Fe^{2+}) = 0.771V$，$\varphi^\ominus(Fe^{2+}/Fe) = -0.44V$，$\varphi^\ominus(O_2/H_2O_2) = 0.682V$，$\varphi^\ominus(H_2O_2/O_2) = 1.77V$，在标准态时，在 H_2O_2 酸性溶液中加入适量的 Fe^{2+}，可生成的产

物是（　）。

A. Fe、O_2　　B. Fe^{3+}、O_2　　C. Fe、H_2O　　D. Fe^{3+}、H_2O

22. 反应 $2HgCl_2(aq) + SnCl_2(aq) = Hg_2Cl_2(s) + SnCl_4(aq)$ 的 $E^\ominus$ 为 0.476V，$\varphi^\ominus(Sn^{4+}/Sn^{2+}) = 0.154V$，则 $\varphi^\ominus(HgCl_2/Hg_2Cl_2) =$（　）。

A. 0.322V　　B. 0.784V　　C. 0.798V　　D. 0.630V

23. 已知 $\varphi^\ominus(MnO_4^-/Mn^{2+}) = 1.51V$，$\varphi^\ominus(Cl_2/Cl^-) = 1.36V$，则反应 $2MnO_4^-(aq) + 10Cl^-(aq) + 16H^+(aq) = 2Mn^{2+}(aq) + 5Cl_2(g) + 8H_2O(l)$ 的 $E^\ominus$、$K^\ominus$ 分别是（　）。

A. 0.15V、5.5×10^{30}　　B. 0.21V、6.8×10^{12}

C. 0.15V、2.2×10^{25}　　D. 0.21V、6.6×10^{17}

24. 对于下面两反应方程式，$2Fe^{3+} + Sn^{2+} = Sn^{4+} + 2Fe^{2+}$，$Fe^{3+} + 1/2Sn^{2+} = 1/2Sn^{4+} + Fe^{2+}$，说法完全正确的是（　）。

A. 两式的 $E^\ominus$、$\Delta_rG^\ominus$、K_c 都相等　　B. 两式的 $E^\ominus$、$\Delta_rG^\ominus$、K_c 都不等

C. 两式的 $\Delta_rG^\ominus$ 相等，$E^\ominus$、K_c 不等　　D. 两式的 $E^\ominus$ 相等，$\Delta_rG^\ominus$、K_c 不等

25. 在酸性介质中 MnO_4^- 与 Fe^{2+} 反应，其还原产物为（　）。

A. MnO_2　　B. MnO_4^{2-}　　C. Mn^{2+}　　D. Fe

26. 下列反应中属于歧化反应的是（　）。

A. $BrO_3^- + 5Br^- + 6H^+ = 3Br_2 + 3H_2O$

B. $3Cl_2 + 6KOH = 5KCl + KClO_3 + 3H_2O$

C. $2AgNO_3 = 2Ag + 2NO_2 + O_2\uparrow$

D. $KClO_3 + 6HCl$（浓）$= 3Cl_2\uparrow + KCl + 3H_2O$

27. 在 Fe-Cu 原电池中，其正极反应式及负极反应式正确的为（　）。

A. $(+)Fe^{2+} + 2e^- = Fe$，$(-)Cu = Cu^{2+} + 2e^-$

B. $(+)Fe = Fe^{2+} + 2e^-$，$(-)Cu^{2+} + 2e^- = Cu$

C. $(+)Cu^{2+} + 2e^- = Cu$，$(-)Fe^{2+} + 2e^- = Fe$

D. $(+)Cu^{2+} + 2e^- = Cu$，$(-)Fe = Fe^{2+} + 2e^-$

28. 下列电极反应，其他条件不变时，将有关离子浓度减半，电极电势增大的是（　）。

A. $Cu^{2+} + 2e^- = Cu$　　B. $I_2 + 2e^- = 2I^-$

C. $Fe^{3+} + e^- = Fe^{2+}$　　D. $Sn^{4+} + 2e^- = Sn^{2+}$

29. 当溶液中增加 $c(H^+)$ 时，氧化能力不增强的氧化剂是（　）。

A. NO_3^-　　B. $Cr_2O_7^{2-}$　　C. O_2　　D. AgCl

30. 有关标准氢电极的叙述，不正确的是（　）。

A. 标准氢电极是指将吸附纯氢气（1.01×10^5Pa）达饱和的镀铂黑的铂片浸在 H^+ 浓度为 $1mol\cdot L^{-1}$ 的酸性溶液中组成的电极

B. 使用标准氢电极可以测定所有金属的标准电极电势

C. H_2 分压为 1.01×10^5Pa，H^+ 的浓度已知但不是 $1mol\cdot L^{-1}$ 的氢电极也可用来测定其他电极电势

D. 任何一个电极的电势绝对值都无法测得，电极电势是指定标准氢电极的电势为 0 而测出的相对电势

31. 对于电对 Zn^{2+}/Zn，增大其 Zn^{2+} 的浓度，则其标准电极电势值将（ ）。

A. 增大　　B. 减小　　C. 不变　　D. 无法判断

32. 下列电对 $E^{\ominus}$ 值最小的是（ ）。

A. $E^{\ominus}(Ag^{+}/Ag)$　　B. $E^{\ominus}(AgCl/Ag)$　　C. $E^{\ominus}(AgBr/Ag)$　　D. $E^{\ominus}(AgI/Ag)$

33. 金属标准电极电势的大小与下列因素无关的是（ ）。

A. 金属的升华焓　　B. 金属离子的水合焓

C. 金属原子的电离能　　D. 金属电极表面积的大小

34. 由 Zn^{2+}/Zn 与 Cu^{2+}/Cu 组成的铜锌原电池，在25℃时，若 Zn^{2+} 和 Cu^{2+} 的浓度分别为 $0.10mol\cdot L^{-1}$ 和 $1.0\times10^{-9}mol\cdot L^{-1}$，则此时原电池的电动势比标准电池电动势（ ）。

A. 下降0.48V　　B. 下降0.24V　　C. 上升0.48V　　D. 上升0.24V

35. 由反应 $Fe(s)+2Ag^{+}(aq)=Fe^{2+}(aq)+2Ag(s)$ 组成的原电池，若将 Ag^{+} 浓度减小到原来的1/10，则电池电动势的变化为（ ）。

A. 增加0.0592V　　B. 减小0.0592V　　C. 增加0.118V　　D. 减小0.118V

36. 已知 $\varphi^{\ominus}(Fe^{3+}/Fe^{2+})=0.771V$，$\varphi^{\ominus}(Cl_2/Cl^{-})=1.360V$。当电池 $2Fe^{2+}(aq)+Cl_2(g)=2Fe^{3+}(aq)+2Cl^{-}(aq)$ 的 $E=0.60V$ 时，若 Cl_2/Cl^{-} 处于标准态，则 $c(Fe^{2+}/Fe^{3+})=$（ ）。

A. 0.52　　B. 1.90　　C. 0.65　　D. 1.53

37. 下列氧化剂中，哪一种氧化剂随着溶液氢离子浓度增加而氧化性增强（ ）。

A. Cl_2　　B. $FeCl_3$　　C. $AgNO_3$　　D. $K_2Cr_2O_7$

38. 设有一电池，其反应式为（1）$Ag^{+}(aq)+1/2Cu(s)=Ag(s)+1/2Cu^{2+}(aq)$ 时，电动势为 $E_1^{\ominus}$。其反应式为（2）$2Ag^{+}(aq)+Cu(s)=2Ag(s)+Cu^{2+}(aq)$ 时，电动势为 $E_2^{\ominus}$。则 $E_1^{\ominus}/E_2^{\ominus}$ 的比值是下列值中的（ ）。

A. $E_1^{\ominus}/E_2^{\ominus}=1$　　B. $E_1^{\ominus}/E_2^{\ominus}=1/2$　　C. $E_1^{\ominus}/E_2^{\ominus}=1/4$　　D. $E_1^{\ominus}/E_2^{\ominus}=2$

39. 已知 $\varphi^{\ominus}(Ag^{+}/Ag)=0.800V$，$\varphi^{\ominus}(Zn^{2+}/Zn)=-0.762V$ 反应 $2Ag^{+}+Zn=2Ag+Zn^{2+}$ 开始时，$c(Ag^{+})=0.1mol\cdot L^{-1}$，$c(Zn^{2+})=0.3mol\cdot L^{-1}$。达平衡时，溶液中 $c(Ag^{+})$ 浓度还剩（ ）。

A. $0.1mol\cdot L^{-1}$　　B. $1\times10^{-10}mol\cdot L^{-1}$

C. $2\times10^{-20}mol\cdot L^{-1}$　　D. $2.5\times10^{-27}mol\cdot L^{-1}$

40. 101.3kPa下，将氢气通入 $1mol\cdot L^{-1}$ 的NaOH溶液中，在298K时电极的电极电势是（ ）。（已知：$E^{\ominus}(H_2O/H_2)=-0.828V$）

A. +0.625V　　B. −0.625V　　C. +0.828V　　D. −0.828V

41. 对于银锌电池：$(-)Zn\mid Zn^{2+}(1mol\cdot L^{-1})\parallel Ag^{+}(1mol\cdot L^{-1})\mid Ag(+)$，该电池的标准电动势是（ ）。（已知 $E^{\ominus}(Zn^{2+}/Zn)=-0.76V$；$E^{\ominus}(Ag^{+}/Ag)=0.799V$）

A. 1.180V　　B. 0.076V　　C. 0.038V　　D. 1.56V

42. 原电池 $(-)Pt\mid Fe^{2+}(1mol\cdot L^{-1}),Fe^{3+}(0.0001mol\cdot L^{-1})\parallel I^{-}(0.0001mol\cdot L^{-1}),I_2\mid Pt(+)$ 电动势为（ ）。（已知：$E^{\ominus}(Fe^{3+}/Fe^{2+})=0.77V$，$E^{\ominus}(I_2/I^{-})=0.535V$）

A. 0.358V　　B. 0.239V　　C. 0.532V　　D. 0.412V

43. 用能斯特方程式计算 MnO_4^-/Mn^{2+} 的电极电势 E，下列叙述不正确的是（　）。

A. 温度应为298K

B. H^+浓度的变化对 E 的影响比 Mn^{2+}浓度变化的影响大

C. E 和得失电子数无关

D. MnO_4^- 浓度增大时 E 增大

44. 在298K时，非金属 I_2 在0.1mol · L^{-1}的KI溶液中的电极电势是（　）。已知：$E^{\ominus}(I_2/I^-)=0.535V$

A. 0.365V　　B. 0.594V　　C. 0.236V　　D. 0.432V

45. 根据 $\varphi_a^{\ominus}$：$O_2 \xrightarrow{0.67V} H_2O_2 \xrightarrow{1.77V} 2H_2O$、$\varphi_b^{\ominus}$：$O_2 \xrightarrow{-0.08V} HO_2^- \xrightarrow{0.87V} 2OH^-$，$H_2O_2$ 的歧化反应（　）。

A. 在酸性介质中更易发生　　B. 在碱性介质中易发生

C. 无论酸性还是碱性介质都不歧化　　D. 相同程度地歧化

46. 元素电势图

$E_A^{\ominus}$：

$$ClO_3^- \xrightarrow{1.15} ClO_2 \xrightarrow{1.29} HClO_2$$

$$ClO_4^- \xrightarrow{1.19} ClO_3^- \xrightarrow{1.21} HClO_2 \xrightarrow{1.64} HClO$$

判断发生歧化反应倾向最大的物质是（　）。

A. ClO_4^-　　B. ClO_3^-　　C. $HClO_2$　　D. ClO_2

47. 利用 $E_A^{\ominus}$：

$$ClO_3^- \xrightarrow{1.21} HClO_2 \xrightarrow{1.645} HClO \xrightarrow{1.63} Cl_2$$

求 $E^{\ominus}(ClO_3^-/Cl_2)$的计算式正确的是(　)。

A. $E^{\ominus}(ClO_3^-/Cl_2)=(5\times1.21+3\times1.645+1\times1.63)/9$

B. $E^{\ominus}(ClO_3^-/Cl_2)=(2\times1.21+2\times1.645+1\times1.63)/5$

C. $E^{\ominus}(ClO_3^-/Cl_2)=(1.21+1.645+1.63)/3$

D. $E^{\ominus}(ClO_3^-/Cl_2)=(2\times1.21+2\times1.645+1\times1.63)/3$

（二）填空题

1. 在 H_2S，H_2SO_4，$Na_2S_2O_3$，$Na_2S_4O_6$，$(NH_4)_2S_2O_8$ 中S的氧化数分别为__________。

2. 在原电池中，流出电子的电极为________极，接受电子的电极为________极。在正极发生的是________反应，在负极发生的是________反应。原电池可将________能转化为________能。

3. 在原电池中，$\varphi^{\ominus}$值大的电对为________极，$\varphi^{\ominus}$值小的电对为________极；电对的 $\varphi^{\ominus}$值越大，其氧化型物种的________越强，电对的 $\varphi^{\ominus}$值越小，其还原型物种的________越强。

4. 反应 $2MnO_4^-(aq)+10Br^-+16H^+(aq)=2Mn^{2+}(aq)+5Br_2(l)+8H_2O(l)$ 的电池符号为________________。

5. 反应 $2Fe^{3+}(aq)+Cu(s)=2Fe^{2+}(aq)+Cu^{2+}(aq)$ 与 $Fe(s)+Cu^{2+}(aq)=Fe^{2+}(aq)+Cu(s)$ 均正向进行，其中最强的氧化剂为________，最强的还原剂为________。

6. KI 溶液在空气中放置久了能使淀粉试纸变蓝，其原因涉及电极反应__________与电极反应__________。

7. 一个电极反应电势的大小，首先是由__________。其次，__________也有影响。

8. 已知下列反应均按正方向进行：

$$2FeCl_3 + SnCl_2 = 2FeCl_2 + SnCl_4$$

$$2KMnO_4 + 10FeSO_4 + 8H_2SO_4 = 2MnSO_4 + 5Fe_2(SO_4)_3 + K_2SO_4 + 8H_2O$$

在上述这些物质中，最强的氧化剂是__________，最强的还原剂是__________。

9. 电对 Ag/Ag^+、I_2/I^-、BrO_3^-/Br^-、O_2/H_2O、$Fe(OH)_3/Fe(OH)_2$ 的 $\varphi^\ominus$ 值随溶液 pH 值变化的是______________________________。

10. 已知反应：(1) $Cl_2(g) + 2Br^-(aq) = Br_2(l) + 2Cl^-(aq)$；
(2) $1/2Cl_2(g) + Br^-(aq) = 1/2Br_2(l) + Cl^-(aq)$，则 Z_1/Z_2 = __________；$\varphi_1^\ominus/\varphi_2^\ominus$ = __________；$\Delta_r G_1^\ominus/\Delta_r G_2^\ominus$ = __________；$\lg K_1^\ominus/\lg K_2^\ominus$ = __________。

11. 在 $FeCl_3$ 溶液中加入足量的 NaF 后，又加入 KI 溶液时，__________ I_2 生成，这是由于__________。

12. 已知氯元素在碱性溶液中的电势图为：
$ClO_4^- \xrightarrow{0.36V} ClO_3^- \xrightarrow{0.495V} ClO^- \xrightarrow{0.40V} 1/2Cl_2 \xrightarrow{1.36V} Cl^-$，则 $\varphi^\ominus(ClO_4^-/ClO^-)$ = __________；$\varphi^\ominus(ClO_3^-/Cl_2)$ = __________；298K 时将 $Cl_2(g)$ 通入稀 NaOH 溶液中，能稳定存在的离子是__________。

13. 钒的电势图为：$V(V) \xrightarrow{1.00V} V(IV) \xrightarrow{0.31V} V(III) \xrightarrow{-0.2V} V(II) \xrightarrow{-1.5V} V(0)$。并已知 $\varphi^\ominus(Zn^{2+}/Zn) = -0.76V$、$\varphi^\ominus(Sn^{4+}/Sn^{2+}) = +0.15V$、$\varphi^\ominus(Fe^{3+}/Fe^{2+}) = 0.77V$。试把 Zn、$Sn^{2+}$、$Fe^{2+}$ 三种还原剂分别填入适当空格中。
欲将 V(Ⅴ)还原到 V(Ⅳ)，应选用__________，欲将 V(Ⅴ)还原到 V(Ⅲ)，应选用__________，欲将 V(Ⅴ)还原到 V(Ⅱ)，应选用__________。

14. 已知：
$ClO_3^- \xrightarrow{1.21} HClO_2 \xrightarrow{1.64} HClO \xrightarrow{1.63} Cl_2$，电对 ClO_3^-/Cl_2 的 $E^\ominus$ 值为__________。
已知：$H_2SO_3 \xrightarrow{-0.08} HS_2O_4^- \xrightarrow{0.88} S_2O_3^{2-}$ —— S（H_2SO_3 至 S 为 0.45），电对 $S_2O_3^{2-}/S$ 的 $E^\ominus$ 值为__________。

15. 根据元素电势图：
$BrO_4^- \xrightarrow{1.76} BrO_3^- \xrightarrow{1.50} HBrO \xrightarrow{1.61} 1/2Br_2 \xrightarrow{1.065} Br^-$（$BrO_3^-$ 至 Br^-：$E^\ominus$ = ?）
其中能发生的歧化反应的反应方程式为__________，$E^\ominus(BrO_3^-/Br^-)$ 值为__________。

16. 当 $E(H^+/H_2) = -0.059pH$ 时，此式表明该反应的 E-pH 线截距为__________，斜率为__________。

（三）问答题

1. 试解释在标准状态下，三氯化铁溶液为什么可以溶解铜板？
已知：$E^\ominus(Fe^{3+}/Fe^{2+}) = 0.77V$，$E^\ominus(Cu^{2+}/Cu) = 0.337V$

2. 在实验室中制备 $SnCl_2$ 溶液时，常在溶液中加入少量的锡粒，为什么？

3. 今有一含有 Cl^-，Br^-，I^- 三种离子的混合溶液，欲使 I^- 氧化为 I_2，又不使 Br^-，Cl^- 氧化，在常用的氧化剂 $Fe_2(SO_4)_3$ 和 $KMnO_4$ 中选择哪一种能符合上述要求？
已知：$E^\ominus(I_2/I^-)=0.535V$，$E^\ominus(Br_2/Br^-)=1.065V$，$E^\ominus(Fe^{3+}/Fe^{2+})=0.77V$，$E^\ominus(Cl_2/Cl^-)=1.3533V$，$E^\ominus(MnO_4^-/Mn^{2+})=1.491V$。

4. 铁溶于过量盐酸或过量稀硝酸，其氧化产物有何区别？写出离子反应式，并用电极电势加以说明。
已知：$E^\ominus(Fe^{2+}/Fe)=-0.409V$，$E^\ominus(Fe^{3+}/Fe^{2+})=0.77V$，$E^\ominus(H^+/H_2)=0.00V$，$E^\ominus(NO_3^-/NO)=0.96V$。

5. 电解 $CuSO_4$ 溶液，阴极用铂，阳极用铜，写出电解池两极所发生的电化学反应。
已知：$E^\ominus(Cu^{2+}/Cu)=0.34V$，$E^\ominus(H^+/H_2)=0.00V$，$E^\ominus(O_2/H_2O)=1.229V$，$E^\ominus(SO_4^{2-}/SO_3^{2-})=2.00V$。

6. 为什么锌棒与铁制管道接触可防止管道的腐蚀？

7. 利用有关的电极电势说明金属银为什么不能从稀硫酸或盐酸中置换出氢气，却能从氢碘酸中置换出氢？
已知：$E^\ominus(Ag^+/Ag)=0.7996V$，$E^\ominus(AgCl/Ag)=0.2223V$，$E^\ominus(AgI/Ag)=-0.1519V$，$E^\ominus(H^+/H_2)=0$。

8. 根据电极电势解释下列现象：
（1）二氯化锡溶液在空气中长存而失去还原性。
（2）硫酸亚铁溶液贮存会变黄。
已知：$E^\ominus(Fe^{2+}/Fe)=-0.409V$，$E^\ominus(Fe^{3+}/Fe^{2+})=0.77V$，$E^\ominus(Cu^{2+}/Cu)=0.334V$，$E^\ominus(Sn/Sn^{2+})=0.15V$，$E^\ominus(O_2/H_2O)=1.229V$。

（四）计算题

1. 已知：$\varphi^\ominus(Fe^{3+}/Fe^{2+})=0.771V$，$\varphi^\ominus(Sn^{4+}/Sn^{2+})=0.154V$。
计算如下反应$(-)Pt \mid Fe^{3+}(1.0mol\cdot L^{-1}),Fe^{2+}(0.01mol\cdot L^{-1}) \parallel Sn^{4+}(0.01mol\cdot L^{-1}),Sn^{2+}(1.0mol\cdot L^{-1}) \mid Pt(+)$的 $E^\ominus$、E、$\Delta_rG^\ominus$、Δ_rG、$K^\ominus$的值，并判断反应的方向。

2. 已知电对 $H_3AsO_4+2H^++2e═H_3AsO_3+H_2O$ 的 $\varphi^\ominus=0.581V$，$\varphi^\ominus(I_2/I^-)=0.535V$。
（1）求反应 $H_3AsO_3+I_2+H_2O═H_3AsO_4+2I^-+2H^+$ 在25℃时的标准平衡常数。
（2）如果溶液的 pH = 7.00，反应向何方进行（其他物种浓度为标准态）。
（3）如果溶液的 $c(H^+)=6.0mol\cdot L^{-1}$，反应向何方进行（其他物种为标准态）。

3. 反应：$2Ag^++Zn═2Ag+Zn^{2+}$，开始时 Ag^+ 和 Zn^{2+} 的浓度分别是 $0.1mol\cdot L^{-1}$ 和 $0.3mol\cdot L^{-1}$，求达到平衡时，溶液中剩余的 Ag^+ 浓度。
已知：$E^\ominus(Ag^+/Ag)=0.7996V$，$E^\ominus(Zn^{2+}/Zn)=-0.76V$。

4. 已知 $E^\ominus(Cu^{2+}/Cu^+)=0.158V$，$E^\ominus(Cu^+/Cu)=0.522V$，$2Cu^+═Cu+Cu^{2+}$，求反应在298K 时的平衡常数。简单的 +1 价铜离子是否可以在水溶液中稳定存在？

5. 将氧电极（pH = 14 溶液）与标准锌电极组成原电池。
（1）写出原电池符号及电池反应式。

（2）求出电池电动势和平衡常数。

（3）若在溶液中加入 HCl，电池电动势将如何变化？

已知 $E^{\ominus}(O_2/OH^-)=0.40V, E^{\ominus}(Zn^{2+}/Zn)=-0.76V$。

6. 将 Cu 片插入盛有 $0.5mol \cdot L^{-1}$ 的 $CuSO_4$ 溶液的烧杯中，Ag 片插入盛有 $0.5mol \cdot L^{-1}$ 的 $AgNO_3$ 溶液的烧杯中，($E^{\ominus}(Cu^{2+}/Cu)=0.3402V, E^{\ominus}(Ag^+/Ag)=0.7996V$)

（1）写出该原电池的符号；

（2）写出电极反应式和原电池的电池反应；

（3）求反应的平衡常数；

（4）求该电池的电动势。

若加氨水于 $CuSO_4$ 溶液中，电池电动势如何变化？若加入氨水于 $AgNO_3$ 溶液中，情况又怎样（定性回答）？

7. 已知在酸性溶液中的下列电极反应：$MnO_4^- + 4H^+ + 3e^- = MnO_2 + 2H_2O$，$\varphi^{\ominus}=1.695V$，$MnO_4^- + e^- = MnO_4^{2-}$，$\varphi^{\ominus}=0.564V$。（1）画出锰元素在酸性溶液中 $MnO_4^- \to MnO_2$ 的电势图。（2）计算 $\varphi^{\ominus}$（MnO_4^-/MnO_2）值。（3）判断 MnO_4^{2-} 能否歧化，写出相应的反应方程式，计算 $\Delta_r G^{\ominus}$ 与 $K^{\ominus}$ 值。

8. 已知碱性溶液中溴元素的电势图。

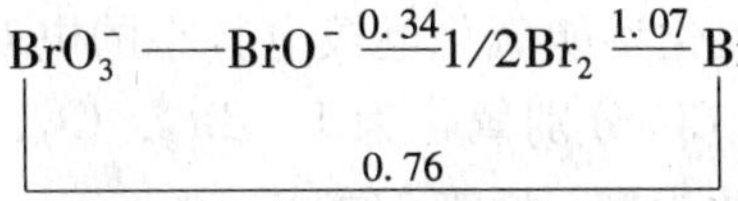

（1）求 $\varphi^{\ominus}(BrO_3^-/BrO^-)$，$\varphi^{\ominus}(BrO^-/Br^-)$ 和 $\varphi^{\ominus}(BrO_3^-/Br_2)$；

（2）判断哪些物种能歧化，写出歧化反应的离子方程式；

（3）将液溴与 NaOH 溶液混合，依据该图判断，反应最稳定的产物是什么？

四、自测习题答案

（一）选择题

1. B；2. C；3. B；4. A；5. B；6. D；7. B；8. A；9. D；10. D；11. B；12. A；13. C；14. C；15. A；16. C；17. C；18. B；19. D；20. C；21. D；22. D；23. C；24. D；25. C；26. B；27. D；28. B；29. D；30. B；31. C；32. D；33. D；34. B；35. B；36. D；37. D；38. A；39. D；40. D；41. D；42. B；43. C；44. B；45. A；46. B；47. B。

（二）填空题

1. −2，+6，+2，+5/2，+7。
2. 负，正，还原，氧化，化学，电。
3. 正，负，氧化性，还原性。
4. $(-)C(s) \mid Br_2(l), Br^-(c_1) \parallel Mn^{2+}(c_2), MnO_4^-(c_3) \mid C(s)(+)$
5. Fe^{3+}，Fe。
6. $2I^- - 2e = I_2$，$O_2 + 2H_2O + 4e = 4OH^-$。

7. 构成半电池的氧化态与还原态物质的本性决定的。温度、物质的浓度或分压、pH。
8. $KMnO_4$，$SnCl_2$。
9. BrO_3^-/Br^-、O_2/H_2O、$Fe(OH)_3/Fe(OH)_2$。
10. 2，1，2，2。
11. 没有，$[FeF_6]^{3-}$的生成使Fe^{3+}的氧化性降低。
12. 0.45V，0.476V，ClO_4^- 和 Cl^-。
13. Fe^{2+}，Sn^{2+}，Zn。
14. 1.47V，0.50V。
15. $5HBrO = HBrO_3 + 2Br_2 + 2H_2O$，1.45V。
16. 0，-0.059。

（三）问答题

1. 答：$2Fe^{3+} + Cu = 2Fe^{2+} + Cu^{2+}$，$E^\ominus = E^\ominus(Fe^{3+}/Fe^{2+}) - E^\ominus(Cu^{2+}/Cu) = 0.770 - 0.337 > 0$，故反应向右自发进行，三氯化铁溶液可以溶解铜板。
2. 答：$SnCl_2$ 溶液易被空气中的氧气氧化而失去还原性，加入少量锡粒，可保护 $SnCl_2$ 溶液不被氧化。
3. 答：电极电势大的电对的氧化型能氧化电极电势小的电对的还原型，由已知电极电势值，MnO_4^- 可将 I^-，Br^-，Cl^-分别氧化为 I_2，Br_2，Cl_2，故 $KMnO_4$ 不符合上述要求。而 $Fe_2(SO_4)_3$ 只能将 I^-氧化为 I_2，故符合要求。
4. 答：$Fe + 2H^+ = Fe^{2+} + H_2$，$E^\ominus(H^+/H_2) > E^\ominus(Fe^{2+}/Fe)$，$Fe + 4H^+ + NO_3^- = Fe^{3+} + NO + 2H_2O$。
   $E^\ominus(Fe^{3+}/Fe^{2+}) = 0.77 > 0$，Fe 和盐酸反应生成 Fe^{2+} 后不能被 H^+ 氧化为 Fe^{3+}。
   $E^\ominus(NO_3^-/NO) > E^\ominus(Fe^{3+}/Fe^{2+})$，Fe 和 HNO_3 反应能生成 Fe^{3+}。
5. 答：根据已知 $E^\ominus$ 值可知：
   阴极（Pt）：$Cu^{2+} + 2e = Cu$
   阳极（Cu）：$Cu = Cu^{2+} + 2e$
6. 答：因为 $E^\ominus(Zn^{2+}/Zn) = -0.76V$，$E^\ominus(Fe^{2+}/Fe) = -0.44V$，可见 Zn 比 Fe 更易被氧化，管道与锌棒接触被腐蚀的首先是锌而不是铁。
7. 答：$E^\ominus(Ag^+/Ag) = 0.7996V > 0$，$E^\ominus(AgCl/Ag) = 0.2223V > 0$，Ag 不能从稀硫酸或盐酸中置换出氢气。而 $E^\ominus(AgI/Ag) = -0.1519V < 0$，所以 Ag 能从氢碘酸中置换出氢气。
   反应式：$2Ag + 2HI = 2AgI + H_2\uparrow$
8. 答：（1）$SnCl_2$ 可被空气中的氧气氧化而失去还原性。
   $$2Sn^{2+} + O_2 + 4H^+ = 2Sn^{4+} + 2H_2O, E^\ominus(O_2/H_2O) > E^\ominus(Sn^{4+}/Sn^{2+})$$
   （2）因为硫酸亚铁可被空气中的氧气氧化而变成黄色硫酸铁溶液。
   $$4Fe^{2+} + O_2 + 4H^+ = 4Fe^{3+} + 2H_2O, E^\ominus(O_2/H_2O) > E^\ominus(Fe^{3+}/Fe^{2+})$$

（四）计算题

1. 解：$E^\ominus = -0.617V$，$E = -0.795V$，$\Delta_r G^\ominus = 119kJ \cdot mol^{-1}$，$\Delta_r G = 153kJ \cdot mol^{-1}$，$K^\ominus =$

1.43×10^{-21}，反应逆向移动。

2. **解**：（1）$K^{\ominus} = 2.79 \times 10^{-2}$。（2）$E = 0.368\text{V}$，反应正向移动。（3）$E = -0.092\text{V}$，反应逆向移动。

3. **解**：$2.7 \times 10^{-27} \text{mol} \cdot \text{L}^{-1}$。

4. **解**：$K = 1.41 \times 10^{6}$，$K > 10^{5}$，Cu^{+}在水溶液中不能稳定存在。

5. **解**：（1）$(-)\text{Zn} \mid \text{Zn}^{2+}(1\text{mol} \cdot \text{L}^{-1}) \parallel \text{OH}^{-}(1\text{mol} \cdot \text{L}^{-1}), \text{O}_2 \mid \text{Pt}(+)$，$2\text{Zn} + \text{O}_2 + 2\text{H}_2\text{O} = 2\text{Zn}^{2+} + 4\text{OH}^{-}$。

（2）$E^{\ominus} = 1.16\text{V}$，$K = 2.39 \times 10^{78}$。

（3）在溶液中加 HCl，E_{-}不变，E_{+}增大，E 增大。

6. **解**：（1）$(-)\text{Cu} \mid \text{Cu}^{2+}(0.5\text{mol} \cdot \text{L}^{-1}) \parallel \text{Ag}^{+}(0.5\text{mol} \cdot \text{L}^{-1}) \mid \text{Ag}(+)$。

（2）$(-)\text{Cu} - 2e = \text{Cu}^{2+}$，$(+)\text{Ag}^{+} + e = \text{Ag}$，电池反应：$\text{Cu} + 2\text{Ag}^{+} = \text{Cu}^{2+} + 2\text{Ag}$。

（3）$K = 3.313 \times 10^{5}$。

（4）$E = 0.451\text{V}$。

（5）加氨水于 $CuSO_4$，E 增大；加氨水于 $AgNO_3$ 中，E 降低。

7. **解**：（1）$\text{MnO}_4^{-} \xrightarrow{0.564} \text{MnO}_4^{2-} \xrightarrow{2.26} \text{MnO}_2$

$\underbrace{\text{MnO}_4^{-} \longrightarrow \text{MnO}_2}_{1.695}$

（2）$\varphi^{\ominus}(\text{MnO}_4^{2-}/\text{MnO}_2) = 2.26\text{V}$。

（3）可发生歧化反应，$3\text{MnO}_4^{2-} + 4\text{H}^{+} = 2\text{MnO}_4^{-} + \text{MnO}_2 + 2\text{H}_2\text{O}$，$E^{\ominus} = 1.7\text{V}$，$\Delta_r G^{\ominus} = -328\text{kJ} \cdot \text{mol}^{-1}$，$K^{\ominus} = 2.71 \times 10^{57}$。

8. **解**：（1）$\varphi^{\ominus}(\text{BrO}_3^{-}/\text{BrO}^{-}) = 0.79\text{V}$，$\varphi^{\ominus}(\text{BrO}^{-}/\text{Br}^{-}) = 0.71\text{V}$，$\varphi^{\ominus}(\text{BrO}_3^{-}/\text{Br}_2) = 0.70\text{V}$；

（2）Br_2、BrO^{-} 都能歧化，$3\text{Br}_2 + 6\text{NaOH} = \text{NaBrO}_3 + 5\text{NaBr} + 3\text{H}_2\text{O}$，$3\text{NaBrO} = \text{NaBrO}_3 + 2\text{NaBr}$；

（3）BrO_3^{-} 和 Br^{-}。

第七章 配位化合物

一、教学基本要求

1. 掌握配位化合物（简称配合物）的组成、命名及成键特征等基础知识。
2. 掌握配合物的价键理论，会用其来解释配合物的稳定性、磁性及空间构型。
3. 掌握配合物的晶体场理论，会用光谱化学序及晶体场稳定化能等概念解释配合物的颜色、稳定性及磁性。
4. 掌握生成常数、稳定常数及累积稳定常数等配合物稳定性的表示方法。

在本章的学习过程中，重点掌握配合物的成键特征，并围绕其成键特征用价键理论和晶体场理论解释配合物的几何构型、稳定性、磁性及颜色等重要性质。

二、习题分析与解答

1. 区分下列概念。

（1）接受体原子和给予体原子；

答： 接受体原子：配位个体中的中心原子（提供空轨道）。

给予体原子：配位个体中的配位原子（提供孤电子对）。

（2）配位体和配位原子；

答： 配位体：配位个体中与中心原子结合的分子或离子。

配位原子：配位个体中直接键合于中心原子的原子（即给予体原子）。

（3）配合物和复盐；

答： 配合物：由中心原子和配位体这些简单物种以配位键结合成的一类复杂化合物。

复盐：在水中以简单离子的形式存在，相当于两种盐混合水溶液的复杂化合物。

（4）外轨配合物和内轨配合物；

答： 外轨配合物：中心原子的 d 电子排布没有变化，配位原子的孤对电子填充在有外层 d 轨道参与的杂化轨道上而形成的化合物。

内轨配合物：中心原子的 d 电子排布发生变化，有$(n-1)$d 轨道参与杂化的配合物。

（5）高自旋配合物和低自旋配合物；

答： 高自旋配合物：含有单电子数较多的配合物。

低自旋配合物：不存在单电子，或含有的单电子数较少的配合物。

（6）强场配位体和弱场配位体；

答： 强场配位体：在光谱化学序中靠后的，其所产生的分裂能较大的配体（如 CN^-、CO）。

弱场配位体：在光谱化学序中靠前的，其所产生的分裂能较小的配体（如 X^-、H_2O）。

（7）几何异构体和旋光异构体；

答：几何异构体：由于配位体相对位置不同而产生的异构体。

旋光异构体：由于构型上的差异而表现出不同旋光性能的异构体。

（8）左旋异构体，右旋异构体和外消旋混合物。

答：左旋异构体：使偏振面向左旋转（用 L 表示）的异构体。

右旋异构体：使偏振面向右旋转（用 D 表示）的异构体。

外消旋混合物：等量左旋和右旋的异构体混合成的不具旋光性的物质。

2. 维尔纳研究了通式为 $Pt(NH_3)_XCl_4$（X 为 2 ~ 6 的整数，Pt 的氧化态为 +4）配合物水溶液的电导，实验结果可归纳如下：

配合物组成	水溶液中电离产生的离子个数
$Pt(NH_3)_6Cl_4$	5
$Pt(NH_3)_5Cl_4$	4
$Pt(NH_3)_4Cl_4$	3
$Pt(NH_3)_3Cl_4$	2
$Pt(NH_3)_2Cl_4$	0

假定 Pt(Ⅳ)形成的配合物为八面体，

（1）根据电离结果写出 5 个配合物的化学式；

（2）绘出各自在三维空间的结构；

（3）绘出可能存在的异构体结构；

（4）给各配合物命名。

答：（1）化学式：$[Pt(NH_3)_6]Cl_4$；$[Pt(NH_3)_5Cl]Cl_3$；$[Pt(NH_3)_4Cl_2]Cl_2$；$[Pt(NH_3)_3Cl_3]Cl$；$[Pt(NH_3)_2Cl_4]$

（2）命名：氯化六氨合铂（Ⅳ）；氯化一氯 · 五氨合铂（Ⅳ）；氯化二氯 · 四氨合铂（Ⅳ）；氯化三氯 · 三氨合铂（Ⅳ）；四氯 · 二氨合铂（Ⅳ）

（3）结构依次为：

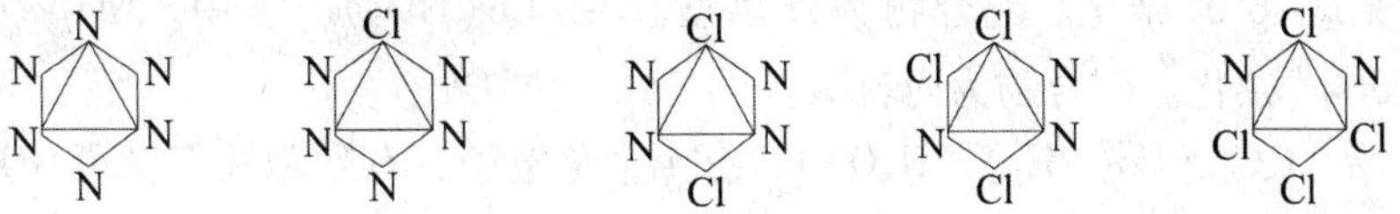

（4）上述结构式的后 3 个，各有 1 个几何异构体：

3. 写出下列配合物的化学式：

（1）六氟合铝（Ⅲ）酸钠；

（2）六氰合铁（Ⅱ）酸铵；

(3) 硫酸三（乙二胺）合钴（Ⅲ）；

(4) 三氯·一氨合铂（Ⅱ）酸钾；

(5) 四（异硫氰酸根）·二铵合铬（Ⅲ）酸铵；

(6) 一羟基·一草酸根·一水·一（乙二胺）合铬（Ⅲ）；

(7) 五氰·一羰基合铁（Ⅱ）酸钠。

答：（1）$Na_3[AlF_6]$；（2）$(NH_4)_4[Fe(CN)_6]$；（3）$[Co(en)_3]_2(SO_4)_3$；（4）$K[Pt(NH_3)Cl_3]$；（5）$NH_4[Cr(NCS)_4(NH_3)_2]$；（6）$[Cr(OH)(C_2O_4)(H_2O)(en)]$；（7）$Na_3[Fe(CN)_5(CO)]$。

4. $[HgCl_4]^{2-}$ $[PtCl_4]^{2-}$分别为外轨和内轨配合物，试用价键理论讨论它们的空间结构和磁性质。

答：$[HgCl_4]^{2-}$中Hg^{2+}为d^{10}电子构型（无空的轨道），为sp^3杂化，正四面体构型，有抗磁性。$[PtCl_4]^{2-}$中Pt^{2+}为d^8电子构型，为dsp^2杂化，平面正方形构型，也有抗磁性。

5. 绘出下列八面体配合物的晶体场分裂图，标出轨道名称，将中心原子的d电子填入应该出现的轨道上：（1）$[Mn(H_2O)_6]^{3+}$；（2）$[CoF_6]^{3-}$；（3）$[Ti(H_2O)_6]^{3+}$。

答：

	$[Mn(H_2O)_6]^{3+}$	$[CoF_6]^{3-}$	$[Ti(H_2O)_6]^{3+}$
	Mn^{3+}为d^4电子构型	Co^{3+}为d^6电子构型	Ti^{3+}为d^1电子构型
e_g	↑ __	↑ ↑	__ __
t_{2g}	↑ ↑ ↑	↓↑ ↑ ↑	↑ __ __

6. （1）给配合物$[Co(NH_3)_5(H_2O)]^{3+}[Co(NO_2)_6]^{3-}$命名；

（2）用价键理论讨论配阳离子和配阴离子的成键情况；

（3）判断该物质是顺磁性还是反磁性。

答：（1）$[Co(NH_3)_5(H_2O)][Co(NO_2)_6]$为六硝基合钴（Ⅲ）酸五氨·一水合钴（Ⅲ）。

（2）Co^{3+}为d^6电子构型。在$[Co(NH_3)_5(H_2O)]^{3+}$中，NH_3、H_2O为弱场配体。Co^{3+}采取sp^3d^2杂化。配合物为外轨型。在$[Co(NO_2)_6]^{3-}$中，NO_2^-为强场配体。Co^{3+}采取d^2sp^3杂化。配合物为内轨型。

（3）$[Co(NH_3)_5(H_2O)]^{3+}$有4个单电子，有顺磁性。$[Co(NO_2)_6]^{3-}$无单电子，呈抗磁性。

7. 根据下列配合物的磁矩推断各自的电子组态。

（1）$[Mn(NCS)_6]^{4-}$ （6.06μB）；

（2）$[Cr(NH_3)_6]^{3+}$ （3.9μB）；

（3）$[Mn(CN)_6]^{4-}$ （1.8μB）

答：据$\mu = [n(n-1)]^{1/2}$，有表：

n	1	2	3	4	5
μ	1.7	2.8	3.9	4.9	5.9

（1）$[Mn(NCS)_6]^{4-}$中 Mn^{2+} 的成单电子数为5（$n=5$），电子组态为 $t_{2g}^3e_g^2$。

（2）$[Cr(NH_3)_6]^{3+}$中 Cr^{3+} 的成单电子数为3，电子组态为 $t_{2g}^3e_g^0$。

（3）$[Mn(CN)_6]^{4-}$中 Mn^{2+} 的成单电子数为1，电子组态为 $t_{2g}^5e_g^0$。

8. 完成下列表格，对 d^n 离子的各种组态在八面体场中的分裂有一个完整的概念。

d^n	弱场（$\Delta_0<P$）				强场（$\Delta_0>P$）			
	电子排布		未成对电子	CFSE	电子排布		未成对电子	CFSE
	t_{2g}	e_g			t_{2g}	e_g		
d^1								
d^2								
d^3								
d^4	↑ ↑ ↑	↑	4	$-0.6\Delta_0$	↓↑ ↑ ↑		2	$-1.6\Delta_0+P$
d^5								
d^6								
d^7								
d^8								
d^9								
d^{10}								

答：

d^n	弱场（$\Delta_0<P$）				强场（$\Delta_0>P$）			
	电子排布		未成对电子	CFSE	电子排布		未成对电子	CFSE
	t_{2g}	e_g			t_{2g}	e_g		
d^1	↑		1	$-0.4\Delta_0$	↑		1	$-0.4\Delta_0$
d^2	↑ ↑		2	$-0.8\Delta_0$	↑ ↑		2	$-0.8\Delta_0$
d^3	↑ ↑ ↑		3	$-1.2\Delta_0$	↑ ↑ ↑		3	$-1.2\Delta_0$
d^4	↑ ↑ ↑	↑	4	$-0.6\Delta_0$	↓↑ ↑ ↑		2	$-1.6\Delta_0+P$
d^5	↑ ↑ ↑	↑ ↑	5	0	↓↑ ↓↑ ↑		1	$-2.0\Delta_0+2P$
d^6	↓↑ ↑ ↑	↑ ↑	4	$-0.4\Delta_0+P$	↓↑ ↓↑ ↓↑		0	$-2.4\Delta_0+3P$
d^7	↓↑ ↓↑ ↑	↑ ↑	3	$-0.8\Delta_0+2P$	↓↑ ↓↑ ↓↑	↑	1	$-1.8\Delta_0+3P$
d^8	↓↑ ↓↑ ↓↑	↑ ↑	2	$-1.2\Delta_0+3P$	↓↑ ↓↑ ↓↑	↑ ↑	2	$-1.2\Delta_0+3P$
d^9	↓↑ ↓↑ ↓↑	↓↑ ↑	1	$-0.6\Delta_0+4P$	↓↑ ↓↑ ↓↑	↓↑ ↑	1	$-0.6\Delta_0+4P$
d^{10}	↓↑ ↓↑ ↓↑	↓↑ ↓↑	0	$0+5P$	↓↑ ↓↑ ↓↑	↓↑ ↓↑	0	$0+5P$

9.（1）下列化合物中哪些可能作为有效的螯合剂？

1）H_2O；2）HO—OH；3）$H_2N—CH_2—CH_2—CH_2—NH_2$；4）$(CH_3)_2N—NH_2$。

（2）下列各配合物具有平面四方形或八面体几何构型，哪个当中的 CO_3^{2-} 是螯合剂？

1）$[Co(CO_3)(NH_3)_5]^+$；2）$[Co(CO_3)(NH_3)_4]^+$；3）$[Pt(CO_3)(en)]$；4）$[Pt(CO_3)(NH_3)(en)]$。

答：（1）3）$H_2N—CH_2—CH_2—CH_2—NH_2$ 可作为有效的螯合剂（两个配原子间最好是间隔 2 ~ 3 个原子、成五元或六元环）。

（2）2）中 Co^{3+} 为 6 配位，CO_3^{2-} 要提供 2 个配原子，是螯合剂。3）中 Pt^{2+} 为 4 配位，CO_3^{2-} 也是螯合剂。

10. M^{2+} 为第四周期自 Ca^{2+} 至 Zn^{2+} 二价阳离子。$M^{2+}(g) + 6H_2O \rightarrow [M(H_2O)_6]^{2+}(aq)$ 反应水合焓的变化趋势为双峰曲线，试用晶体场稳定能解释水合焓的这种变化趋势。（提示：判断分子是强场还是弱场配体；写出 CFSE 的表达式；假定有关离子的分裂能 Δ_0 均相同）

答：不考虑晶体场的影响：从 Ca^{2+} 到 Zn^{2+}，原子核的核电荷增加，离子的有效核电荷依次增大。M^{2+} 与 H_2O 分子的作用力增强，水合焓同时依次增加，应为直线。

考虑晶体场的影响：H_2O 分子为弱场配体，当 d 电子依次增加时，晶体场稳定化能有如 8. 题左半部的数据所示。当 Δ_0 相同、$\Delta_0 \gg P$ 时，CFSE 的变化可由 0、−0.4、−0.8、−1.2、−0.6、0、−0.4、−0.8、−1.2、−0.6、0 来表示，因此是一个双峰曲线（负得越多放热越多）。

11. 用晶体场理论解释下列八面体氟化物晶格焓的变化趋势：

氟化物	晶格焓/$kJ \cdot mol^{-1}$
MnF_2	2780
FeF_2	2926
CoF_2	2976
NiF_2	3060
ZnF_2	2985

答：只考虑 M^{2+} 与 F^- 间的静电作用，这一能量变化只取决于与核电荷有关的有效核电荷的变化。也就是说，随原子序数的增加，相互间作用力增强。考虑晶体场中 F^- 对 6 配位的 M^{2+} d 轨道的作用后的稳定性，可比较其 CFSE。

F^- 为弱场配体	Mn^{2+}	Fe^{2+}	Co^{2+}	Ni^{2+}	Zn^{2+}
d 电子数	5	6	7	8	10
CFSE	0	$-0.4\Delta_0 + P$	$-0.8\Delta_0 + 2P$	$-1.2\Delta_0 + 3P$	$0 + 5P$

即 CFSE 有一个先增大，然后再降低的变化。可见，过渡元素 MF_2 晶格焓的变化，除了有静电作用外，还有晶体场稳定化能的影响（即配体 F^- 对 M^{2+} d 轨道的影响）。

12. 下述两个反应

Ⅰ：$[Cu(H_2O)_4]^{2+} + 2NH_3(aq) = [Cu(H_2O)_2(NH_3)_2]^{2+} + 2H_2O(l)$；

Ⅱ：$[Cu(H_2O)_4]^{2+} + gly^- = [Cu(gly)(H_2O)_2]^+ + 2H_2O(l)$。

25℃时的 $\Delta_r H_m^\ominus$ 分别为 $-46.4kJ \cdot mol^{-1}$ 和 $-25.1kJ \cdot mol^{-1}$；$\Delta_r G_m^\ominus$ 分别为 $-42.8 kJ \cdot mol^{-1}$ 和 $-49.0kJ \cdot mol^{-1}$；

$\Delta_r S_m^\ominus$ 分别为 $-11.7J \cdot K^{-1} \cdot mol^{-1}$ 和 $+79.5J \cdot K^{-1} \cdot mol^{-1}$。两个反应均有 2 个 Cu—O 键被破坏，不同在于前一反应生成 2 个 $Cu—NH_3$ 键，而后一反应则生成 1 个 $Cu—NH_2$ 键和 1 个 Cu—O 键。试回答：

（1）根据 $\Delta_r H_m^\ominus$ 值判断形成的哪一组新键更强些？

（2）根据反应分子数的变化判断哪一个反应混乱度的增加应当更大些？

（3）题中的 $\Delta_r S_m^\ominus$ 值支持你对（2）的回答吗？

（4）根据 $\Delta_r G_m^\ominus$ 值判断形成的哪一个配离子更稳定？你的回答能否得到螯合效应的支持？

（5）给反应中所有的配离子命名。

答：反应Ⅰ $[Cu(H_2O)_4]^{2+} + 2NH_3 = [Cu(H_2O)_2(NH_3)_2]^{2+} + 2H_2O$ 的 $\Delta_r H^\ominus = -46.4kJ \cdot mol^{-1}$，$\Delta_r G^\ominus = -42.8kJ \cdot mol^{-1}$，$\Delta_r S^\ominus = -11.7J \cdot mol^{-1} \cdot K^{-1}$。

反应Ⅱ $[Cu(H_2O)_4]^{2+} + gly^- = [Cu(gly)(H_2O)_2]^+ + 2H_2O$ 的 $\Delta_r H^\ominus = -25.1 kJ \cdot mol^{-1}$，$\Delta_r G^\ominus = -49.0kJ \cdot mol^{-1}$，$\Delta_r S^\ominus = 79.5J \cdot mol^{-1} \cdot K^{-1}$。

注意到 gly^- 为氨基乙酸根离子（$H_2NCH_2COO^-$），这是一个双齿配体。其中一个配原子为 O（类似于 H_2O），一个为 N（类似于 NH_3）。

（1）反应Ⅰ的 $\Delta_r H^\ominus$ 更负，放出的热更多，说明 Cu—NH_3 结合的强度比 Cu—O 键结合的强度大。

反应Ⅰ有两个 Cu—O 键被 Cu—N 代替，放热为 $46.4kJ \cdot mol^{-1}$。

反应Ⅱ只有一个 Cu—O 键被 Cu—N 代替，放热也几乎是反应Ⅰ的一半。

（2）H_2O 虽然是溶剂，但在讨论与微粒数目有关的混乱度时，也要考虑其量的变化。

反应Ⅰ，反应前后微粒数没有变化，混乱度也没有大的变化。

反应Ⅱ，反应前后微粒数增加了 1/2。所以熵变也有较大的正值。

（3）反应Ⅰ的 $\Delta_r S^\ominus = -11.7J \cdot mol^{-1} \cdot K^{-1}$，只有不大的变化。

反应Ⅱ的 $\Delta_r S^\ominus = 79.5J \cdot mol^{-1} \cdot K^{-1}$，有较大的正值，支持了上面的分析。

（4）比较两个反应的 $\Delta_r G^\ominus$ 值，反应Ⅱ的更负，说明 $[Cu(gly)(H_2O)_2]^+$ 更稳定。

这不但验证了螯合效应使配离子更稳定的论断，还告诉我们，螯合效应主要是由较大的 $\Delta_r S^\ominus$ 的正值造成的。

（5）$[Cu(H_2O)_4]^{2+}$ 为四水合铜（Ⅱ）配离子。

$[Cu(H_2O)_2(NH_3)_2]^{2+}$ 为二水·二氨合铜（Ⅱ）配离子。

$[Cu(gly)(H_2O)_2]^+$ 为二水·一氨基乙酸根合铜（Ⅱ）配离子。

三、自测习题

（一）选择题

1. 乙二胺 $NH_2—CH_2—CH_2—NH_2$ 能与金属离子形成下列哪种物质（　）。

A. 配合物　　B. 沉淀物　　C. 螯合物　　D. 聚合物

2. 配合物中心离子的配位数等于（　）。

A. 配位体的数目　　B. 配位原子的数目

C. 中心离子的电荷数　　D. 配离子的电荷数

3. 某配合物的化学式为 $CoCl_3 \cdot 4NH_3$，在 1mol 该配合物溶液中，加入过量的 $AgNO_3$，有

1mol 的 AgCl 沉淀生成；若在该配合物的溶液中，加入浓 NaOH 溶液并加热，没有 NH_3 逸出。则该配合物的组成为（ ）。

A. $[Co(NH_3)_4]Cl_3$　　B. $[Co(NH_3)_4Cl]Cl_2$

C. $[Co(NH_3)_4Cl_2]Cl$　　D. $[Co(NH_3)_3Cl_3]\cdot NH_3$

4. 下列配合物中心离子的杂化轨道类型，属于外轨型的是（ ）。

A. d^2sp^3　　B. dsp^2　　C. dsp^3　　D. sp^3d^2

5. 下列叙述中错误的是（ ）。

A. $[Fe(H_2O)_6]^{3+}$、高自旋　　B. $[Ni(CN)_4]^{2-}$、低自旋

C. $[Ni(CO)_4]$、高自旋　　D. $[Fe(CN)_6]^{4-}$、低自旋

6. 已知$[Co(NH_3)_6]^{3+}$的 $\mu=0$，则下列关于 Co(Ⅲ)的杂化方式和配合物的空间构型的叙述中正确的是（ ）。

A. sp^3d^2 杂化、正八面体　　B. d^2sp^3 杂化、正八面体

C. sp^3d^2 杂化、三方棱柱体　　D. d^2sp^3 杂化、四方锥

7. 下列关于$[Cu(CN)_4]^{3-}$的空间构型及中心离子的杂化方式的叙述中正确的是（ ）。

A. 平面正方形、d^2sp^3 杂化　　B. 变形四面体、sp^3d 杂化

C. 正四面体、sp^3 杂化　　D. 平面正方形、sp^3d^2 杂化

8. 下列具有不同 d^n 电子构型的离子中，哪一种离子在弱的八面体场中具有最大的晶体场稳定化能（ ）。

A. d^1　　B. d^2　　C. d^3　　D. d^4

9. $[Co(NH_3)_4(H_2O)_2]^{3+}$有几种异构体（ ）。

A. 1　　B. 2　　C. 3　　D. 4

10. 已知 $\varphi^\ominus(Fe^{3+}/Fe^{2+})=0.771V$、$K_f^\ominus[Fe(CN)_6^{3-}]=1.0\times10^{42}$、$K_f^\ominus[Fe(CN)_6^{4-}]=1.0\times10^{35}$，则 $\varphi^\ominus[Fe(CN)_6^{3-}/Fe(CN)_6^{4-}]=$（ ）。

A. 0.36V　　B. 1.19V　　C. −0.36V　　D. 0.77V

11. 已知$(-)Pt \mid Hg(l) \mid HgBr_4^{2-}(aq) \parallel Fe^{3+}(aq),\ Fe^{2+}(aq) \mid Pt(+)$的 $E^\ominus=0.561V$、$\varphi^\ominus(Hg^{2+}/Hg)=0.857V$，$\varphi^\ominus(Fe^{3+}/Fe^{2+})=0.771V$，则 $K_f^\ominus(HgBr_4^{2-})=$（ ）。

A. 8.5×10^{10}　　B. 1.12×10^{36}　　C. 7.24×10^{21}　　D. 1.06×10^{18}

（二）填空题

1. $[Co(H_2O)(NH_3)_3Cl_2]Cl$ 称为＿＿＿＿＿，$K_3[Co(NO_2)_3Cl_3]$称为＿＿＿＿＿。

2. 在 $K_3Fe(CN)_6$ 中，中心离子是＿＿＿＿＿，配位体是＿＿＿＿＿，配位数是＿＿＿＿＿，K^+ 与 $Fe(CN)_6^{3-}$ 以＿＿＿＿＿键相结合，Fe^{3+} 与 CN^- 以＿＿＿＿＿键相结合，这个化合物的学名是＿＿＿＿＿，俗名是＿＿＿＿＿。

3. 配合物$[Cr(NH_3)_4en]Cl_2$ 的名称为＿＿＿＿＿＿＿＿＿，中心离子是＿＿＿＿＿，中心离子的配位数为＿＿＿＿＿，配位体为＿＿＿＿＿与＿＿＿＿＿；配原子分别是＿＿＿＿＿与＿＿＿＿＿。

4. 乙二胺（en）为＿＿＿＿＿齿配体，EDTA 是＿＿＿＿＿齿配体。

5. 已知$[Ni(NH_3)_6]^{2+}$的磁矩大于零，$[Ni(CN)_4]^{2-}$的磁矩等于零，则前者的空间构型是

__________，中心离子杂化方式是__________；后者的空间构型是__________，杂化方式是__________。

6. 配合物[$Fe(CO)_5$]的磁矩 $\mu=0$，由此可推断出形成体的杂化方式为__________，配合物的空间构型为__________。

7. 根据配合物的价键理论，判断下列配合物中心离子的杂化轨道类型：

(1) [$Zn(NH_3)_4$]$^{2+}$ ($\mu=0$) __________；(2) [$Fe(H_2O)_6$]$^{3+}$ ($\mu=5.9\mu B$) __________；

(3) [$Ag(CN)_2$]$^-$ ($\mu=0$) __________；(4) [AlF_6]$^{3-}$ ($\mu=0$) __________。

8. 已知[$Co(CN)_6$]$^{3-}$的 $\mu=0$，则其中心离子的杂化方式为__________，配离子的空间构型为__________。按晶体场理论，其中心离子 d 电子的排布方式为__________。

9. 在电子构型为 $d^1 \sim d^{10}$ 的过渡金属离子中，既能形成高自旋又能形成低自旋八面体配合物的离子，其 d 电子的构型是__________。

10. 已知 Co^{3+} 的电子成对能 $P=21000cm^{-1}$，[$Co(H_2O)_6$]$^{3+}$ 的 $\Delta_0=18600cm^{-1}$，[$Co(NH_3)_6$]$^{3+}$的 $\Delta_0=22900cm^{-1}$，由晶体场理论可知[$Co(H_2O)_6$]$^{3+}$的 d 电子排布方式为__________，[$Co(NH_3)_6$]$^{3+}$的 d 电子排布方式为__________。两种配离子的磁矩依次为__________和__________。

11. 配体 CN^-、F^-、NH_3 和 H_2O 在光谱化学序中的顺序是____________________。

12. 当用 $AgNO_3$ 溶液处理化合物 $CoCl_3 \cdot 5NH_3 \cdot H_2O$ 时，会产生__________，将过滤后的溶液加热至沸，再加入 $AgNO_3$ 溶液，无任何变化。原化合物与强碱共热至沸，放出__________，同时产生__________沉淀。该化合物的结构简式为______________，命名为______________，配离子几何异构体的数目为__________。

13. 对[$Cu(NH_3)_4$]$^{2+}$来说，其稳定常数 $K^{\ominus}_{稳}$ 与不稳定常数 $K^{\ominus}_{不稳}$ 的关系为__________；$K^{\ominus}_{稳}$ 与逐级生成常数 $k_1^{\ominus}$、$k_2^{\ominus}$、$k_3^{\ominus}$、$k_4^{\ominus}$ 的关系为__________；累积生成常数 β_4 与逐级生成常数的关系为__________。

14. 已知四种配合物[$Zn(CN)_4$]$^{2-}$ 的 $K^{\ominus}_{稳}=5.0\times10^{16}$、[$Ag(CN)_2$]$^-$ 的 $K^{\ominus}_{稳}=1.3\times10^{21}$、[$Zn(NH_3)_4$]$^{2+}$的 $K^{\ominus}_{稳}=2.9\times10^9$，[$Ag(NH_3)_2$]$^+$的 $K^{\ominus}_{稳}=1.1\times10^7$。

则反应 2[$Ag(CN)_2$]$^-$ + Zn^{2+} = [$Zn(CN)_4$]$^{2-}$ + $2Ag^+$ 的 $K^{\ominus}$ 为__________；

反应[$Zn(NH_3)_4$]$^{2+}$ + $4CN^-$ = [$Zn(CN)_4$]$^{2-}$ + $4NH_3$ 的 $K^{\ominus}$ 为__________；

反应[$Zn(NH_3)_4$]$^{2+}$ + 2[$Ag(CN)_2$]$^-$ = [$Zn(CN)_4$]$^{2-}$ + 2[$Ag(NH_3)_2$]$^+$ 的 $K^{\ominus}$ 为__________。

15. 对 Cu-Zn 原电池来说，在 Cu 半电池的 $CuSO_4$ 溶液中加入浓氨水，电池的电动势会__________，这是因为____________________；在 Zn 半电池的 $ZnSO_4$ 溶液中加入浓氨水，电池电动势则会__________。

（三）问答题

1. [$Ni(CO)_4$]与[$Ni(CN)_4$]$^{2-}$的磁矩均为零，试从形成体的核外电子排布方式推断出这两种配合物的杂化方式及空间构型分别是什么。

2. 试从 Cr^{3+} 的核外电子排布方式推测 Cr^{3+} 的八面体配合物中有无 sp^3d^2 杂化类型。

3. 顺铂是一种抗癌药物，其命名为顺-二氯二氨合铂（Ⅱ）。由其命名推测此化合物的空间构型与杂化方式。

四、自测习题答案

(一) 选择题

1. C；2. B；3. C；4. D；5. C；6. B；7. C；8. C；9. B；10. A；11. C。

(二) 填空题

1. 氯化二氯·三氨·一水合钴（Ⅲ），三氯·三硝基合钴（Ⅲ）酸钾。
2. Fe^{3+}，CN^-，6，离子，配位，六氰合铁（Ⅲ）酸钾，赤血盐。
3. 氯化四氨·一乙二胺合铬（Ⅱ），Cr^{2+}，6，NH_3，en，N，N。
4. 双，6。
5. 正八面体，sp^3d^2，平面正方形，dsp^2。
6. dsp^3，三角双锥。
7. （1）sp^3；（2）sp^3d^2；（3）sp；（4）sp^3d^2。
8. d^2sp^3，正八面体，$t_{2g}^6e_g^0$。
9. $d^4 \sim d^7$。
10. $t_{2g}^4e_g^2$，$t_{2g}^6e_g^0$，4.9μB，0。
11. F^-、H_2O、NH_3、CN^-。
12. 白色沉淀，有刺激性气味的气体，蓝灰色，$[Co(NH_3)_5(H_2O)]Cl_3$，氯化五氨·一水合钴（Ⅲ），1。
13. $K^\ominus_{稳} \cdot K^\ominus_{不稳} = 1$，$K^\ominus_{稳} = k_1^\ominus k_2^\ominus k_3^\ominus k_4^\ominus$，$\beta_4 = k_1^\ominus k_2^\ominus k_3^\ominus k_4^\ominus$。
14. 2.9×10^{-26}，1.7×10^7，1.2×10^{-21}。
15. 减小，Cu^{2+}的浓度要降低，增大。

(三) 问答题

1. 答：$[Ni(CO)_4]$，sp^3，正四面体；$[Ni(CN)_4]^{2-}$，dsp^2，平面正方形。
2. 答：Cr^{2+}的电子构型为d^3，电子排布只能是$t_{2g}^3e_g^0$，即d^2sp^3杂化，无sp^3d^2杂化的八面体配合物。
3. 答：平面四边形，dsp^2杂化。

第八章　酸碱平衡和酸碱滴定

一、教学基本要求

1. 掌握水的离子积及有关计算。
2. 掌握一元弱酸(碱)、多元弱酸(碱)及两性物质溶液的 pH 值的计算。
3. 掌握各种盐溶液 pH 值的计算。
4. 掌握同离子效应的概念;缓冲溶液的组成、缓冲原理、配制及 pH 值的计算。
5. 掌握酸碱标准溶液的配制及标定方法。
6. 掌握酸碱滴定原理,能绘制滴定曲线,确定突跃范围,选择合适的指示剂。
7. 掌握被测物质能被准确滴定的判据。
8. 了解双指示剂法及氯化钡法等直接滴定法和一些间接滴定法。
9. 掌握滴定分析中实验误差的分析方法。

在本章的学习过程中,应重点掌握各种溶液(包括酸、碱、盐及缓冲溶液等)pH 值的计算;同时通过相关计算,绘制滴定曲线,确定突跃范围,选择合适的指示剂,设计并进行酸碱含量的滴定分析。

二、习题分析与解答

1. 已知下列各种弱酸 $k_a^\ominus$ 的值,求它们的共轭碱的值,并比较各种碱的相对强弱。

(1) HCN　　$k_a^\ominus = 6.2\times10^{-6}$

(2) HCOOH　　$k_a^\ominus = 1.8\times10^{-4}$

(3) C_6H_5OH　　$k_a^\ominus = 1.1\times10^{-10}$

(4) C_6H_5COOH　　$k_a^\ominus = 6.2\times10^{-5}$

答:(1) HCN, $K_a = 6.2\times10^{-10}$。$K_b = K_w/K_a = 10^{-14}/(6.2\times10^{-10}) = 1.6\times10^{-5}$。

(2) HCOOH, $K_a = 1.8\times10^{-4}$。$K_b = 10^{-14}/(1.8\times10^{-4}) = 5.5\times10^{-11}$。

(3) C_6H_5OH, $K_a = 1.1\times10^{-10}$。$K_b = 9.1\times10^{-5}$。

(4) C_6H_5COOH, $K_a = 6.2\times10^{-5}$。$K_b = 1.6\times10^{-10}$。

碱性 $C_6H_5O^- > CN^- > C_6H_5COO^- > HCOO^-$。

2. 计算下列各溶液的 pH 值。

(1) $0.100 mol\cdot L^{-1}$ HAC

(2) $0.150 mol\cdot L^{-1}$ $CHCl_2COOH$

(3) $0.05 mol\cdot L^{-1}$ NaAc

(4) 0.100mol · L^{-1} $(C_2H_5)_2NH$

答：(1) HAc 的 $K_a = 1.8 \times 10^{-5}$，$c/K_a = 5.6 \times 10^3 > 500$，可用最简式。

$c(H^+) = \sqrt{c \cdot K_a} = \sqrt{0.10 \times 1.8 \times 10^{-5}} = 1.3 \times 10^{-3}$ mol · L^{-1}，pH = 2.87。

(2) 二氯乙酸的 $K_a = 5.0 \times 10^{-2}$，$c/K_a = 3$，不能用最简式，要用近似式。

由 $c^2(H^+) + K_a \cdot c(H^+) - cK_a = 0$

有 $c^2(H^+) + 5.0 \times 10^{-2} c(H^+) - 0.15 \times 5.0 \times 10^{-2} = 0$，解得 $c(H^+) = 6.5 \times 10^{-2}$ mol · L^{-1}，pH = 1.19。

(3) Ac^- 的 $K_b = K_w/K_a = (1.0 \times 10^{-14})/(1.8 \times 10^{-5}) = 5.6 \times 10^{-10}$，$c/K_b > 500$，可用最简式。

$c(OH^-) = \sqrt{c \cdot K_b} = \sqrt{0.050 \times 5.6 \times 10^{-10}} = 5.3 \times 10^{-6}$ mol · L^{-1}，pH = 8.72。

(4) 二乙胺的 $K_b = 1.3 \times 10^{-3}$，$c/K_b = 77 < 500$，要用近似式。

由 $c^2(OH^-) + K_b c(OH^-) - cK_b = 0$，有 $c^2(OH^-) + 1.3 \times 10^{-3} c(OH^-) - 0.10 \times 1.3 \times 10^{-3} = 0$，解得 $c(OH^-) = 1.1 \times 10^{-2}$ mol · L^{-1}，pH = 12.03。

3. 将 2.45g 固体 NaCN 配制成 500mL 水溶液，试计算此溶液的 pH 值。已知 $K_a^\ominus(HCN) = 6.2 \times 10^{-10}$。

答：CN^- 的 $K_b = 1.6 \times 10^{-5}$，$c = 2.45/(49 \times 0.5) = 0.10$ mol · L^{-1}，$c/K_b > 500$，可用最简式。

$c(OH^-) = \sqrt{c \cdot K_b} = \sqrt{0.10 \times 1.6 \times 10^{-5}} = 1.3 \times 10^{-3}$ mol · L^{-1}，pH = 11.10。

4. 常温常压下于 $c(H^+) = 0.3$ mol · L^{-1} 的 HCl 溶液中通入 H_2S 气体直至饱和，实验测得 H_2S 的浓度近似为 0.10mol · L^{-1}，计算溶液中 S^{2-} 的浓度。

答：由 $K_{a_1} = \dfrac{\dfrac{c(H^+)}{c^\ominus}\dfrac{c(HS^-)}{c^\ominus}}{\dfrac{c(H_2S)}{c^\ominus}}$，$K_{a_2} = \dfrac{\dfrac{c(H^+)}{c^\ominus}\dfrac{c(S^{2-})}{c^\ominus}}{\dfrac{c(HS^-)}{c^\ominus}}$，$K_{a_1} \cdot K_{a_2} = \dfrac{c^2(H^+)c(S^{2-})}{c(H_2S)}$

有

$$c(S^{2-}) = \frac{K_{a_1} \cdot K_{a_2} \cdot c(H_2S)}{c^2(H^+)}$$

$$= \frac{1.32 \times 10^{-7} \times 7.1 \times 10^{-15} \times 0.10}{0.3^2}$$

$$= 1.0 \times 10^{-21} \text{mol} \cdot \text{L}^{-1}$$

5. 向 1.0L 的 HAc 溶液（$c(HAc) = 0.10$ mol · L^{-1}）中加入一定量的固体 NaAc 使溶液中的 $c(Ac^-) = 1.0$ mol · L^{-1}，计算此溶液的 pH 和 HAc 的电离度。

答：对缓冲溶液，$c(H^+) = \dfrac{K_a \cdot c_{酸}}{c_{碱}} = \dfrac{1.8 \times 10^{-5} \times 0.10}{1.0} = 1.8 \times 10^{-6}$ mol · L^{-1}，pH = 5.74。

$$\alpha = c(H^+)/c_{酸} = 1.8 \times 10^{-6}/0.10 = 1.8 \times 10^{-5} = 0.0018\%$$

6. 下列 3 对化合物可供选择以配制一定体积的 pH = 3.20 的缓冲溶液，其中哪一种为好？已知相关的 $K_a^\ominus$ 为：

$K_a^\ominus(HCOOH)=1.77\times10^{-4}$，$K_a^\ominus(HAc)=1.76\times10^{-5}$，$K_a^\ominus(H_3BO_3)=7.3\times10^{-10}$。

（1）HCOOH/HCOONa；（2）HAc/NaAc；（3）H_3BO_3/NaH_2BO_3。

答：应选取 $pH\approx pK_a$（或 $c(H^+)\approx K_a$）的物种为最好。溶液的 $c(H^+)=6.3\times10^{-4}$。

HCOOH 的 $K_a=1.77\times10^{-4}$，与溶液的 $c(H^+)$ 最为接近。所以选（1）HCOOH/HCOONa 体系。

7. 如何用浓氨水和固体 NH_4Cl 配制一份 500mL 的缓冲溶液。要求缓冲溶液的 pH = 9.20，其中氨水的浓度为 $1.0mol\cdot L^{-1}$。对缓冲溶液，$c(H^+)=K_a\cdot c_{酸}/c_{碱}$，其中 $c_{酸}$ 为 $c(NH_4^+)$，$K_a=K_w/K_b(NH_3)$。

答：$c_{酸}=\dfrac{c(H^+)\cdot c(NH_3)\cdot K_b}{K_w}=\dfrac{6.3\times10^{-10}\times1.0\times1.75\times10^{-5}}{1.0\times10^{-14}}=1.1mol\cdot L^{-1}$

NH_4Cl 的量 $m=1.1\times0.50\times53.5=29g$，浓氨水 $V=1.0\times0.50/15=3.3\times10^{-2}L=$ 33mL。

8. 下列多元酸或混合酸的溶液能否准确进行分布滴定或分别滴定？

（1）$0.1mol\cdot L^{-1}$ $H_2C_2O_4$；

（2）$0.1mol\cdot L^{-1}$ H_2S；

（3）$0.1mol\cdot L^{-1}$柠檬酸；

（4）$0.1mol\cdot L^{-1}$酒石酸。

可被强碱准确滴定的条件①为 $c(A)\cdot K_a\geqslant10^{-8}$；分步的条件②为 $K_{a_1}/K_{a_2}\geqslant10^5$。

答：（1）$0.1mol\cdot L^{-1}H_2C_2O_4$，$K_{a_1}=5.6\times10^{-2}$，$K_{a_2}=5.1\times10^{-5}$。

K_{a_1} 与 K_{a_2} 均满足条件①，可被滴定。K_{a_1} 与 K_{a_2} 不满足条件②，不能分步。

（2）$0.1mol\cdot L^{-1}H_2S$，$K_{a_1}=1.32\times10^{-7}$，$K_{a_2}=7.1\times10^{-15}$。

K_{a_1} 满足条件①，只有第一级电离的 H^+ 可被滴定。

（3）$0.1mol\cdot L^{-1}$柠檬酸，$K_{a_1}=7.4\times10^{-4}$，$K_{a_2}=1.7\times10^{-5}$，$K_{a_3}=4.0\times10^{-7}$。

K_{a_1} 与 K_{a_2} 均满足条件①，可被滴定。K_{a_1}、K_{a_2} 与 K_{a_3} 均不满足条件②，不能分步。

（4）$0.1mol\cdot L^{-1}$酒石酸，$K_{a_1}=1.04\times10^{-3}$，$K_{a_2}=4.55\times10^{-5}$。

K_{a_1} 与 K_{a_2} 均满足条件①，可被滴定。K_{a_1} 与 K_{a_2} 不满足条件②，不能分步。

9. 用下列物质标定 NaOH 溶液浓度所得的结果偏高、偏低还是准确？为什么？

（1）部分风化的 $H_2C_2O_4\cdot H_2O$；

（2）带有少量湿存水的 $Na_2B_4O_7\cdot H_2O$；

（3）含有少量不溶性杂质（中性）的邻苯二甲酸氢钾。

答：标定 NaOH 的标准溶液，其配制时所用的基准物质，与标定结果的关系为：$c(NaOH)=\dfrac{m\cdot V_{酸}}{M\cdot V_{水}\cdot V_{碱}}$。可见 $c(NaOH)$ 与 m 成正比。m 的取用值偏大，$c(NaOH)$ 结果会偏高。

（1）$H_2C_2O_4\cdot H_2O$ 风化时，m 要偏低（比真实的 $H_2C_2O_4\cdot H_2O$ 的质量），所以 $c(NaOH)$ 偏低。

（2）$Na_2B_4O_7\cdot10H_2O$ 带有水时，m 要偏高，$c(NaOH)$ 偏高。

（3）基准物质中带有杂质，m 要偏高，$c(NaOH)$ 偏高。

10. 用置于空气中吸收了少量 CO_2 的 NaOH 标准溶液标定 HCl 溶液的浓度，选用何种指示剂才能保证滴定结果的准确性？

答：$CO_2 + 2NaOH = Na_2CO_3 + H_2O$。1mol CO_2 要反应掉 2mol NaOH，生成 1mol Na_2CO_3。

若以酚酞为指示剂，这部分 Na_2CO_3 被中和到 $NaHCO_3$，反应不完全，将产生误差。

若以甲基橙为指示剂，反应为 $Na_2CO_3 + 2HCl = 2NaCl + H_2O + CO_2$，可见 CO_2 的存在对结果无影响。

11. 拟定下列混合物中各组分含量的测定方案：

（1）$NH_3 + NH_4Cl$； （2）$NH_4^+ + H_2BO_3^-$；

（3）$HAC + H_2BO_3$； （4）$NaOH + Na_2CO_3$；

（5）$Na_2CO_3 + NaHCO_3$； （6）$NaH_2PO_4 + Na_2HPO_4$。

答：（1）NH_3 的 $K_b = 1.8 \times 10^{-5}$，当 $c(NH_3)$ 不很低时，可用 HCl 来滴定（甲基橙为指示剂）。而 NH_4^+ 的 $K_a = 5.6 \times 10^{-10}$，不能被直接滴定。可采用的方法为：在溶液中加入过量的浓碱。加热使 NH_3 放出，以标准酸吸收。然后用标准碱溶液滴定酸吸收液，测出 NH_4^+ 的总量。

（2）$H_2BO_3^-$ 有很强的碱性，可用 HCl 直接滴至甲基橙变色来测定。NH_4^+ 仍可用（1）中的方法来测定。

（3）HAc 的 $K_a = 1.8 \times 10^{-5}$，H_3BO_3 的 $K_a = 6.3 \times 10^{-10}$。HAc 可直接用标准碱滴定至溴百里酚蓝变色而测定（H_3BO_3 极弱，不会干扰）。然后加甘油，再用标准碱滴定，测出 H_3BO_3 的量。

（4）用标准 HCl 滴至酚酞变无色，此时 NaOH 全部反应，Na_2CO_3 也反应为 $NaHCO_3$。然后继续滴至甲基橙变色。由消耗的标准 HCl 的体积 V_1 和 V_2，可算出各组分的量。

（5）方法同上。用标准 HCl 滴至酚酞无色（所用标准酸为 V_1），再滴至甲基橙变色（所用标准酸为 V_2）。用 V_1 和 V_2 可算出各组分的量。

（6）H_3PO_4 的 $K_{a_1} = 7.5 \times 10^{-3}$，$K_{a_2} = 6.2 \times 10^{-8}$，$K_{a_3} = 2.2 \times 10^{-13}$。$NaH_2PO_4$ 和 Na_2HPO_4 不宜用碱直接滴定，但 Na_2HPO_4 可用酸来滴定。可用一份溶液，用酸滴至甲基橙变红（测出 Na_2HPO_4 的量）。另取一份溶液，用加钼酸铵的方法，测出 PO_4^{3-} 的总量，这样可算出各组分的量。

12. 称取含有惰性杂质的混合碱样 0.3010g，以酚酞为指示剂时到达滴定终点消耗 $0.1060mol \cdot L^{-1}$ HCl 标准溶液 20.10mL，加入甲基橙后继续滴定又消耗 HCl 标准溶液 27.60mL。问试样中有哪些组分？各组分的质量分数分别为多少？

答：对双指示剂法测混合碱，据 V_1 与 V_2 相对大小，可判断混合碱组成为：Na_2CO_3 与 $NaHCO_3$。滴至酚酞变色：$Na_2CO_3 + HCl = NaCl + NaHCO_3$。

$n(Na_2CO_3) = c_{酸} \cdot V_{酸} = 0.106 \times 20.10 \times 10^{-3} = 2.131 \times 10^{-3} mol \cdot L^{-1}$

滴至甲基橙变色：$NaHCO_3 + HCl = NaCl + H_2O + CO_2$。

$n(总 NaHCO_3) = 0.106 \times 27.60 \times 10^{-3} = 2.926 \times 10^{-3} mol \cdot L^{-1}$

$n(始 NaHCO_3) = 2.926 \times 10^{-3} - 2.131 \times 10^{-3} = 0.795 \times 10^{-3} mol \cdot L^{-1}$

$Na_2CO_3(质量分数) = 2.131 \times 10^{-3} \times 106.0 / 0.3010 = 75.03\%$

$NaHCO_3$(质量分数) $=7.95\times10^{-4}\times84.01/0.3010=22.19\%$。

13. 称取含有 NaOH 和 Na_2CO_3 的试样 0.7225g，溶解后稀释至 100.0mL。取 20.00mL 以甲基橙为指示剂用 0.1135mol·L^{-1} HCl 标准溶液 26.12mL 滴至终点。另取一份 20.00mL 的试样，加入过量的 $BaCl_2$ 溶液，以酚酞为指示剂用 HCl 标准溶液 20.27mL 滴至终点。计算试样中 NaOH 和 Na_2CO_3 的质量分数。

答：用 $BaCl_2$ 法测混合碱时：

$$w(Na_2CO_3)=\frac{c(HCl)(V_1-V_2)\times M(Na_2CO_3)}{2\times1000\times m}$$

$$=\frac{0.1135\times(26.12-20.27)\times105.99\times5}{2\times1000\times0.7225}=24.35\%$$

$$w(NaHCO_3)=\frac{c(HCl)V_1\times M(NaHCO_3)}{1000\times m}$$

$$=\frac{0.1135\times20.27\times40.00\times5}{1000\times0.7225}=63.69\%$$

14. 称取某一含 Na_2HPO_4 的 Na_3PO_3 试样 1.010g，溶解后以酚酞为指示剂用 0.3000mol·L^{-1} HCl 标准溶液 18.02mL 滴至终点，再加入甲基橙为指示剂继续滴定至终点又消耗 HCl 标准溶液 19.50mL。求试样中 Na_3PO_3 和 Na_2HPO_4 的质量分数。

答：据题意：

$$w(Na_3PO_4)=\frac{c(HCl)V_1\times M(Na_3PO_4)}{1000\times m}$$

$$=\frac{0.3000\times18.02\times163.9}{1000\times1.010}=87.75\%$$

$$w(Na_2HPO_4)=\frac{c(HCl)(V_1-V_2)\times M(Na_2HPO_4)}{1000\times m}$$

$$=\frac{0.3000\times(19.50-18.02)\times141.96}{1000\times1.010}=6.24\%$$

15. 一元弱酸溶液的 $c_0(HB)/K_a^{\ominus}=500$ 时，采用最简式代替近似式计算 $c(H^+)$ 时引入的相对误差是多少?

答：可忽略水的离解，按近似式计算 $c(H^+)=\dfrac{-K_a+\sqrt{K_a^2+4K_ac}}{2}$。

代入 $c=500K_a$，解得 $c(H^+)=21.87K_a$。

按最简式 $c(H^+)=\sqrt{cK_a}$，代入 $c=500K_a$，解得 $c(H^+)=22.36K_a$。

相对误差 $RE=(22.36-21.87)/21.87=+2.2\%$。

16. 由下列情况引起的误差是系统误差还是随机误差?

（1）使用有缺损的砝码；

（2）称量时样品吸收了空气中的水分；

（3）天平零点稍有变动；

（4）读取滴定管读数时，最后一位数字几次读数不一致；

（5）试剂中含有微量杂质；

（6）重量法测定 SiO_2 时，试样中硅酸沉淀不完全。

答：（1）、（5）、（6）为系统误差；（2）、（3）、（4）为随机误差。

17. 测定某样品中的含氮量，6 次平行测定的结果（质量分数）如下：

20.48；20.55；20.58；20.60；20.53；20.50。

试计算 6 次平行测定的平均偏差、标准偏差、变异系数及平均值的标准偏差。

答：算术平均值 =(20.48 +20.55 +20.58 +20.60 +20.53 +20.50)/6 =20.54。

平均偏差 = (|20.48 − 20.54| + |20.55 − 20.54| + |20.58 − 20.54| + |20.60 − 20.54| + |20.53 −20.54| + |20.50 −20.54|)/6 =0.037。

标准偏差 $S=[(20.48-20.54)^2+(20.55-20.54)^2+(20.58-20.54)^2+(20.60-20.54)^2+(20.53-20.54)^2+(20.50-20.54)^2]^{1/2}/(6-1)=0.046$。

变异系数 = 标准偏差/算术平均值 =0.046/20.54 =0.22%。

平均值的标准偏差 $=\sqrt{\frac{\text{标准偏差}}{\text{样本数}}}=\sqrt{\frac{0.046}{6}}=0.019$。

三、自测习题

（一）选择题

1. 一定浓度的 HAc 在下列溶剂中电离程度最大的是（　）。

A. H_2O　　B. 液 NH_3　　C. 液态 HF　　D. 纯 H_2SO_4

2. pH =6 的溶液酸度是 pH =3 的溶液酸度的（　）倍。

A. 3　　B. 1/3　　C. 300　　D. 1/1000

3. 295K 时，水的 K_w 是 1.0×10^{-14}。313K 时，K_w 是 3.8×10^{-14}。此时，$c(H_3O^+)=1.0\times10^{-7}$的水溶液是（　）。

A. 酸性　　B. 中性　　C. 碱性　　D. 缓冲溶液

4. 一般成年人胃液的 pH 值是 1.4，正常婴儿胃液的 pH 值为 5.0，问成人胃液中 $c(H^+)$ 与婴儿胃液中 $c(H^+)$之比是（　）。

A. 0.28　　B. 1.4∶5.0　　C. 4.0×10　　D. 3980

5. 下列溶液中不能组成缓冲溶液的是（　）。

A. NH_3 和 NH_4Cl　　B. $H_2PO_4^-$ 和 HPO_4^{2-}

C. 氨水和过量的 HCl　　D. HCl 和过量的氨水

6. 下列几组溶液具有缓冲作用的是（　）。

A. H_2O-NaAc　　B. HCl-NaCl　　C. NaOH-Na_2SO_4　　D. $NaHCO_3$-Na_2CO_3

7. 在氨水中加入少量固体 NH_4Ac 后，溶液的 pH 值将（　）。

A. 增大　　B. 减小　　C. 不变　　D. 无法判断

8. 关于 Na_2CO_3 的水解，下列说法错误的是（　）。

A. Na_2CO_3 水解，溶液显碱性

B. 加热溶液使 Na_2CO_3 水解度增大

C. Na_2CO_3 的一级水解比二级水解程度大

D. Na_2CO_3 水解溶液显碱性，是因为 NaOH 是强碱

9. 配制 $SbCl_3$ 水溶液的正确方法应该是（ ）。

A. 先把 $SbCl_3$ 固体加入水中，再加热溶解

B. 先在水中加入足量 HNO_3，再加入 $SbCl_3$ 固体溶解

C. 先在水中加入适量的 HCl，再加入 $SbCl_3$ 固体搅拌，溶解

D. 先把 $SbCl_3$ 加入水中，再加 HCl 溶解

10. 按溶液酸性依次增强的顺序，下列排列正确的是（ ）。

A. $NaHSO_4$，NH_4Ac，NaAc，KCN　　B. NH_4Ac，KCN，$NaHSO_4$，NaAc

C. KCN，NaAc，NH_4Ac，$NaHSO_4$　　D. NaAc，$NaHSO_4$，KCN，NH_4Ac

11. 室温下饱和 H_2S 溶液的浓度约为 0.10mol · L^{-1}，H_2S 和 HS^- 的 K_a 分别为 1×10^{-7} 和 1×10^{-14}，此时该溶液中 $c(S^{2-})$(mol · L^{-1})是（ ）。

A. 7.5×10^{-5}　　B. 5.7×10^{-9}　　C. 5.7×10^{-8}　　D. 1×10^{-14}

12. 已知在室温时，乙酸的电离度约为 2.0%，其 $K_a=1.75\times10^{-5}$，该乙酸的浓度(mol · L^{-1})是（ ）。

A. 4.0　　B. 0.044　　C. 0.44　　D. 0.005

13. 把 0.2mol · L^{-1}的 NH_4Ac 溶液稀释一倍或加热，NH_4Ac 的水解度将（ ）。

A. 增大　　B. 减小

C. 稀释时增大，加热时减小　　D. 稀释时减小，加热时增大

14. 在 0.1mol · L^{-1} NaH_2PO_4 溶液中离子浓度由大到小的顺序是（ ）。

A. Na^+，H_3PO_4，$H_2PO_4^-$，HPO_4^{2-}，PO_4^{3-}

B. Na^+，$H_2PO_4^-$，HPO_4^{2-}，H_3PO_4，PO_4^{3-}

C. Na^+，$H_2PO_4^-$，HPO_4^{2-}，PO_4^{3-}，H_3PO_4

D. Na^+，HPO_4^{2-}，PO_4^{3-}，$H_2PO_4^-$，H_3PO_4

15. 用相同浓度的 NaOH 溶液来中和等摩尔的 CH_3COOH 与 HCl，所消耗 NaOH 溶液的体积关系是（ ）。

A. HCl 比 CH_3COOH 多　　B. CH_3COOH 比 HCl 多

C. CH_3COOH 与 HCl 相等　　D. 不可比

16. 下列几种物质的水溶液，不能电离的是（ ）。

A. KOH　　B. HNO_3　　C. CCl_4　　D. $KClO_3$

17. 对于缓冲能力较大的缓冲溶液，它们的 pH 值主要是由下列哪一个因素决定的（ ）。

A. 共轭对之间的电离常数　　B. 共轭对双方的浓度比率

C. 溶液的温度　　D. 溶液的总浓度

18. SO_2，CO_2 均为 0.03mol · L^{-1}的水溶液（设全转为酸）中，各物质的浓度由大到小的顺序为（ ）。

A. H_2CO_3，H_2SO_3，H^+，HSO_3^-，HCO_3^-，SO_3^{2-}，CO_3^{2-}

B. H_2CO_3，H_2SO_3，H^+，HSO_3^-，HCO_3^-，CO_3^{2-}，SO_3^{2-}

C. H_2SO_3，H_2CO_3，H^+，HCO_3^-，HSO_3^-，CO_3^{2-}，SO_3^{2-}

D. H_2SO_3，H_2CO_3，H^+，HCO_3^-，HSO_3^-，SO_3^{2-}，CO_3^{2-}

19. 有一弱酸 HR，在 0.1mol·L^{-1}的溶液中有 2% 电离，试确定该酸在 0.05mol·L^{-1}溶液中的电离度为（　）。

A. 4.1%　　B. 4%　　C. 2.8%　　D. 3.1%

20. 配制一定体积的 pH＝3.20 的缓冲溶液，下列体系中最合适的是（　）。（$K_a(HCOOH)=1.77\times10^{-4}$，$K_a(HAc)=1.76\times10^{-5}$，$K_a(H_3BO_3)=7.3\times10^{-10}$，$K_b((CH_2)_6N_4)=1.4\times10^{-9}$）

A. HCOOH/HCOONa　　B. HAc/NaAc

C. $(CH_2)_6N_4/(CH_2)_6N_4\cdot HCl$　　D. H_3BO_3/NaH_2BO_3

21. 下列溶液中，pH 最小的是（　）。

A. 0.01mol·L^{-1}的 HCl　　B. 0.01mol·L^{-1}的 H_2SO_4

C. 0.01mol·L^{-1}的 HAc　　D. 0.01mol·L^{-1}的 $H_2C_2O_4$

22. 0.25mol·L^{-1}的 HF 溶液中 $c(H^+)$为（　）。

A. $[-K_a+(K_a^2+K_a)^{1/2}]/2$mol·$L^{-1}$　　B. $(0.25/K_a)^{1/2}$mol·L^{-1}

C. $0.25K_a$mol·L^{-1}　　D. $(0.25K_a)^{1/2}$mol·L^{-1}

23. 将 pH＝5.00 的酸与 pH＝13.00 的碱溶液等体积混合，则混合溶液的 pH 值为（　）。

A. 9.00　　B. 8.00　　C. 12.70　　D. 5.00

24. 下列溶液的浓度均为 0.10mol·L^{-1}，其中 $c(H^+)$最大的是（　）。

A. NaAc　　B. Na_2CO_3　　C. Na_2S　　D. Na_3PO_4

25. 向 1.0L 的 0.10mol·L^{-1}的 HAc 溶液中加入 1.0mL 0.01mol·L^{-1}的 HCl 溶液，则使（　）。

A. HAc 解离度减小　　B. 溶液的 pH 值仍为 2.88

C. K_a(HAc)减小　　D. 溶液的 pH 值为 2.63

26. 在 1.0L 的 H_2S 饱和溶液中，加入 0.10mol·L^{-1}的 HCl，则下列判断正确的是（　）。

A. $c(S^{2-})\approx K_{a_2}(H_2S)$

B. $c(Cl^-)\neq1.0\times10^{-6}$

C. $c(H^+)=2c(S^{2-})$

D. $c(H^+)=\{[K_{a_1}(H_2S)\cdot K_{a_2}(H_2S)\cdot c(H_2S)]/c(S^{2-})\}^{1/2}$

27. 下列溶液中，pH 值最大的是（　）。

A. 0.10mol·L^{-1}的 NaH_2PO_4　　B. 0.10mol·L^{-1}的 Na_2HPO_4

C. 0.10mol·L^{-1}的 $NaHCO_3$　　D. 0.10mol·L^{-1}的 NaAc

28. 下列溶液中，pH 值约等于 7.0 的是（　）。

A. HCOONa　　B. NaCl　　C. NH_4Ac　　D. $(NH_4)_2SO_4$

29. 在下列各盐的水溶液中水解不生成沉淀的是（　）。

A. $SnCl_2$　　B. $SbCl_3$　　C. $Bi(NO_3)_3$　　D. $NaNO_2$

30. 欲配制 pH＝9.00 的缓冲溶液，最好应该选用（　）。

A. $NaHCO_3$-Na_2CO_3　　B. NaH_2PO_4-Na_2HPO_4

C. HAc-NaAc　　D. NH_3-NH_4Cl

31. 滴定分析中，一般利用指示剂颜色的突变来判断等当点的到达，在指示剂变色时停止滴定，这一点称为（　）。

A. 等当点　B. 化学反应终点　C. 滴定误差计量点　D. 滴定终点

32. 某溶液滴加甲基橙变为黄色，若加入甲基红变为红色，该溶液的 pH 值与下列数字相接近的是（　）。

A. 7　B. 4　C. 1　D. 12

33. 双指示剂法测定混合碱，以下列哪种指示剂为宜（　）。

A. 酚酞/百里酚酞　B. 酚酞/甲基红

C. 甲基红/甲基橙　D. 酚酞/甲基橙

34. 标准缓冲溶液是用于（　）。

A. 保持溶液 pH 值的　B. 校正溶液中离子强度的

C. 测定溶液酸度前，校正酸度计的　D. 理论计算的准确值

35. 酸碱指示剂的理论变色点 pH，应是指示剂的（　）。

A. 酸色浓度大于碱色浓度　B. 酸色浓度等于碱色浓度

C. 酸色浓度小于碱色浓度　D. 都不是

36. 溶液中各型体的分布曲线是指（　）。

A. pH-V 曲线　B. δ-pH 曲线

C. M-V 曲线　D. 正态分布曲线

37. 用 HCl 标准溶液滴定 Na_2CO_3 溶液的第一、第二化学计量点可分别选用的指示剂为（　）。

A. 甲基红和甲基橙　B. 酚酞和甲基橙

C. 甲基橙和酚酞　D. 酚酞和甲基红

38. 用 0.10mol · L^{-1} NaOH 标准溶液滴定 0.10mol · L^{-1} 甲酸 HCOOH（$pK_a = 3.75$），应选用指示剂（　）。

A. 酚酞（$pK_a = 9.1$）　B. 中性红（$pK_a = 7.4$）

C. 甲基橙（$pK_a = 3.4$）　D. 溴甲酚橙（$pK_a = 4.9$）

39. 某酸碱指示剂 HIn 的 $K(\text{HIn}) = 10^{-4}$，则指示剂的理论变色范围（　）。

A. pH = 4　B. pH = 2 ~ 4　C. pH = 3 ~ 5　D. pH = 4 ~ 6

40. 某试样经 5 次测定，所得结果的平均值为 35.5%，若真实值为 36.0%，则 35.5% − 36.0% = −0.5% 为（　）。

A. 相对误差　B. 绝对误差

C. 相对偏差　D. 绝对偏差

41. 按 Q 检验法（$n = 4$ 时，$Q_{0.9} = 0.76$）哪个数值是可疑值（　）。

A. 3.03　B. 3.04　C. 3.05　D. 3.13

42. 在定量分析结果的一般表示方法中，通常要求相对标准偏差（　）。

A. ≤2%　B. ≤0.02%　C. ≤0.2%　D. ≥0.2%

43. 下列情况中可引起偶然误差的是（　）。

A. 定时室内温度发生较显著的变化　B. 容量瓶未经校正

C. 砝码腐蚀　　　　　　　　　　　　D. 实验者终点颜色判别偏深

44. 用含有水分的 Na_2CO_3 标定 HCl 溶液浓度，将使结果（　）。

A. 偏高　　　　　　　　　　　　　　B. 偏低

C. 无影响　　　　　　　　　　　　　D. 符合误差要求

（二）填空题

1. 在0.10mol·L^{-1}的HAc($K_a = 1.75\times10^{-5}$)溶液中，H^+浓度为＿＿＿＿＿mol·L^{-1}；
在0.10mol·L^{-1}的H_2SO_4($K_{a_2} = 1.0\times10^{-2}$)溶液中，$H^+$浓度为＿＿＿＿＿mol·L^{-1}；
在含有0.10mol·L^{-1}的HAc和0.10mol·L^{-1}的HCl溶液中，H^+浓度为＿＿＿＿＿mol·L^{-1}；
在0.10mol·L^{-1}的H_2S($K_{a_1} = 5.7\times10^{-8}$，$K_{a_2} = 1.2\times10^{-15}$)溶液中，$H^+$浓度为＿＿＿＿＿mol·L^{-1}；
在0.10mol·L^{-1}的NH_4Cl($K_b(NH_3) = 1.8\times10^{-5}$)溶液中，$H^+$浓度为＿＿＿＿＿mol·L^{-1}；
在0.10mol·L^{-1}的NH_3溶液中，H^+浓度为＿＿＿＿＿mol·L^{-1}；
在0.10mol·L^{-1}的NaAc溶液中，H^+浓度为＿＿＿＿＿mol·L^{-1}；
在0.10mol·L^{-1}的Na_2CO_3($H_2CO_3 K_{a_1} = 4.2\times10^{-7}, K_{a_2} = 5.6\times10^{-11}$)溶液中，$H^+$浓度为＿＿＿＿＿mol·L^{-1}；
在0.10mol·L^{-1}的NaH_2PO_4溶液中，H^+浓度为＿＿＿＿＿mol·L^{-1}；
在含有0.10mol·L^{-1}的HAc和0.50mol·L^{-1}的NaAc溶液中，H^+浓度为＿＿＿＿＿mol·L^{-1}；
在含有0.10mol·L^{-1}的Na_2CO_3和0.50mol·L^{-1}的$NaHCO_3$溶液中，H^+浓度为＿＿＿＿＿mol·L^{-1}；
使0.10mol·L^{-1}的Na_2CO_3溶液与0.15mol·L^{-1}的HCl溶液等体积反应，所得溶液为＿＿＿＿＿溶液，溶液中H^+浓度为＿＿＿＿＿mol·L^{-1}。

2. 在0.10mol·L^{-1}的HAc溶液中，浓度最大的物种是＿＿＿＿＿，浓度最小的物种是＿＿＿＿＿。加入少量的NH_4Ac(s)后，HAc的解离度将＿＿＿＿＿，溶液的离子强度将＿＿＿＿＿。

3. 在298K时，0.01mol·L^{-1}的某一元弱酸的pH值为4.00，则该酸的解离常数为＿＿＿＿＿。当把该酸溶液稀释后，其pH值将变＿＿＿＿＿，解离度α将变＿＿＿＿＿，其K_a＿＿＿＿＿。

4. 在相同体积、相同浓度的HAc(aq)和HCl(aq)中，所含的$c(H^+)$＿＿＿＿＿；若用相同浓度的NaOH溶液去完全中和这两种酸时，所消耗的NaOH溶液的体积＿＿＿＿＿，恰好中和时两溶液的pH值＿＿＿＿＿，前者的pH值比后者的pH值＿＿＿＿＿。

5. 在25℃时，水的$K_w = 1.0\times10^{-14}$，在100℃时，$K_w = 5.5\times10^{-13}$。在25℃时，HAc的$K_a(HAc) = 1.75\times10^{-5}$，并且$K_a(HAc)$随温度的变化基本保持不变。则在25℃时，$K_b(Ac^-)$ = ＿＿＿＿＿；在100℃时，$K_b(Ac^-)$ = ＿＿＿＿＿，前者是后者的＿＿＿＿＿倍。

6. 在0.10mol·L^{-1}的Na_2CO_3溶液中的物种有＿＿＿＿＿；该溶液的pH＿＿＿＿＿7，$c(Na^+)$＿＿＿＿＿$c(CO_3^{2-})$，$c(CO_3^{2-})$约为＿＿＿＿＿mol·L^{-1}。

7. 向 0.10mol · L^{-1}的 NaAc 溶液中加入 1 滴酚酞试液时，溶液呈__________色；当把溶液加热至沸腾时，溶液的颜色将__________，这是因为__________。

8. 若将 HAc 溶液与 NaOH 等体积混合，欲使混合溶液的 pH 值为 4.05，混合后盐和酸的浓度比近似为__________，当将该溶液稀释两倍后，其 pH 值__________。将该缓冲溶液中 c(HAc)和 c(NaAc)同时增加相同倍数时，其缓冲能力要__________。

9. 硼酸在水中的解离反应是 $H_3BO_3 + H_2O = B(OH)_4^- + H^+$，$H_3BO_3$ 是路易斯__________；硼砂与水反应的方程式是 $B_4O_7^{2-} + 7H_2O = 3H_3BO_3 + 2B(OH)_4^-$（硼酸 H_3BO_3 的 $K_a = 5.8 \times 10^{-14}$），硼砂溶液是一缓冲溶液，其 pH 值为__________。

10. 已知下列各种弱酸的 K_a 值，比较它们共轭碱的相对强弱顺序：____________________。（已知 $K_a(HCN) = 6.2 \times 10^{-10}$，$K_a(HCOOH) = 1.8 \times 10^{-4}$；$K_a$(苯酚) $= 1.1 \times 10^{-10}$，K_a(苯甲酸) $= 6.2 \times 10^{-5}$）

11. 0.1mol · L^{-1}柠檬酸__________（能，不能）准确滴定；__________（能，不能）分步滴定。

12. 使用有缺损的砝码是__________误差；天平零点稍有变动是__________误差；试剂中含微量杂质是__________误差；加热样品时待测物外溅损失是__________误差。（请用系统、随机或过失表示）

13. 以 0.1mol · L^{-1} NaOH 滴定同浓度的盐酸溶液，已知滴定的化学计量点 $pH^{sp} = 7.0$，常用酸碱指示剂__________，滴定误差最小。

14. 酸碱质子理论中，所有物质分为酸、碱和两性物质。其中 NH_4Cl 为__________；NaAc 为__________；NH_4Ac 为__________；NH_4Cl 的__________性，可以__________值来表示；NaAc 的__________性，可以__________值来表示；NH_4Ac 的酸碱性，可以比较__________来比较它们的酸碱性。（$K_a(HAc) = 1.8 \times 10^{-5}$，$K_b(NH_3) = 1.8 \times 10^{-5}$）

15. 酸碱缓冲溶液的缓冲范围______________。HAc-NaAc 溶液的缓冲范围______________；NH_3-NH_4Cl 溶液的缓冲范围______________。

16. 测定某样品中的含氮量，6 次平行测定的结果（质量分数）如下：20.48，20.55，20.58，20.60，20.53，20.50。试计算 6 次平行测定的平均值，平均偏差，相对平均偏差，标准偏差以及变异系数____________________________。

17. pH = 4.75 时，0.10mol · L^{-1} HAc/NaAc 缓冲溶液的组成为______________。其中各型体的浓度为____________________________。

18. 有浓 H_3PO_4 2.000g，用水稀释定容至 250mL。取 25.00mL，以 0.1000mol · L^{-1} NaOH 溶液 20.40mL 滴定（用甲基红作指示剂），则 H_3PO_4 质量分数为__________。

19. 酸碱指示剂是一种借助自身颜色变化来指示溶液 pH 值的化学物质，它一般是复杂的有机分子，并且都是__________或__________。

20. 有一碱液，可能是 NaOH 或 Na_2CO_3 或 $NaHCO_3$ 或它们的混合物，若用盐酸标准溶液滴定到酚酞终点时，消耗酸 V_1mL，继续以甲基橙为指示剂滴至终点，又消耗 V_2 mL，由 V_1 和 V_2 的关系判断碱液的组成：当 $V_1 > V_2 > 0$，该碱液为__________，当 $V_1 = V_2$ 时，该碱液为__________。

（三）问答题

1. pH 值大于 7 的溶液一定是碱的溶液吗？为什么？
2. 溶液的酸碱性强弱能否说明酸物质的强弱？举例说明。
3. 怎样配制一定 pH(pOH) 值的缓冲溶液？
4. 在同一多元弱酸的电离平衡中，为什么第一步电离度最大，最后一步电离度最小？
5. 在溶液导电性试验中，若用 HAc 和 $NH_3 \cdot H_2O$ 作电解质溶液灯泡亮度很差，而两溶液混合后，则灯泡亮度增强，其原因是什么？
6. NaOH 标准溶液吸收了空气中的 CO_2，当用于滴定（1）强酸；（2）弱酸时，对滴定的准确度有何影响？
7. 标定 HCl 溶液时，若采用（1）部分风化的 $Na_2B_4O_7 \cdot 10H_2O$；（2）部分吸湿的 Na_2CO_3；（3）在 110℃烘过的 Na_2CO_3，则标定所得的浓度偏低、偏高，还是准确？为什么？
8. 有人试图用酸碱滴定法来测定 NaAc 的含量，先加入一定量过量的标准盐酸溶液，然后用 NaOH 标准溶液返滴过量的盐酸，上述操作是否正确？为什么？($pK_a(HAc)=4.74$)

（四）计算题

1. 称取粗铵盐 1.000g，加过量 NaOH 溶液，加热，逸出的氨吸收于 56.00mL 0.2500 $mol \cdot L^{-1}$ 硫酸中，过量的酸用 0.2500$mol \cdot L^{-1}$ NaOH 回滴，消耗碱 1.56mL。计算试样中 NH_3 的质量分数。
2. 称取 $CaCO_3$ 0.5000g，溶于 50.00mL HCl 中，多余的酸用 NaOH 溶液回滴，耗碱 6.20mL。1.00mL NaOH 溶液相当于 1.01mL HCl 溶液。求这两种溶液的浓度。
3. 在 0.2815g 含 $CaCO_3$ 及中性杂质的石灰石里加入 HCl 溶液（0.1175$mol \cdot L^{-1}$）20.00mL，滴定过量的酸消耗 5.60mL NaOH 溶液，1mL NaOH 溶液相当于 0.975mL HCl，计算石灰石的纯度及 CO_2 的质量分数。
4. 取 0.4g 硼砂溶于 50.00mL 水中，以 0.1000$mol \cdot L^{-1}$ HCl 滴定，消耗 HCl 20.05mL，求此硼砂的纯度。
5. 标定浓度约为 0.1$mol \cdot L^{-1}$ 的 NaOH，欲消耗 NaOH 溶液 20mL 左右，应称取基准物质 $H_2C_2O_4 \cdot 2H_2O$ 多少克？其称量的相对误差能否达到 0.1%？若不能，可用什么方法予以改善？
6. 计算用 0.1000$mol \cdot L^{-1}$ NaOH 滴定 0.1000$mol \cdot L^{-1}$ HCOOH 至化学计量点时溶液的 pH，并说明应选择何种指示剂？HCOOH 的 $K_a = 1.8 \times 10^{-4}$。
7. 测定某样品中的含氮量时，6 次平行测定的结果（质量分数）如下：
   20.48；20.55；20.58；20.60；20.53；20.50。
   试计算 6 次平行测定的平均偏差、标准偏差和变异系数（也称相对标准偏差）。

四、自测习题答案

（一）选择题

1. B；2. D；3. C；4. D；5. C；6. D；7. B；8. D；9. C；10. C；11. D；12. B；13. A；14. B；

15. C；16. C；17. A；18. A；19. C；20. A；21. B；22. D；23. C；24. A；25. AB；26. D；27. B；28. BC；29. D；30. D；31. D；32. B；33. D；34. C；35. B；36. B；37. B；38. B；39. C；40. B；41. D；42. C；43. A；44. A。

（二）填空题

1. 1.32×10^{-3}，0.1，0.1，7.5×10^{-5}，7.5×10^{-6}，7.5×10^{-12}，1.3×10^{-9}，2.4×10^{-12}。7.9×10^{-4}，3.5×10^{-6}，2.8×10^{-10}，$NaHCO_3$-H_2CO_3，4.2×10^{-7}。
2. HAc，OH^-，减小，增大。
3. 1×10^{-6}，大，大，不变。
4. 不同，相同，不同，大。
5. 5.7×10^{-10}，3.1×10^{-8}，0.018。
6. CO_3^{2-}、HCO_3^-、H_2CO_3、Na^+、H^-、OH^-，>，>，0.1。
7. 红，变深，升温有利于水解。
8. 0.20，不变，增强。
9. 酸，13.2。
10. $C_6H_5O^- > CN^- > C_6H_5COO^- > HCOO^-$。
11. 能，不能。
12. 系统，随机，系统，过失。
13. 酚酞。
14. 酸，碱，两性，酸，K_a，碱，K_b，K_a 与 K_b 大小。
15. $pK_a\pm1$，3.74～5.74，8.26～10.26。
16. 平均值＝20.54，平均偏差＝0.037，相对平均偏差＝0.18%，$S=0.046$，变异系数＝0.22%。
17. $c(HAc):c(Ac^-)=1:1$，$c(HAc)=0.05mol\cdot L^{-1}$、$c(Ac^-)=0.05mol\cdot L^{-1}$、$c(H^+)=1.8\times10^{-5}mol\cdot L^{-1}$、$c(OH^-)=5.6\times10^{-10}mol\cdot L^{-1}$。
18. 99.96%。
19. 弱酸，弱碱。
20. $NaOH+Na_2CO_3$，Na_2CO_3。

（三）问答题

1. **答：** 不一定是。pH＞7 只能表明该溶液中 $c(OH^-)>c(H^+)$，溶液显碱性。使水溶液呈碱性的溶质，可能是碱也可能是盐（弱酸强碱盐）。
2. **答：** 不能。溶液酸碱性强弱与酸物质的强弱是两个不同的概念。盐酸是一种强酸，但它组成的酸溶液不一定呈强酸性，如很稀的盐酸（$10^{-4}mol\cdot L^{-1}$），其溶液呈弱酸性。
3. **答：** 选择 pK 与 pH(pOH)相近的弱酸（弱碱）及其盐组成溶液。调整浓度比，使 $pH=pK_a$ 或 $pOH=pK_b$。
4. **答：** 各步的电离是相互联系的，在每一步的电离中，都有共同的 H^+ 存在而产生同离子效应，抑制下一步电离。

因为离子进一步电离需更大的能量才能克服电荷的引力，电荷引力越大，电离越困难，因而最后一步电离度最小。

5. **答：** HAc 和 $NH_3 \cdot H_2O$ 是弱电解质，其电离度很小，因此灯泡亮度很差。而将两溶液混合后，生成易电离的强电解质 NH_4Ac，因此灯泡亮度增强。

6. **答：**（1）强酸：吸收 CO_2 后，2mol NaOH 生成 1mol Na_2CO_3。滴定强酸时，若以甲基橙为指示剂，终点 pH≈4，生成 H_2CO_3，消耗 2mol HCl，即 2mol NaOH 与 CO_2 发生反应生成 1mol Na_2CO_3，仍然消耗 2mol HCl。在这种情况下，CO_2 的影响很小，可忽略不计。若以酚酞为指示剂，终点时，pH≈9，生成 $NaHCO_3$，滴定时 HCl：Na_2CO_3 为 1∶1，因此 1mol Na_2CO_3 只消耗了 1mol HCl，这时对结果有明显的影响。

（2）弱酸：滴定弱酸时，终点 pH＞7，此时只能选用酚酞为指示剂，Na_2CO_3 只反应至 $NaHCO_3$，所以消耗 HCl 的量减少，CO_2 的影响不能忽略。

7. **答：**（1）部分风化的 $Na_2B_4O_7 \cdot 10H_2O$：偏低。硼砂失水后，按公式 $c=\frac{m}{MV}$中，称一定 m，V(HCl)消耗多，故标定所得 c(HCl)浓度偏低。

（2）部分吸湿的 Na_2CO_3：偏高。吸湿的 Na_2CO_3（带少量水）$c=\frac{m}{MV}$中，称一定 m，V(HCl)消耗少，故标定所得 c(HCl)浓度偏高。

（3）在 110℃烘过的 Na_2CO_3：偏高。Na_2CO_3 作基准物时在 270～300℃加热干燥，以除去其中的水分与少量的 $NaHCO_3$。如在 110℃加热，只是除去水分，少量的 $NaHCO_3$ 还存在。由于 Na_2CO_3 与 HCl 反应计量数之比是 1∶2，而 $NaHCO_3$ 与 HCl 反应计量数之比是 1∶1。V(HCl)消耗少，故标定所得 c(HCl)浓度偏高。

8. **答：** 不正确。NaAc 的 $K_b=10^{-4}/10^{-4.74}=10^{-9.26}$，即使用 $1.0mol \cdot L^{-1}$ 的 NaAc，其 $cK_b<10^{-8}$，不能被准确滴定。

（四）计算题

1. **解：** 46.27%。
2. **解：** $c(HCl)=0.2286mol \cdot L^{-1}$，$c(NaOH)=0.2309mol \cdot L^{-1}$。
3. **解：** 碳酸钙的纯度为 30.34%，二氧化碳的质量分数为 13.35%。
4. **解：** 硼砂纯度为 95.4%。
5. **解：** 需称取 $H_2C_2O_4 \cdot 2H_2O$ 的质量为 0.13g，相对误差为 0.15%，大于 0.1%，不能用 $H_2C_2O_4 \cdot H_2O$ 标定 $0.1mol \cdot L^{-1}$ 的 NaOH，可以选用相对分子质量大的基准物进行标定。如 $KHC_8H_4O_4$（需称取 $KHC_8H_4O_4$ 的质量为 0.41g，相对误差为 0.049%）。
6. **解：** pH＝8.22，应选择酚酞指示剂。
7. **解：** 平均偏差为 20.54，标准偏差为 0.046，变异系数为 0.22%。

第九章　沉淀-溶解平衡和沉淀滴定

一、教学基本要求

1. 掌握溶度积常数的概念、溶度积规则和有关溶度积的计算。
2. 掌握三种重要的沉淀滴定法（莫尔法、佛尔哈得法、法扬司法）的基本原理，正确求算滴定分析结果。
3. 熟悉沉淀生成、溶解或转化的条件。

在本章的学习过程中，第一要掌握溶度积规则，并将其应用于沉淀滴定分析结果的处理中。第二要掌握三种重要的银量法，会用其进行银量分析。

二、习题分析与解答

1. 计算下列难溶化合物的溶解度。

（1）$BaSO_4$ 在 $0.10mol \cdot L^{-1}$ NaCl 溶液中；（2）$BaSO_4$ 在 $0.010mol \cdot L^{-1}$ BaCl 溶液中。

答：对溶解度与溶度积的计算，在无机化学和分析化学的范畴内，除非指明要考虑盐效应，否则无需考虑。

（1）设溶解度为 S，则 $K_{sp} = S^2$。$S = \sqrt{K_{sp}} = \sqrt{1.07 \times 10^{-10}} = 1.03 \times 10^{-5} mol \cdot L^{-1}$。

（2）设 $BaSO_4$ 溶解度为，则 $c(SO_4^{2-}) = S$，$c(Ba^{2+}) = S + 0.01$。$S \times (S + 0.01) = K_{sp} = 1.07 \times 10^{-10}$。

$S \ll 0.01$，可解 $S \times 0.01 = 1.07 \times 10^{-10}$，得 $S = 1.07 \times 10^{-8} mol \cdot L^{-1}$。

2. 计算下列难溶化合物的溶解度。

（1）ZnS 在纯水中（$pK_{sp}^{\ominus}(ZnS) = 21.7$，$pK_{s1}^{\ominus}(H_2S) = 6.88$，$pK_{s2}^{\ominus}(H_2S) = 14.15$）；

（2）CaF_2 在 pH = 2.0 的溶液中；

（3）$BaSO_4$ 在 $2.0mol \cdot L^{-1}$ HCl 溶液中；

（4）AgBr 在 $0.01mol \cdot L^{-1}$ NH_3 溶液中；

（5）CuS 在 pH = 0.5 的饱和 H_2S 溶液中（$c(H_2S) = 0.1mol \cdot L^{-1}$）。

答：（1）对 $ZnS = Zn^{2+} + S^{2-}$，通常不考虑 S^{2-} 与 H_2O 的反应：$S^{2-} + H_2O = HS^- + OH^-$。（在已知溶液的酸度，即 $c(H^+)$ 或 pH 值时，是要考虑上述反应，即酸效应的）

$$S = \sqrt{K_{sp}} = \sqrt{2.0 \times 10^{-22}} = 1.4 \times 10^{-11} mol \cdot L^{-1}$$

（2）在 $c(H^+) = 1.0 \times 10^{-2} mol \cdot L^{-1}$ 的溶液中，$c(Ca^{2+}) = S$，$c_0(F^-) = 2S = c(HF) + c(F^-)$。由 $K_a = c(H^+)c(F^-)/c(HF)$，有 $c(HF) = c(H^+)c(F^-)/K_a$。

这样上式变为$2S=\frac{c(H^+)c(F^-)}{K_a}+c(F^-)$，得$c(F^-)=\frac{2SK_a}{c(H^+)+K_a}$。

此式可用分布分数来求。

$c(Ca^{2+})c^2(F^-)=S\left(\frac{2SK_a}{c(H^+)+K_a}\right)^2=S^3\times\left(\frac{2\times3.5\times10^{-3}}{3.5\times10^{-3}+3.5\times10^{-3}}\right)^2=3.95\times10^{-11}$。

解得$S=5.3\times10^{-4}mol\cdot L^{-1}$。

（3）$c(H^+)=2.0mol\cdot L^{-1}$，$c(SO_4^{2-})+c(HSO_4^-)=S$，$c(Ba^{2+})=S$。

由$K_{a_2}=\frac{c(H^+)c(SO_4^{2-})}{c(HSO_4^-)}$，$c(SO_4^{2-})+\frac{c(H^+)c(SO_4^{2-})}{K_{a_2}}=S$，有$c(SO_4^{2-})=\frac{SK_{a_2}}{c(H^+)+K_{a_2}}$。

即$c(Ba^{2+})c(SO_4^{2-})=S\cdot\frac{SK_{a_2}}{c(H^+)+K_{a_2}}=1.1\times10^{-10}$。

解$\frac{S^2\times1.2\times10^{-2}}{2.0+1.2\times10^{-2}}=1.1\times10^{-10}$，得$S=1.3\times10^{-4}mol\cdot L^{-1}$。

（4）$AgBr+2NH_3=Ag(NH_3)_2^++Br^-$的$K=K_{sp}(AgBr)\cdot K_{稳}[Ag(NH_3)_2^+]=5.35\times10^{-13}\times1.12\times10^{-7}=6.0\times10^{-6}$。

平衡时$c(Ag(NH_3)_2^+)=Smol\cdot L^{-1}$，$c(Br^-)=S$，$c(NH_3)=0.01-2S$。

由$\frac{c(Ag(NH_3)_2^+)c(Br^-)}{c^2(NH_3)}=\frac{S\cdot S}{(0.01-2S)^2}=6.0\times10^{-6}$，解得$S=2.4\times10^{-5}mol\cdot L^{-1}$。

（5）pH=0.5，即$c(H^+)=0.32mol\cdot L^{-1}$。由$K_{a_1}\cdot K_{a_2}=\frac{c^2(H^+)c(S^{2-})}{c(H_2S)}=9.33\times10^{-22}$，

有$c(S^{2-})=\frac{K_{a_1}\cdot K_{a_2}\cdot c(H_2S)}{c^2(H^+)}=\frac{9.33\times10^{-22}\times0.1}{0.32^2}=9.1\times10^{-22}$。

溶解度$S=c(Cu^{2+})=K_{sp}/c(S^{2-})=8.0\times10^{-36}/(9.1\times10^{-22})=8.79\times10^{-15}mol\cdot L^{-1}$。

3. $MgNH_4PO_4$的饱和溶液中$c(H^+)=2.0\times10^{-10}mol\cdot L^{-1}$，$c(Mg^{2+})=5.6\times10^{-4}mol\cdot L^{-1}$，计算其溶度积。

答：平衡时$c(H^+)=2.0\times10^{-10}$。

$MgNH_4PO_4$溶解度$S=c(Mg^{2+})=c(PO_4^{3-})=5.6\times10^{-4}$。

对NH_4^+：$c_0(NH_4^+)=c(NH_4^+)+c(NH_3)$。

由分布分数有

$$c(NH_4^+)=\frac{c(NH_4^+)\cdot c(H^+)}{c(H^+)+K_a(NH_4^+)}=\frac{5.6\times10^{-4}\times2.0\times10^{-10}}{2.0\times10^{-10}+5.7\times10^{-10}}=1.5\times10^{-4}mol\cdot L^{-1}$$

对PO_4^{3-}，由分布分数有

$$c(PO_4^{3-})=\frac{c(PO_4^{3-})\cdot K_{a_1}\cdot K_{a_2}\cdot K_{a_3}}{K_{a_1}\cdot K_{a_2}\cdot K_{a_3}+K_{a_1}\cdot K_{a_2}\cdot c(H^+)+K_{a_1}\cdot c^2(H^+)+c^3(H^+)}$$

$c(PO_4^{3-})=5.6\times10^{-4}\times7.5\times10^{-3}\times6.2\times10^{-8}\times2.2\times10^{-13}/[7.5\times10^{-3}\times6.2\times10^{-8}\times2.2\times10^{-13}+7.5\times10^{-3}\times6.2\times10^{-8}\times2.0\times10^{-10}+7.5\times10^{-3}\times(2.0\times10^{-10})^2+(2.0\times10^{-10})^3]=6.1\times10^{-7}mol\cdot L^{-1}$。

$K_{sp}=c(Mg^{2+})c(NH_4^+)c(PO_4^{3-})=5.6\times10^{-4}\times1.5\times10^{-4}\times6.1\times10^{-7}=5.2\times10^{-14}$。

4. pH = 4 时，$C_2O_4^{2-}$ 的浓度为 0.01mol · L^{-1} 的溶液中，Ca^{2+} 是否能定量沉淀？

$c_0(C_2O_4^{2-}) = c(C_2O_4^{2-}) + c(HC_2O_4^-) + c(H_2C_2O_4)$。

答： 由分布分数有 $c(C_2O_4^{2-}) = c_0(C_2O_4^{2-}) \cdot K_{a_1} \cdot K_{a_2}/(K_{a_1} \cdot K_{a_2} + K_{a_1}c(H^+) + c^2(H^+)) = 0.01 \times 5.9 \times 10^{-2} \times 6.4 \times 10^{-5}/[5.9 \times 10^{-2} \times 6.4 \times 10^{-5} + 5.9 \times 10^{-2} \times 1.0 \times 10^{-4} + (1.0 \times 10^{-4})^2] = 3.9 \times 10^{-3}$ mol · L^{-1}。

查得 CaC_2O_4 的 $K_{sp} = 4.0 \times 10^{-9}$。

$c(Ca^{2+}) = K_{sp}/c(C_2O_4^{2-}) = 4.0 \times 10^{-9}/(3.9 \times 10^{-3}) = 1.0 \times 10^{-6}$ mol · $L^{-1} < 10^{-5}$。

即 Ca^{2+} 已沉淀完全，可定量沉淀。

5. 设溶液中 Cl^- 和 CrO_4^{2-} 的浓度均为 0.01mol · L^{-1}，当慢慢滴加 $AgNO_3$ 溶液时，问 AgCl 和 Ag_2CrO_4 哪个先沉淀出来？Ag_2CrO_4 沉淀时，溶液中 $c(Cl^-)$ 是多少？

答： 沉淀 Cl^- 所需 $c(Ag^+) = K_{sp}/c(Cl^-) = 1.8 \times 10^{-10}/0.01 = 1.8 \times 10^{-8}$ mol · L^{-1}。

沉淀 CrO_4^{2-} 所需 $c(Ag^+) = [K_{sp}/c(Cl^-)]^{1/2} = (2.0 \times 10^{-12}/0.01)^{1/2} = 1.4 \times 10^{-5}$ mol · L^{-1}。

Ag_2CrO_4 后沉淀，CrO_4^{2-} 开始沉淀时 $c(Ag^+) = 1.4 \times 10^{-5}$。

此时 $c(Cl^-) = K_{sp}/c(Ag^+) = 1.8 \times 10^{-10}/1.4 \times 10^{-5} = 1.3 \times 10^{-5}$ mol · L^{-1}。

6. 在 0.10mol · L^{-1} $ZnCl_2$ 溶液中通入 H_2S 至饱和，试计算为防止 ZnS 沉淀所需要的 $c(H_3O^+)$。

答： 沉淀 Zn^{2+} 所需 $c(S^{2-}) = K_{sp}/c(Zn^{2+}) = 2.0 \times 10^{-22}/0.1 = 2.0 \times 10^{-21}$ mol · L^{-1}。

由 $K_{a_1} \cdot K_{a_2} = c^2(H^+)c(S^{2-})/c(H_2S)$，即 $9.33 \times 10^{-22} = c^2(H^+) \times 2.0 \times 10^{-21}/0.1$。

可解得 $c(H^+) = 0.22$ mol · L^{-1}。

7. 有 0.5000g 的纯 KIO_x 试剂，将其还原为 I^- 后用 0.1000mol · L^{-1} $AgNO_3$ 溶液滴定消耗 23.36mL，求该试剂的化学式。

答： KIO_x 与 Ag^+ 物质的量比 = 1 : 1。

KIO_x 的摩尔质量 = $0.5000/(0.1000 \times 23.36 \times 10^{-3}) = 214.0$ g · mol^{-1}。

$(214.0 - 39.1 - 126.9)/16.0 = 3$。分子式为 KIO_3。

8. 纯 KCl 和 KBr 混合物 0.3074g 溶于水后用 0.1007mol · L^{-1} 的 $AgNO_3$ 标准溶液滴定，消耗了 39.98mL，计算 KCl 和 KBr 的质量分数。

答： 设 KCl 的质量分数为 X，则

$$\frac{0.3074X}{74.55} + \frac{0.3074(1-X)}{119.01} = 0.1007 \times 39.98 \times 10^{-3}$$

解得 $X = 6.30\%$。这样 KBr 的质量分数为 $1 - 6.30\% = 93.70\%$。

9. 溶解 0.5000g 不纯的 $SrCl_2$，其中除含 Cl^- 外，不含其他任何与 Ag^+ 产生沉淀的物质，溶解后加入纯 $AgNO_3$ 1.734g，过量的 $AgNO_3$ 用 0.2800mol · L^{-1} KSCN 标准溶液滴定，消耗了 25.50mL，试求试样中 $SrCl_2$ 的质量分数。

答： 试样中 $SrCl_2$ 的质量 $= \left(\frac{1.734}{169.88} - 0.2800 \times 25.50 \times 10^{-3}\right) \times \frac{158.52}{2} = 0.2431$ g

$w(SrCl_2) = (0.2431/0.5000) \times 100\% = 48.62\%$。

10. 称取含 KI 和 K_2CO_3 的样品 2.145g 用佛尔哈德法进行测定，加入 50.00mL 0.2429 mol · L^{-1} $AgNO_3$ 溶液后用 0.1212mol · L^{-1} KSCN 标准溶液返滴定，消耗 3.32mL，求样品中 KI 的质量分数。

答：$w(KI) = (0.2429 \times 50.00 \times 10^{-3} - 0.1212 \times 3.32 \times 10^{-3}) \times 166.0/2.145 = 90.88\%$。

三、自测习题

（一）选择题

1. 已知在 $Ca_3(PO_4)_3$ 的饱和溶液中，$c(Ca^{2+}) = 2.0 \times 10^{-6} mol \cdot L^{-1}$，$c(PO_4^{3-}) = 1.58 \times 10^{-6} mol \cdot L^{-1}$，则 $Ca_3(PO_4)_2$ 的 K_{sp} 为（　）。

   A. 2.0×10^{-29}　　B. 3.2×10^{-12}　　C. 6.3×10^{-18}　　D. 5.1×10^{-27}

2. 已知 $K_{sp}(CaF_2) = 5.3 \times 10^{-9}$，在 0.250L $0.10 mol \cdot L^{-1}$ 的 $Ca(NO_3)_2$ 溶液中能溶解 CaF_2（　）。

   A. 1.0×10^{-5}g　　B. 2.3×10^{-3}g　　C. 2.0×10^{-5}g　　D. 1.0×10^{-4}g

3. 已知在 CaF_2（$K_{sp} = 5.3 \times 10^{-9}$）与 $CaSO_4$（$K_{sp} = 9.1 \times 10^{-6}$）混合物的饱和溶液中，$c(F^-) = 1.8 \times 10^{-3}$，则 $CaSO_4$ 的溶解度为（　）。

   A. $3.0 \times 10^{-3} mol \cdot L^{-1}$　　B. $5.7 \times 10^{-3} mol \cdot L^{-1}$
   C. $1.6 \times 10^{-3} mol \cdot L^{-1}$　　D. $9.0 \times 10^{-4} mol \cdot L^{-1}$

4. 已知 $K_{sp}(Ag_2SO_4) = 1.4 \times 10^{-5}$，$K_{sp}(AgCl) = 1.8 \times 10^{-10}$，$K_{sp}(BaSO_4) = 1.1 \times 10^{-10}$。将等体积 $0.0020 mol \cdot L^{-1}$ 的 Ag_2SO_4 与 $2.0 \times 10^{-6} mol \cdot L^{-1}$ 的 $BaCl_2$ 溶液混合，将会出现（　）。

   A. $BaSO_4$ 沉淀　　B. AgCl 沉淀
   C. AgCl 与 $BaSO_4$ 共沉淀　　D. 无沉淀

5. 已知 Ag_3PO_4 的 K_{sp} 为 1.4×10^{-16}，其溶解度为（　）。

   A. $1.1 \times 10^{-4} mol \cdot L^{-1}$　　B. $4.8 \times 10^{-5} mol \cdot L^{-1}$
   C. $1.2 \times 10^{-8} mol \cdot L^{-1}$　　D. $8.3 \times 10^{-5} mol \cdot L^{-1}$

6. 已知 $K_{sp}(Mg(OH)_2) = 1.8 \times 10^{-11}$，$K_b(NH_3 \cdot H_2O) = 1.8 \times 10^{-5}$，将 50mL $0.20 mol \cdot L^{-1}$ $MgCl_2$ 溶液与等体积的 $1.8 mol \cdot L^{-1}$ 氨水混合，若欲防止 $Mg(OH)_2$ 沉淀生成，则在混合后的溶液中加入的固体 NH_4Cl 应为（　）。

   A. 5.47g　　B. 1.45g　　C. 9.54g　　D. 6.47g

7. 下列有关分步沉淀叙述中正确的是（　）。

   A. 沉淀时先达到 K_{sp} 的沉淀先沉淀出来
   B. 沉淀时所需沉淀试剂浓度小者先沉淀出来
   C. 溶解度小的物质先沉淀
   D. 被沉淀离子浓度大的先沉淀

8. $SrCO_3$ 在下列溶液中溶解度最大的是（　）。

   A. $0.10 mol \cdot L^{-1}$ HAc　　B. $0.10 mol \cdot L^{-1}$ $SrSO_4$
   C. 纯水　　D. $1.0 mol \cdot L^{-1}$ Na_2CO_3

9. 欲使 $CaCO_3$ 在水溶液中的溶解度增大，可以采用的方法是（　）。

   A. 加入 $1.0 mol \cdot L^{-1}$ Na_2SO_4　　B. 加入 $2.0 mol \cdot L^{-1}$ NaOH

C. 加入0.10mol·L^{-1} EDTA　　D. 降低溶液的pH值

10. 向饱和AgCl溶液中加水，下列叙述中正确的是（　）。

A. AgCl的溶解度增大　　B. AgCl的溶解度、K_{sp}均不变

C. AgCl的K_{sp}增大　　D. AgCl溶解度、K_{sp}增大

11. 已知$K_{sp}(ZnS)=2.5\times10^{-22}$，$K_{a_1}(H_2S)=1.32\times10^{-7}$，$K_{a_2}(H_2S)=7.10\times10^{-15}$。在某溶液中$Zn^{2+}$的浓度为0.10mol·$L^{-1}$，通入气体$H_2S$，达到饱和（$c(H_2S)=0.10$ mol·L^{-1}），则ZnS开始析出时，溶液的pH值为（　）。

A. 0.51　　B. 0.72　　C. 0.13　　D. 0.45

12. 将等体积的0.20mol·L^{-1}的$MgCl_2$溶液与浓度为4.0mol·L^{-1}的氨水混合。混合后溶液中$c(Mg^{2+})$为混合前浓度的（已知$K_{sp}(Mg(OH)_2)=1.8\times10^{-11}$）（　）倍。

A. 1.54×10^{-3}　　B. 3.43×10^{-3}　　C. 1.54×10^{-4}　　D. 6.86×10^{-4}

13. 将$BaCO_3$（$K_{sp}=5.1\times10^{-9}$）和$CaCO_3$（$K_{sp}=2.8\times10^{-9}$）置于水中，形成含有$CaCO_3$(s)和$BaCO_3$(s)的饱和溶液，此溶液中$c(Ba^{2+})$和$c(Ca^{2+})$分别是（　）。

A. 7.1×10^{-5}mol·L^{-1}和3.3×10^{-5}mol·L^{-1}

B. 7.1×10^{-5}mol·L^{-1}和5.3×10^{-5}mol·L^{-1}

C. 9.6×10^{-5}mol·L^{-1}和5.3×10^{-5}mol·L^{-1}

D. 5.7×10^{-5}mol·L^{-1}和3.2×10^{-5}mol·L^{-1}

14. 为除去$PbCrO_4$中的某杂质，每次用100mL去离子水洗涤，一次和三次洗涤后$PbCrO_4$的损失分别为（　）。

A. 4.5mg和13.5mg　　B. 0.0045mg和0.0135mg

C. 0.17mg和3.4mg　　D. 0.17mg和5.1mg

15. 在0.01mol·L^{-1} Zn^{2+}、Cd^{2+}、Hg^{2+}的混合溶液中，$c(H^+)=2.0$mol·L^{-1}，向溶液中通入H_2S至饱和，不生成沉淀的离子是（　）。

A. Zn^{2+}、Cd^{2+}　　B. Hg^{2+}、Cd^{2+}　　C. Zn^{2+}　　D. Zn^{2+}、Hg^{2+}

16. 欲使Ag_2CO_3（$K_{sp}=8.1\times10^{-12}$）转化为$Ag_2C_2O_4$（$K_{sp}=3.4\times10^{-11}$），必须使（　）。

A. $c(C_2O_4^{2-})<4.2c(CO_3^{2-})$　　B. $c(C_2O_4^{2-})>0.24c(CO_3^{2-})$

C. $c(C_2O_4^{2-})<0.24c(CO_3^{2-})$　　D. $c(C_2O_4^{2-})>4.2c(CO_3^{2-})$

17. 莫尔法测定生理盐水含量的实验中使用的指示剂是（　）。

A. 铁铵矾　　B. 荧光黄　　C. 铬酸钾　　D. 淀粉

18. 莫尔法用$AgNO_3$标准溶液滴定Cl^-时，终点颜色为（　）。

A. 砖红　　B. 蓝　　C. 白　　D. 绿

19. 用"佛尔哈德法"滴定时，溶液的酸度需控制在pH值为（　）。

A. 7　　B. 5　　C. 3　　D. 1

20. 荧光黄是一种有机弱酸，它在水溶液中解离出的荧光黄阴离子呈（　）。

A. 红色　　B. 黄绿色　　C. 蓝色　　D. 粉红色

（二）填空题

1. CaF_2的溶度积常数表达式为__________，Bi_2S_3的溶度积常数表达式为__________。

2. $Mn(OH)_2$ 的 $K_{sp}=1.9\times10^{-13}$，在纯水中其溶解度为__________ $mol\cdot L^{-1}$；0.050mol $Mn(OH)_2$（s）刚好在浓度为__________ $mol\cdot L^{-1}$，体积为 0.50L 的 NH_4Cl 溶液中溶解。
3. $PbSO_4$ 的 K_{sp} 为 1.6×10^{-8}，在纯水中其溶解度为__________ $mol\cdot L^{-1}$；在浓度为 $1.0\times10^{-2}mol\cdot L^{-1}$ 的 Na_2SO_4 溶液中达到饱和时其溶解度为__________ $mol\cdot L^{-1}$。
4. 在 AgCl、$CaCO_3$、$Fe(OH)_3$、MgF_2、ZnS 这些物质中，溶解度不随 pH 值变化的是__________。
5. 在 $CaCO_3$（$K_{sp}=2.9\times10^{-9}$），CaF_2（$K_{sp}=5.3\times10^{-9}$），$Ca_3(PO_4)_2$（$K_{sp}=2.0\times10^{-29}$）这些物质的饱和溶液中，Ca^{2+} 浓度由小到大的顺序为____________________。
6. $Mg(OH)_2$ 与 $MnCO_3$ 的 K_{sp} 皆是 1.8×10^{-11}，在它们的饱和溶液中 $c(Mn^{2+})$ 比 $c(Mg^{2+})$__________。
7. 已知 $Sn(OH)_2$、$Al(OH)_3$、$Ce(OH)_4$ 的 K_{sp} 分别为 1.4×10^{-28}、1.3×10^{-33}、2.0×10^{-28}，则它们饱和溶液的 pH 值由小到大的顺序为____________________。
8. 已知 $K_{sp}(Ag_2CrO_4)=1.1\times10^{-12}$、$K_{sp}(PbCrO_4)=2.8\times10^{-13}$、$K_{sp}(PbI_2)=7.1\times10^{-9}$、$K_{sp}(CaCrO_4)=7.1\times10^{-4}$。向 Ag^+、Pb^{2+}、Ca^{2+} 的混合液中滴加 K_2CrO_4 溶液，Ag^+、Pb^{2+}、Ca^{2+} 的浓度均为 $0.10mol\cdot L^{-1}$，则出现沉淀的次序为________________；若将 $PbCrO_4$ 沉淀转化为 PbI_2 沉淀，转化反应方程式为____________________，其标准平衡常数为__________。
9. 同离子效应使难溶电解质的溶解度________；盐效应使难溶电解质的溶解度________。
10. AgCl、AgBr、AgI 在 $2.0mol\cdot L^{-1} NH_3\cdot H_2O$ 中的溶解度由小到大的顺序为__________。
11. 反应 $2Ag(CN)_2^-(aq)+S^{2-}(aq)=Ag_2S(S)+4CN^-(aq)$ 的标准平衡常数 K 值为__________。
12. 在沉淀滴定分析中，当被测离子浓度相同时，滴定突跃大小仅与沉淀溶解度有关。溶解度越小，突跃越__________。

（三）问答题

1. 什么是返滴定法？叙述返滴定法测定卤素离子的原理。
2. 同离子效应和盐效应分别对难溶电解质的溶解度有何影响？

（四）计算题

1. 在 MgF_2 的饱和溶液中，已知其溶解度为 $1.176\times10^{-3}mol\cdot L^{-1}$，求（1）$K_{sp}(MgF_2)$；（2）$MgF_2$ 在 $0.10mol\cdot L^{-1}$ $MgCl_2$ 溶液中的溶解度；（3）MgF_2 在 $0.10mol\cdot L^{-1}$ KF 溶液中的溶解度；（4）若将 $MgF_2(s)$ 溶解在稀硫酸中，平衡时 pH = 2.00，则 MgF_2 的溶解度是多少？（$K_a(HF)=6.6\times10^{-4}$）（5）若使 MgF_2 饱和溶液中 Mg^{2+} 生成 $Mg(OH)_2$ 沉淀，应使溶液的 pH 值至少大于多少？（$K_{sp}(Mg(OH)_2)=1.8\times10^{-11}$）
2. 称取 NaCl 基准试剂 0.1173g，溶解后加入 30.00mL $AgNO_3$ 标准溶液，过量的 Ag^+ 需用 3.20mL 的 NH_4SCN 标准溶液滴定至终点。已知 20.00mL $AgNO_3$ 与 21.00mL NH_4SCN 标准溶液完全作用，计算 $AgNO_3$ 和 NH_4SCN 溶液的浓度各为多少？

3. 称取银合金试样0.30000g，溶解后加入铁铵矾指示剂。用0.1000mol·L^{-1} NH_4SCN标准溶液滴定，消耗23.80mL。计算银的质量分数。
4. 吸取含氯乙醇（C_2H_4ClOH）及HCl的试液2.00mL于锥形瓶中，加入NaOH，加热使有机氯转化为无机Cl^-。在此酸性溶液中加入30.05mL 0.1038mol·L^{-1}的$AgNO_3$标准溶液。过量$AgNO_3$消耗9.30mL 0.1055mol·L^{-1}的NH_4SCN溶液。另取2.00mL试液测定其中无机氯（HCl）时，加入30mL上述$AgNO_3$溶液，回滴时需19.20mL上述NH_4SCN溶液。计算此氯乙醇试液中的总氯量（以Cl表示），无机氯（以Cl^-表示）和氯乙醇（C_2H_4ClOH）的含量（试液的相对密度为1.033）。已知$M(Cl)=35.45g\cdot mol^{-1}$，$M(C_2H_4ClOH)=80.51g\cdot mol^{-1}$。

四、自测习题答案

（一）选择题

1.A；2.B；3.B；4.C；5.B；6.D；7.AB；8.A；9.CD；10.B；11.B；12.B；13.CD；14.B；15.C；16.D；17.C；18.A；19.D；20.B。

（二）填空题

1. $K_{sp}=c(Ca^{2+})c^2(F^-)$，$K_{sp}=c^2(Bi^{3+})c^3(S^{2-})$。
2. 3.6×10^{-5}，2.8。
3. 1.3×10^{-4}，1.6×10^{-6}。
4. AgCl。
5. $Ca_3(PO_4)_2<CaCO_3<CaF_2$。
6. 小。
7. $Sn(OH)_2<Al(OH)_3<Ce(OH)_4$。
8. $PbCrO_4$、Ag_2CrO_4、$CaCrO_4$，$PbCrO_4+2I^-=PbI_2+CrO_4^{2-}$，$3.9\times10^{-5}$。
9. 降低，增大。
10. $AgI<AgBr<AgCl$。
11. 1.0×10^7。
12. 大。

（三）问答题

1. **答**：返滴定法：在被测组分的溶液中加入一定量过量的滴定剂，待反应完成后再用另一种标准溶液滴定剩余的滴定剂，又称回滴法。

　　返滴定法测定卤素离子的原理如下：于待测溶液中加入过量的$AgNO_3$标准溶液，Cl^-以AgCl形式定量沉淀，然后加入铁铵矾指示剂，用NH_4SCN标准溶液返滴过量的Ag^+，首先生成白色AgSCN沉淀。AgSCN定量沉淀后稍过量的滴定剂与作为指示剂的Fe^{3+}生成红色配离子$Fe(SCN)^{2+}$指示终点到达。

2. 答：同离子效应使难溶电解质的溶解度减小；盐效应使难溶电解质的溶解度增加。

（四）计算题

1. 解：（1）$K_{sp}(MgF_2)=4S^3=6.5\times10^{-9}$。（2）$S=1.27\times10^{-4}mol\cdot L^{-1}$。（3）$c(Mg^{2+})=6.5\times10^{-7}mol\cdot L^{-1}$。（4）$S=7.2\times10^{-3}mol\cdot L^{-1}$。（5）pH = 10.1。
2. 解：$AgNO_3$ 浓度为 $0.07447mol\cdot L^{-1}$，NH_4SCN 浓度为 $0.07092mol\cdot L^{-1}$。
3. 解：银的质量分数为 85.60%。
4. 解：总氯量为 3.67%，无机氯含量为 1.87%，氯乙醇含量为 70.1%。

第十章　条件稳定常数和配位滴定

一、教学基本要求

1. 掌握配合平衡的有关计算。主要包括稳定常数与累积稳定常数的计算，各级配合物分布系数及平衡浓度的计算，副反应系数及条件稳定常数的计算。
2. 掌握配位滴定的基本原理，通过相关计算绘制滴定曲线，确定突跃范围，选择合适的指示剂和适宜的滴定条件，正确求算滴定分析结果。
3. 了解 EDTA 标准溶液的配制和标定方法。
4. 了解金属指示剂的变色原理和选择原则。

在本章的学习过程中，应首先考虑影响 EDTA 与金属离子配位滴定反应的各种副反应因素，掌握条件稳定常数的计算方法，将其应用于配合滴定曲线的绘制，从而选择合适的指示剂和滴定条件，达到对金属离子进行定量分析的目的。

二、习题分析与解答

1. 计算 pH =3. 0 和 pH =5. 5 时的 lgα(EDTA)。

答：$\alpha(\mathrm{EDTA}) = (1+c(\mathrm{H^+})/K_6 + c^2(\mathrm{H^+})/K_6K_5 + \cdots + c^6(\mathrm{H^+}))/(K_6K_5K_4K_3K_2K_1)$。

其中 $K_1 = 10^{-0.9}$，$K_2 = 10^{-1.6}$，$K_3 = 10^{-2.07}$，$K_4 = 10^{-2.75}$，$K_5 = 10^{-6.24}$，$K_6 = 10^{-10.34}$。

当 pH =3 时，$c(\mathrm{H^+}) = 10^{-3}$。

$\alpha(\mathrm{EDTA}) = (1 + 10^{-3}/10^{-10.34} + 10^{-6}/10^{-16.58} + 10^{-9}/10^{-19.33} + 10^{-12}/10^{-21.40} + 10^{-15}/10^{-23.00} + 10^{-18})/10^{-23.90}$。

解得 $\alpha(\mathrm{EDTA}) = 6.2\times10^{10}$，$\lg\alpha(\mathrm{EDTA}) = 10.79$（查表有 $\lg\alpha(\mathrm{EDTA}) = 10.60$）。

当 pH =5. 5 时，$c(\mathrm{H^+}) = 10^{-5.5}$。

$\alpha(\mathrm{EDTA}) = (1 + 10^{-5.5}/10^{-10.34} + 10^{-11.0}/10^{-16.58} + 10^{-16.5}/10^{-19.33} + 10^{-22.0}/10^{-21.40} + 10^{-27.5}/10^{-23.00} + 10^{-33.0})/10^{-23.90}$。

解得 $\alpha(\mathrm{EDTA}) = 4.50\times10^5$，$\lg\alpha(\mathrm{EDTA}) = 5.65$（查表有 $\lg\alpha(\mathrm{EDTA}) = 5.51$）。

2. 计算：

（1） pH =2 时的 $\lg K(\mathrm{ZnY'})$；

（2） pH =5 时的 $\lg K(\mathrm{AlY'})$。

答：（1） pH =2 时，查得 $\lg\alpha(\mathrm{EDTA}) = 13.51$。

$\lg K(\mathrm{ZnY'}) = \lg K(\mathrm{ZnY}) - \lg\alpha(\mathrm{EDTA}) = 16.50 - 13.51 = 2.99$。

（2） pH =5 时，查得 $\lg\alpha(\mathrm{EDTA}) = 6.60$。

$\lg K(\mathrm{AlY'}) = \lg K(\mathrm{AlY}) - \lg\alpha(\mathrm{EDTA}) = 16.10 - 6.60 = 9.50$。

3. 已知镍氨配合物的 $\lg\beta_1$，$\lg\beta_2$，$\lg\beta_3$，$\lg\beta_4$，$\lg\beta_5$ 和 $\lg\beta_6$ 分别为 2.75，4.95，6.64，7.79，8.50 和 8.49。计算 $c(NH_3) = 0.1\mathrm{mol \cdot L^{-1}}$，$c(NH_4^+) = 0.1\mathrm{mol \cdot L^{-1}}$ 时的 $K(\mathrm{NiY'})$。

答：据题意

$$\begin{array}{llcl} & Ni^{2+} & + & Y^{4-} \rightleftharpoons NiY^{2-} \\ NH_3 & OH^- & & H^+ \\ Ni(NH_3)^{2+} & Ni(OH)^+ & & HY \\ Ni(NH_3)_2^{2+} & Ni(OH)_2 & & H_2Y \\ \vdots & & & \vdots \\ Ni(NH_3)_6^{2+} & & & H_6Y \end{array}$$

溶液 $\mathrm{pH} = \mathrm{p}Ka' + \lg(c(NH_3)/c(NH_4^+)) = (14.00 - 4.74) + \lg(0.1/0.1) = 9.26$。

$\mathrm{pH} = 9.26$ 时，$\lg\alpha(\mathrm{EDTA}) = 1.01$。

$\lg K(\mathrm{NiY'}) = \lg K(\mathrm{NiY}) - \lg\alpha(\mathrm{EDTA}) = 18.67 - 1.01 = 17.66$。

注：若求 $\lg K(\mathrm{Ni'Y}) = \lg K(\mathrm{ZnY}) - \lg\alpha(\mathrm{Ni})$。求 $\alpha(\mathrm{Ni})$ 必须考虑 Ni 的配位效应和水解效应。

$\lg K'(\mathrm{ZnY}) = \lg K(\mathrm{ZnY}) - \lg\alpha(\mathrm{Ni}) - \lg\alpha(\mathrm{EDTA})$。

4. 计算在 pH = 7 和 pH = 12 的介质中能否用 $0.02\mathrm{mol \cdot L^{-1}}$ 的 EDTA 滴定 $0.02\mathrm{mol \cdot L^{-1}}$ 的 Ca^{2+}？

答：pH = 7 时，$\lg\alpha(\mathrm{EDTA}) = 3.32$。$\lg K(\mathrm{CaY'}) = \lg K(\mathrm{CaY}) - \lg\alpha(\mathrm{EDTA}) = 10.69 - 3.32 = 7.37$。

$\lg[c(\mathrm{Ca})_{sp} \cdot K(\mathrm{CaY'})] = \lg c(\mathrm{Ca})_{sp} + \lg K(\mathrm{CaY'}) = -2 + 7.37 = 5.37 < 6.0$。

pH = 7 时，不能用 EDTA 准确滴定 Ca^{2+}。

pH = 12 时，$\lg\alpha(\mathrm{EDTA}) = 0.00$。$\lg K(\mathrm{CaY'}) = 10.69 - 0.00 = 10.69$。

$\lg[c(\mathrm{Ca})_{sp} \cdot K(\mathrm{CaY'})] = -2 + 10.69 = 8.69 > 6.0$。

pH = 12 时，可以用 EDTA 准确滴定 Ca^{2+}。

5. 用 $0.02\mathrm{mol \cdot L^{-1}}$ EDTA 滴定 $0.02\mathrm{mol \cdot L^{-1}}$ Pb^{2+}，若 pH = 5.0，计算在化学计量点时的 pPb 值。若终点时 pPb = 7.1，终点的误差是多少？

答：pH = 5 时，$\lg K(\mathrm{PbY'}) = \lg K(\mathrm{PbY}) - \lg\alpha(\mathrm{EDTA}) = 18.04 - 6.60 = 11.44$。

等当点时，$c(Pb^{2+}) = c(Y^{4-})$，$K(\mathrm{PbY'}) = c(\mathrm{PbY})/[c(Pb^{2+}) \cdot c(Y^{4-})] = [0.01 - c(Pb^{2+})]/c^2(Pb^{2+}) = 10^{11.44}$。

解得 $c(Pb^{2+}) = 1.9 \times 10^{-7}$，即 $\mathrm{pPb_{sp}} = 6.72$。又知 $\mathrm{pPb_{ep}} = 7.1$，$\Delta\mathrm{pPb} = 6.72 - 7.1 \approx -0.4$。

$TE = (10^{\Delta pM} - 10^{-\Delta pM})/[c(\mathrm{M})_{sp} \cdot K(\mathrm{MY})]^{1/2} = (10^{-0.4} - 10^{0.4})/(0.01 \times 10^{11.44})^{1/2} = -0.004\%$，终点提前。

6. 要求终点误差在 0.2% 以内，$\Delta pM = \pm 0.38$，用 $2 \times 10^{-2}\mathrm{mol \cdot L^{-1}}$ EDTA 滴定 $2 \times 10^{-2}\mathrm{mol \cdot L^{-1}}$ 的 Bi^{3+}，允许的最低 pH 值是多少？

答：由误差公式有

$K(\mathrm{MY'}) = (10^{\Delta pM} - 10^{-\Delta pM})^2/[(TE)^2 \cdot c(\mathrm{M})] = (10^{0.38} - 10^{-0.38})^2/[(0.2 \times 10^{-2})^2 \times 0.01] = 9.8 \times 10^7$。

$\lg K(\mathrm{MY'}) = 7.99$。对 Bi，$\lg K(\mathrm{BiY}) = 27.94$。

$\lg\alpha(\mathrm{EDTA}) = \lg K(\mathrm{MY}) - \lg K(\mathrm{MY'}) = 27.94 - 7.99 = 19.95$。

查得相应 pH = 0.1。

7. 用 $0.02 mol \cdot L^{-1}$ EDTA 滴定同浓度的 Zn^{2+}，若 $\Delta pM = \pm 0.2$。要求终点误差在 ±0.1% 以内，求滴定的适宜酸度。

答：同上题。$K(MY') = (10^{0.2} - 10^{-0.2})^2/[(0.1 \times 10^{-2})^2 \times 0.01] = 9.0 \times 10^7$。

$\lg K(ZnY') = 7.95$。

$\lg\alpha(EDTA) = 16.50 - 7.95 = 8.55$。查表，pH≥4.0 适宜。

8. 某配合物 MY 的 $\lg K_a^{\ominus}(MY) = 17.0$，用 EDTA 滴定时 $\lg\alpha(EDTA) = 5$，$\lg\alpha(M) = 4$，求 $K'(MY)$ 及在化学计量点时的 pM 值。

答：同时考虑酸效应和金属离子配位效应：$\lg K'(MY) = \lg K(MY) - \lg\alpha(EDTA) - \lg\alpha(M)$。

$\lg K'(ZnY) = 17.0 - 5 - 4 = 8$。$K'(MY) = 10^8$。

计量点时，$K(MY) = c(MY)/[c(M)c(Y)]$，$c(M) = [c(MY)/K(MY)]^{1/2}$。

若以 $0.02 mol \cdot L^{-1}$ EDTA 滴定 $0.02 mol \cdot L^{-1}$ M，则 $c(MY) = 0.01$，$c(M) = (0.01/10^8)^{1/2} = 10^{-5}$。

$c(M) = c_M/\alpha(M) = 10^{-5}/10^4 = 10^{-9}$，pM = 9。

9. pH = 5 的溶液中以 $0.01 mol \cdot L^{-1}$ EDTA 滴定同浓度的 Ni^{2+}，计算滴定至 50%，100%，200% 时的 pNi 值。($\lg K^{\ominus}(NiY) = 18.67$)

答：设 $0.01 mol \cdot L^{-1}$ Ni^{2+} 为 V(mL)。

滴至 50%，消耗 $0.01 mol \cdot L^{-1}$ EDTA 为 $1/2V$。

$c(Ni^{2+}) = (0.01 \times 1/2V) / (V + 1/2V) = 3.3 \times 10^{-3} mol \cdot L^{-1}$，pNi = 2.48。

滴至 100%，$\lg K(NiY') = \lg K(NiY) - \lg\alpha(EDTA) = 18.67 - 6.60 = 12.07$。

$c(Ni) = [c(NiY)/K(NiY)]^{1/2} = (5 \times 10^{-3}/10^{12.07})^{1/2} = 6.5 \times 10^{-8} (mol \cdot L^{-1})$, pNi = 7.19。

滴至 200%（加入 EDTA 为 $2V$），$c(EDTA) = 0.01V/3V = 3.3 \times 10^{-3} mol \cdot L^{-1}$。

由 $K(NiY) = c(NiY)/[c(Ni)c(Y)]$，有：

$c(Ni) = c(NiY)/[K(NiY)c(Y)] = 5.0 \times 10^{-3}/(10^{12.07} \times 3.3 \times 10^{-3}) = 1.3 \times 10^{-12}$, pNi = 11.89。

10. pH = 5 的溶液中以 $0.02 mol \cdot L^{-1}$ EDTA 滴定同浓度的 Cd^{2+}，计算滴定突跃（即在化学计量点前后 0.1% 的 pCd 值区间），并回答选用二甲酚橙为指示剂是否合适？

答：pH = 5.5 时，以 $0.02 mol \cdot L^{-1}$ EDTA 滴定 $0.02 mol \cdot L^{-1}$ Cd^{2+} 20.00mL，$\lg K(CdY') = \lg K(CdY) - \lg\alpha(EDTA) = 16.46 - 5.51 = 10.95$，$K(CdY') = 8.9 \times 10^{10}$。

计量点时 $c(Cd) = c(EDTA)$，由 $K(CdY) = c(CdY)/[c(Cd)c(EDTA)]$，有：

$c(Cd) = [c(CdY)/K(CdY)]^{1/2} = [0.01/(8.9 \times 10^{10})]^{1/2} = 3.3 \times 10^{-7} mol \cdot L^{-1}$, pCd = 6.48。

（1）计量点前（EDTA 加入量 −0.1%）：

$c(Cd) = 0.02 \times 20 \times 0.1\%/(20.00 + 19.98) = 1.0 \times 10^{-5}$, pCd = 5.00。

（2）计量点后（EDTA 加入量 +0.1%）：

$c(Cd) = c(CdY)/[K(CdY)c(EDTA)] = 0.01/(8.9 \times 10^{10} \times 1.0 \times 10^{-5}) = 1.1 \times 10^{-8} mol \cdot L^{-1}$, pCd = 7.95。

可以选用二甲酚橙为指示剂。

11. 称取含 Pb^{2+} 和 Cu^{2+} 等干扰离子的铝试样 0.2160g，溶解后加入 $0.02 mol \cdot L^{-1}$ EDTA 溶液约 30mL 并调节 pH 值至 3.5，煮沸使所有的金属离子完全配合，冷却后以 Zn^{2+} 标准溶液滴定过量的 EDTA，继之加入 NaF 并加热煮沸、冷却，以 $0.02400 mol \cdot L^{-1}$ 的

Zn^{2+}标准溶液滴定置换出来的EDTA，终点时消耗锌标准溶液20.85mL，求样品中Al_2O_3的质量分数。

答： $AlY^- + 6F^- = AlF_6^{3-} + Y^{4-}$，$Y^{4-} + Zn^{2+} = ZnY^{2-}$。

Al^{3+}、AlY、Y^{4-}、Zn^{2+}，其物质的量比为1∶1∶1∶1。这样$n(Al_2O_3) = (1/2)n(Zn^{2+})$。

$w(Al_2O_3) = [c(Zn^{2+})V \times M(Al_2O_3)]/[2 \times 1000 \times M_{试样}]$

$= (0.02400 \times 20.85 \times 101.96)/(2 \times 1000 \times 0.2160) = 11.81\%$。

12. 若配制的EDTA溶液中含有Ca^{2+}，下述各种场合对测定结果有何影响？

（1）以$CaCO_3$为基准物质标定EDTA，以二甲酚橙为指示剂滴定溶液中的Zn^{2+}；

（2）以二甲酚橙为指示剂，用Zn标准溶液标定的EDTA，测定溶液中的Ca^{2+}；

（3）以金属锌为基准物质，用铬黑T为指示剂标定EDTA，测定试液中的Ca^{2+}。

答： 在EDTA溶液中含有Ca^{2+}。酸性介质中Ca^{2+}以游离形式存在，不影响EDTA与其他离子配合；而碱性条件下，则以CaY^{2-}形式存在，使EDTA的有效浓度降低，在标定和滴定时，均有$c(EDTA) \cdot V(EDTA) = c(M) \cdot V(m)$。

（1）在碱性条件下标定，使EDTA标准溶液的标定浓度低于真实浓度；用其在酸性介质中去滴定，会使结果偏低。

（2）在酸性条件下标定，EDTA标准溶液的标定浓度为真实浓度；但碱性条件用其去滴定，结果要偏高。

（3）均为碱性，对结果无影响。

三、自测习题

（一）选择题

1. 在配合滴定中有时采用辅助配合剂，其主要作用是（　）。

A. 控制溶液的酸度　　B. 将待测离子保存在溶液中

C. 作指示剂　　D. 掩蔽干扰离子

2. 准确滴定单一金属离子的条件是（　）。

A. $\lg c(M)K'(MY) \geqslant 8$　　B. $\lg c(M)K'(MY) \geqslant 6$

C. $\Delta \lg c(M)K'(MY) \geqslant 5$　　D. $\Delta \lg c(M)K'(MY) \geqslant 6$

3. 设溶液中存在M、N两种金属离子。若要准确滴定M离子，N不干扰（即滴定误差$\leqslant \pm 0.3\%$，检测的$\Delta pM \approx 0.2$），条件式为（　）。

A. $\Delta \lg K' \geqslant 5$　　B. $c(M)K'(MY)/c(N)K'(NY) \geqslant 10^5$

C. $c(M)K'(MY)/c(N)K'(NY) \geqslant 10^5$　　D. $\Delta \lg K^{\ominus} \geqslant 5$

4. 为下列滴定选择滴定方式：

（1）EDTA滴定Ca^{2+}、Mg^{2+}用（　）。（2）EDTA法测定Al^{3+}用（　）。

（3）EDTA法测定PO_4^{3-}含量用（　）。（4）EDTA法测定Ag^+用（　）。

A. 直接滴定法　　B. 间接滴定法

C. 返滴定法　　D. 置换滴定法

5. pH = 10.0时，用EDTA滴定溶液中Ca^{2+}、Mg^{2+}离子时，Fe^{3+}、Al^{3+}对测定有干扰，可

加入（　）试剂消除干扰。

A. 抗坏血酸或羟胺　　B. 加入 NaOH 溶液

C. 加入 $NH_3 \cdot H_2O$　　D. 加入三乙醇胺

6. 若用 EDTA 滴定 Fe^{3+}，应选用的缓冲液（$\lg K(FeY)=25.1$）为（　）。

A. $HCl(0.05mol \cdot L^{-1})$　　B. NaAC-HAC(pH = 4.5)

C. 六次甲基四胺（pH = 6.0）　　D. $NH_4Cl-NH_3 \cdot H_2O$(pH = 10.0)

7. 某试液含有 Ca^{2+} 和 Mg^{2+}，用 EDTA 法滴定 Ca^{2+} 时，选用的消除 Mg^{2+} 干扰的方法为（　）。

A. 氧化还原掩蔽法　　B. 配合掩蔽法

C. 沉淀掩蔽法　　D. 萃取掩蔽法

8. 测定钙盐中钙含量时，某些因素导致系统误差。下列方法中不能消除该系统误差的是（　）。

A. 进行对照实验　　B. 进行空白实验

C. 多次重复实验　　D. 使用系数校正

（二）填空题

1. 乙二胺四乙酸二钠盐，简称＿＿＿＿＿。分子简式＿＿＿＿＿＿＿。将它溶于强酸中，形成＿＿＿＿＿元弱酸。EDTA 一个分子中含有 6 个配位原子，因此它与金属离子配位比＿＿＿＿＿。由于形成＿＿＿＿＿，所以 M－EDTA 非常稳定。

2. EDTA 在水溶液中有七种型体，各型体浓度随溶液 pH 值变化而变化。当 pH≥10 时，EDTA 主要以＿＿＿＿＿型体而存在。

3. 金属指示剂铬黑 T，使用的 pH 范围为＿＿＿＿＿＿，在此 pH 范围内，游离指示剂显＿＿＿＿＿色，而与 Ca^{2+}、Mg^{2+} 等离子形成的配合物呈＿＿＿＿＿色。

4. 磷矿物中通常含有大量 F^- 组分，F^- 存在严重干扰某些离子（如 Al^{3+} 和 Ca^{2+}）的测定，它们与 F^- 分别形成＿＿＿＿＿和＿＿＿＿＿。为消除 F^- 造成的干扰，通常在＿＿＿＿＿条件下，使 F^- 以＿＿＿＿＿形式而离开系统。

5. 配位滴定的突跃范围与条件稳定常数与被测金属离子浓度有关。条件稳定常数越大滴定突跃越＿＿＿＿＿，被测金属离子浓度越小滴定突跃越＿＿＿＿＿。

（三）问答题

1. 以铬黑 T 指示剂为例，说明其变色原理。
2. 如何测定水中钙的含量？
3. 什么是间接配位滴定法？叙述间接配位滴定法测定磷酸根离子的原理。

（四）计算题

1. 在 pH = 9.0 时，用 $0.020mol \cdot L^{-1}$ EDTA 溶液滴定同浓度的 Zn^{2+}，以铬黑 T 为指示剂，溶液中共存有 $2.0 \times 10^{-4} mol \cdot L^{-1}$ Mg^{2+}，是否干扰滴定？若共存有 $2.0 \times 10^{-4} mol \cdot L^{-1}$ Ca^{2+} 时，情况又如何？

2. 某溶液含有 Pb^{2+} 浓度为 $0.01mol \cdot L^{-1}$，在 pH = 5.0 时，可否用 EDTA 标准溶液滴

定 Pb^{2+}？

3. 在 0.010mol·L^{-1} 锌氨溶液中，若游离氨的浓度为 0.10mol·L^{-1}，pH = 10.0 时，计算 $\alpha(Zn)$ 和 $\lg\alpha(Zn)$ 值。（已知：$Zn(NH_3)_4^{2+}$ 的积累形成常数分别为 $\beta_1 = 186$，$\beta_2 = 4.1\times10^4$，$\beta_3 = 1.0\times10^7$，$\beta_4 = 1.2\times10^9$）
4. 以 0.02000mol·L^{-1} EDTA 标准溶液滴定 20.00mL 同浓度 Zn^{2+} 溶液。滴定是在 pH = 9.0 的 NH_3-NH_4^+ 缓冲溶液中进行，并含有 0.10mol·L^{-1} 游离 NH_3 和 0.176mol·L^{-1} NH_4Cl，求 $\lg K'(ZnY) = ?$
5. 计算 0.010mol·L^{-1} AlF_6^{3-} 溶液中，含有 0.01mol·L^{-1} 游离 F^- 时，$\lg K'(AlY)$ 为多大？
6. 当溶液中 Mg^{2+} 的浓度为 2.0×10^{-2}mol·L^{-1}，问在 pH = 5.0 时，能否用 EDTA 溶液滴定 Mg^{2+}？在 pH = 10.0 时情况又如何？如果继续降低酸度，情况又如何？
7. 溶液中含有 Al^{3+}、Zn^{2+}、Ca^{2+} 和 Mg^{2+} 四种离子，能否选择适宜的酸度分别滴定 Al^{3+} 和 Zn^{2+}？如何做？
8. 在 pH = 10.0 的缓冲溶液中，以 0.02000mol·L^{-1} EDTA 标准溶液滴定 20.00mL 同浓度 $MgCl_2$ 溶液，用铬黑 T(EBT) 作指示剂，计算终点误差。（已知：pH = 10.0，$\lg K(Mg\text{-}EBT') = 5.4$）
9. 用 0.01060mol·L^{-1} 的 EDTA 标准溶液测定自来水中钙和镁的含量。取 100.0mL 水样，以铬黑 T 为指示剂，在 pH = 10 时滴定，消耗 EDTA31.30mL。试计算水的硬度，以 $CaCO_3$(mg·L^{-1}) 表示。（已知：$M(CaCO_3) = 100.96$，$M(MgCO_3) = 84.32$）
10. 滴定某含钙溶液时消耗 0.02000mol·L^{-1} EDTA 标准溶液 40.00mL，试问相同体积的试液用 $KMnO_4$ 法测定时将消耗同样浓度的 $KMnO_4$ 标准溶液多少毫升？

四、自测习题答案

（一）选择题

1. B；2. B；3. C；4. （1）A，（2）C，（3）B，（4）D；5. D；6. A；7. C；8. C。

（二）填空题

1. EDTA，$(HOOC)_2NCH_2CH_2(COOH)_2$，6，为 1∶1，螯合物。
2. Y^{4-}。
3. 7 ~ 10，蓝，酒红。
4. AlF_6^{3-}，CaF_2，酸化和加热，HF。
5. 大、小。

（三）问答题

1. 答：滴定前：M(少量) + EBT(蓝色)→M-EBT(酒红)

滴定中：M(大量) + EDTA→M-EDTA

终点：M-EBT(酒红) + EDTA→M-EDTA + EBT(蓝色)。

2. **答**：用配位滴定法，EDTA 标准溶液滴定，pH >12，加钙指示剂。

3. **答**：间接配位滴定法：当有些离子不与 EDTA 等形成配合物时，可将其与金属离子反应，用 EDTA 等滴定过量的金属离子来测定其含量。

如磷酸根与 EDTA 不形成配合物，可先加入准确量的过量硝酸铋 $Bi(NO_3)_3$ 使之生成 $BiPO_4$ 沉淀，再用 EDTA 滴定过量的 Bi^{3+}，根据滴定用的 EDTA 的量，计算 PO_4^{3-} 的含量。

（四）计算题

1. **解**：pH =9.0，$\lg\alpha(EDTA) = 1.28$，$\lg K(ZnY) = 16.5$，$\lg K(MgY) = 8.7$，$\lg[c(Zn)/c(Mg)] + 16.5 - 8.7 = 9.8 > 5$。可以准确滴定 Mg^{2+}。同理也可准确滴定 Ca^{2+}。

2. **解**：pH = 5.0，$\lg\alpha(EDTA) = 6.60$，$\lg K(PbY) = 18.04$，$\lg K'(PbK) = \lg K(PbY) + \lg c(Pb) - \lg\alpha(EDTA) = 18.04 - 2.00 - 6.60 = 9.44 > 6$，可以滴定。

3. **解**：1.3×10^5，5.10。

4. **解**：10.11。

5. **解**：6.1。

6. **解**：pH =5.0，$\lg\alpha(EDTA) = 6.60$，

   $\lg K'(MgY) = \lg K(MgY) - \lg\alpha(EDTA) = 8.69 - 6.6 = 2.09$，

   $\lg c(Mg)_{sp}K'(MgY) = -2.00 + 2.09 = 0.09 < 6$，不能用 EDTA 滴定 Mg^{2+}。

   pH =10.0，$\lg c(Mg)_{sp}K'(MgY) = 6.24 > 6$，能用 EDTA 滴定 Mg^{2+}。

7. **解**：（1）从 EDTA 酸效应曲线，准确滴定 Al^{3+}、Zn^{2+}，pH =4.0。控制 pH =4.0。

   加入 NH_4F 掩蔽 Al^{3+}，以 EDTA 滴定 Zn^{2+}。

   在 pH =4.0，用 EDTA 测 Al^{3+}。$M(Zn^{2+})$（总量）$- M(Zn) = M(Al)$。

8. **解**：由公式

   $TE\% = [(10^{\Delta PM} - 10^{-\Delta PM})]/[c_{计}(M)K(MY')]^{1/2} \times 100$

   已知 pH =10.0，$\lg\alpha(EDTA) = 0.45$，$\lg K(MgY) = 8.70$，$\lg K'(MgY) = 8.70 - 0.45 = 8.25$

   $PM_{计} = (1/2)(2 + 8.25) = 5.1$。已知 pH =10.0，$\lg K(Mg-EBT') = 5.44$，$\Delta PM = 5.4 - 5.1 = 0.3$。

   代入上述公式解得误差值为 0.11。

9. **解**：水的硬度（以 $CaCO_3$ 计）$= 335.0 mg\cdot L^{-1}$。

10. **解**：16.00mL。

第十一章　条件电势和氧化还原滴定

一、教学基本要求

1. 掌握有关氧化还原平衡及条件电势的计算。
2. 掌握氧化还原滴定的基本原理，能通过相关计算绘制滴定曲线，确定突跃范围，选择合适的指示剂，正确求算滴定分析结果。
3. 了解氧化还原指示剂的变色原理及选择原则。
4. 掌握高锰酸钾法、重铬酸钾法、碘量法等重要的氧化还原滴定方法。

在本章的学习过程中，应首先掌握条件电位的计算方法，将其应用于氧化还原滴定中绘制滴定曲线，确定突跃范围，选择合适的指示剂，确定分析结果。计算中要特别注意氧化剂与还原剂之间的电子转移数和化学计量关系。

二、习题分析与解答

1. 某试液中含有 Fe^{2+} 和 Fe^{3+}。取 25.00mL 试液直接用 0.01000mol · L^{-1} $K_2Cr_2O_7$ 标准溶液滴定耗去 12.73mL；另取 25.00mL 试液，用 $SnCl_2$ 还原并加入 $HgCl_2$ 后再用同样的 $K_2Cr_2O_7$ 标准溶液滴定耗去 28.51mL。计算试液中 Fe^{2+} 和 Fe^{3+} 的物质的量浓度各为多少？

答：测定 Fe^{2+} 的反应为：$Cr_2O_7^{2-} + 6Fe^{2+} + 14H^+ = 2Cr^{3+} + 6Fe^{3+} + 7H_2O$。

由化学计量数的关系 $Cr_2O_7^{2-} \approx 6Fe^{2+}$，有物质的量的关系 $n(Cr_2O_7^{2-}) = (1/6) n(Fe^{2+})$，$c(Cr_2O_7^{2-})V(Cr_2O_7^{2-}) = (1/6)c(Fe^{2+})V(Fe^{2+})$。

$$c(Fe^{2+}) = \frac{6c(Cr_2O_7^{2-})V(Cr_2O_7^{2-})}{V(Fe^{2+})} = \frac{6 \times 0.01000 \times 12.73}{25.00} = 0.03055\text{mol} \cdot L^{-1}$$

测定 Fe^{3+} 的反应为：$2Fe^{3+} + Sn^{2+} = 2Fe^{2+} + Sn^{4+}$。

用反应 $Sn^{2+} + 2HgCl_2 = Sn^{4+} + Hg_2Cl_2 + 2Cl^-$ 把多余的 Sn^{2+} 去掉后，仍用 $Cr_2O_7^{2-}$ 测定溶液中的 Fe^{2+}（测的是 Fe 的总量）。这样化学计量数的关系 $Cr_2O_7^{2-} \approx 6Fe^{2+} \approx 6Fe^{3+}$，物质的量的关系 $n(Cr_2O_7^{2-}) = (1/6)n(Fe^{3+})$，$c(Cr_2O_7^{2-})V(Cr_2O_7^{2-}) = (1/6)c(Fe^{3+})V(Fe^{3+})$。

$$c(Fe^{3+}) = \frac{6c(Cr_2O_7^{2-})V(Cr_2O_7^{2-})}{V(Fe^{3+})} = \frac{6 \times 0.01000 \times (28.51 - 12.73)}{25.00} = 0.03780\text{mol} \cdot L^{-1}$$

2. 将含有 $BaCl_2$ 的试样溶解后加入 K_2CrO_4 使之生成 $BaCrO_4$ 沉淀，过滤洗涤后将沉淀溶于 HCl 再加入过量 KI 并用 $Na_2S_2O_3$ 溶液滴定析出的 I_2，若试样为 0.4392g，滴定时耗去

$0.1007 mol \cdot L^{-1}$ $Na_2S_2O_3$ 标准溶液 29.61mL，计算试样中 $BaCl_2$ 的质量分数。

答：测定 Ba^{2+} 的反应为：$Ba^{2+} + CrO_4^{2-} = BaCrO_4 \downarrow$，$2BaCrO_4 + 2H^+ = 2Ba^{2+} + Cr_2O_7^{2-} + H_2O$，$Cr_2O_7^{2-} + 6I^- + 14H^+ = 2Cr^{3+} + 3I_2 + 7H_2O$，$I_2 + 2S_2O_3^{2-} = 2I^- + S_4O_6^{2-}$。

由化学计量数的关系 $2Ba^{2+} \approx 2BaCrO_4 \approx Cr_2O_7^{2-} \approx 3I_2 \approx 6S_2O_3^{2-}$，有物质的量的关系 $n(BaCl_2) = (1/3)n(S_2O_3^{2-})$，$n(BaCl_2) = (1/3)c(S_2O_3^{2-})V(S_2O_3^{2-})/1000$（式中 V 的单位为 mL 时），$BaCl_2$ 的质量分数为$\frac{c(S_2O_3^{2-})V(S_2O_3^{2-})M(BaCl_2)}{3 \times 1000 \times m} = \frac{0.1007 \times 29.61 \times 208.24}{3 \times 1000 \times 0.4392} = 47.12\%$。

3. 用 30.00mL $KMnO_4$ 溶液恰能氧化一定质量的 KHC_2O_4。H_2O 又能被 25.20mL 0.2000 $mol \cdot L^{-1}$ KOH 溶液中和。计算 $KMnO_4$ 溶液的浓度。

答：测定 $KMnO_4$ 的反应为：$2MnO_4^- + 5C_2O_4^{2-} + 16H^+ = 2Mn^{2+} + 10CO_2 + 8H_2O$，$KHC_2O_4 + KOH = K_2C_2O_4 + H_2O$。

由化学计量数的关系 $2MnO_4^- \approx 5C_2O_4^{2-} \approx 5KOH$，有物质的量的关系 $n(MnO_4^-) = (2/5)n(KOH)$，$c(MnO_4^-)V(MnO_4^-) = (2/5)c(KOH)V(KOH)$。

$$c(MnO_4^-) = \frac{2c(KOH)V(KOH)}{5V(MnO_4^-)} = \frac{2 \times 0.2000 \times 25.20}{5 \times 30.00} = 0.06720 mol \cdot L^{-1}。$$

4. 大桥钢梁的衬漆用红丹（Pb_3O_4）做填料，称取红丹 0.1000g 加 HCl 处理成溶液后再加入 K_2CrO_4 使 Pb^{2+} 定量沉淀为 $PbCrO_4$：$Pb^{2+} + CrO_4^{2-} = PbCrO_4$。将沉淀过滤、洗涤后溶于酸并加入过量 KI，析出的 I_2 以淀粉做指示剂用 $0.1000 mol \cdot L^{-1}$ $Na_2S_2O_3$ 溶液滴定时消耗 12.00mL，求试样中 Pb_3O_4 的质量分数。

答：Pb_3O_4 的反应为：$Pb_3O_4 + 2HCl \rightarrow 3Pb + H_2O + Cl_2$，测定 Pb^{2+} 的方法同 2. 题中的 Ba^{2+}，有化学计量数的关系 $Pb_3O_4 \approx 3Pb^{2+} \approx 9S_2O_3^{2-}$，有物质的量的关系 $n(Pb_3O_4) = (1/9)n(S_2O_3^{2-})$。

$$w(Pb_3O_4) = \frac{c(S_2O_3^{2-})V(S_2O_3^{2-})M(Pb_3O_4)}{9 \times 1000 \times m} = \frac{0.1000 \times 12.00 \times 685.57}{9 \times 1000 \times 0.1000} = 91.41\%。$$

5. 用 $K_2Cr_2O_7$ 溶液测定 Fe^{2+} 时，化学计量点的电势为 1.28V，滴定突跃为 0.94V 至 1.34V。下表所列指示剂中哪些适用于这一滴定过程，还应采取什么措施，哪些不适用？试说明理由。

指示剂	颜色变化		$E_{In}^{\ominus f}/V$①
	氧化型	还原型	
二苯胺	紫	无色	0.76
二苯胺磺酸钠	紫	无色	0.85
毛绿染蓝	橙	黄绿	1.00

① $c(H_3O^+) = 1 mol \cdot L^{-1}$时的条件电位。

答：由表中数据可看出，毛绿染蓝的 $E_{In}^{\ominus} = 1.00V$ 在滴定的突跃范围 0.94 ~ 1.34V 内，所以可选毛绿染蓝为指示剂。

由于反应 $Cr_2O_7^{2-} + 6Fe^{2+} + 14H^+ = 2Cr^{3+} + 6Fe^{3+} + 7H_2O$，其电动势随 $c(H^+)$ 的减小（pH 值增大）而降低。在调整溶液 pH 值，使滴定的突跃范围降低的情况下，可考虑选用

二苯胺磺酸钠为指示剂。二苯胺指示剂不适用于这一滴定。

6. 滴定某含钙溶液时耗去 0.02000mol · L^{-1} EDTA 标准溶液 40.00mL，试问相同体积的试液用 $KMnO_4$ 法测定时将消耗同样浓度的 $KMnO_4$ 标准溶液多少毫升？

答：$KMnO_4$ 法测定钙的原理为：$C_2O_4^{2-}$ 与 Ca^{2+} 定量结合的 CaC_2O_4，以沉淀的形式从溶液中分离出来后，$C_2O_4^{2-}$ 能与 $KMnO_4$ 定量反应 $2MnO_4^- + 5C_2O_4^{2-} + 16H^+ = 2Mn^{2+} + 10CO_2 + 8H_2O$。

由化学计量数的关系 $2MnO_4^- \approx 5C_2O_4^{2-} \approx 5Ca^{2+} \approx 5EDTA$，有物质的量的关系 $n(MnO_4^-) = (2/5)\ n(EDTA)$，$c(MnO_4^-)V(MnO_4^-) = (2/5)\ c(EDTA)V(EDTA)$。

$$V(MnO_4^-) = \frac{2c(EDTA)V(EDTA)}{5c(MnO_4^-)} = \frac{2 \times 0.02000 \times 40.00}{5 \times 0.02000} = 16.00mL$$

7. 用 $K_2Cr_2O_7$ 标准溶液测定 1.000g 样品中的铁。试问 1mL $K_2Cr_2O_7$ 溶液中应含多少克 $K_2Cr_2O_7$ 才能使滴定管读到的体积（mL）数值恰好等于样品中铁的质量分数的 100 倍。

答：测定 Fe 的反应由 1. 题有：$Cr_2O_7^{2-} + 6Fe^{2+} + 14H^+ = 2Cr^{3+} + 6Fe^{3+} + 7H_2O$。

化学计量数的关系为 $Cr_2O_7^{2-} \approx 6Fe^{2+}$，有物质的量的关系 $n(Cr_2O_7^{2-}) = (1/6)n(Fe^{2+})$ $c(Cr_2O_7^{2-})V(Cr_2O_7^{2-}) = (1/6)c(Fe^{2+})V(Fe^{2+})$，$n(Fe) = 6c(Cr_2O_7^{2-})V(Cr_2O_7^{2-})/1000$（式中 V 的单位为 mL 时），$w(Fe) = \dfrac{6c(Cr_2O_7^{2-})V(Cr_2O_7^{2-})M(Fe)}{1000 \times m(\text{试样})}$。按题意，$V(Cr_2O_7^{2-}) = w(Fe) \times 100$。

对 $c(Cr_2O_7^{2-}) = m(Cr_2O_7^{2-})/(M(Cr_2O_7^{2-})/V)$，当 V 的单位为 mL 时，m 的单位为 mg。这样有 $\dfrac{6 \times 1000 \times m(Cr_2O_7^{2-})M(Fe)}{M(Cr_2O_7^{2-}) \times 1000 \times m(\text{试样})} = 1$。

$$[6 \times 100 \times m(Cr_2O_7^{2-}) \times 55.85]/(294.22 \times 1000 \times 1.000) = 1$$

有 $m(Cr_2O_7^{2-}) = 8.78mg = 8.78 \times 10^{-3}g$。

8. 今有 25.00mL KI 溶液，用 10.00mL 0.05000mol · L^{-1} KIO_3 溶液处理后，煮沸以除 I_2，冷却后加入过量 KI 溶液使之与剩余的 KIO_3 反应；然后将溶液调到中性，析出的 I_2 用 0.1008mol · L^{-1} $K_2Cr_2O_7$ 溶液滴定耗去 21.41mL，计算 KI 溶液的浓度。

答：$5I^- + IO_3^- + 6H^+ = 3I_2 + 3H_2O$，$5Cr_2O_7^{2-} + 3I_2 + 34H^+ = 6IO_3^- + 10Cr^{3+} + 17H_2O$

化学计量数的关系为 $5Cr_2O_7^{2-} \approx IO_3^-$，有物质的量的关系 $(1/5)\ n(Cr_2O_7^{2-}) = n(IO_3^-)$，剩余的 KIO_3：$n(IO_3^-) = c(Cr_2O_7^{2-})V(Cr_2O_7^{2-})/5$，在该式中 n 的单位为 mmol。

与 KI 反应的 KIO_3：$10.00 \times 0.05000 - (0.1008 \times 21.41)/5 = 0.0684$mmol，化学计量数的关系为 $5I^- \approx IO_3^-$，有物质的量的关系 $(1/5)n(I^-) = n(IO_3^-)$，$c(I^-) = [5n(IO_3^-)]/V(I^-) = (5 \times 0.0684)/25.00 = 0.01368$mol · L^{-1}。

9. 解释：

（1）COD 和 COD_{Cr}；

答：COD 为化学需氧量。即在一定的条件下，用强氧化剂来处理废水。把所消耗的氧化剂的量，通过换算，折算为所需氧气的量，单位为 mg · L^{-1}。反映了有机物、亚硝酸盐、亚铁盐、硫化物等还原性物质对水体的污染程度。

COD_{Cr} 是以 $K_2Cr_2O_7$ 为氧化剂，所测定出的化学需氧量。

(2) 直接碘量法和间接碘量法；

答：用标准碘溶液直接滴定较强还原剂的方法称为直接碘量法。

利用氧化剂与 I^- 作用，定量析出 I_2。析出的 I_2 用标准 $Na_2S_2O_3$ 溶液滴定。这种方法称为间接碘量法。

(3) 淀粉在碘量法中用作指示剂的原理；

答：淀粉可以与 I_3^- 形成深蓝色的吸附化合物。当 I_3^- 被还原为时，吸附化合物破坏，蓝色立即消失。

(4) 碘与硫代硫酸钠的滴定反应需在中性或弱酸性溶液中进行；

答：酸度过高时：$S_2O_3^{2-} + 2H^+ = SO_2 + S + H_2O$，$I_2 + H_2SO_3 + H_2O = H_2SO_4 + 2HI$，有 $S_2O_3^{2-} + I_2 + H_2O = SO_4^{2-} + 2I^- + S + 2H^+$。$I_2$ 与 $S_2O_4^{2-}$ 的化学计量数关系是 1∶1。

酸度过低时：$S_2O_3^{2-} + 4I_2 + 5H_2O = 2SO_4^{2-} + 10H^+ + 8I^-$。$I_2$ 与 $S_2O_4^{2-}$ 化学计量数关系是 4∶1。

可见无论在酸度过高，还是过低，都不能保持 1∶2 的化学计量数关系，给测定带来误差。

(5) 配制 $Na_2S_2O_3$ 标准溶液时需用新煮沸并冷却了的蒸馏水，并将配制的溶液于棕色瓶中保存。

答：由于细菌可催化分解，$Na_2S_2O_3 = Na_2SO_3 + S$；$O_2$ 可以氧化 $Na_2S_2O_3$，$2S_2O_3^{2-} + O_2 = 2SO_4^{2-} + 2S$；溶解在水中的 CO_2 也可与 $Na_2S_2O_3$ 反应，$S_2O_3^{2-} + CO_2 + H_2O = HSO_3^- + HCO_3^- + S$；光照也可以促进分解。

以上这些情况，都可使 $Na_2S_2O_3$ 溶液的浓度发生改变。所以要用新煮沸并冷却的蒸馏水来配制 $Na_2S_2O_3$ 溶液。并把溶液避光保存。

10. 完成下列反应：

(1) 用 $FeSO_4$ 标准溶液返滴反应系统中剩余的 $K_2Cr_2O_7$；

(2) 用 $H_2C_2O_4 \cdot 2H_2O$ 标定 $KMnO_4$ 溶液的浓度；

(3) I_2 溶于 KI 的水溶液；

(4) 用 $K_2Cr_2O_7$，$KBrO_3$，KIO_3，纯铜等基准物质标定 $Na_2S_2O_3$ 标准溶液；

(5) 用基准物 As_2O_3 标定 I_2 溶液；

(6) 碘量法测定 Cu^+ 的反应。

答：(1) $6Fe^{2+} + Cr_2O_7^{2-} + 14H^+ = 6Fe^{3+} + 2Cr^{3+} + 7H_2O$。

(2) $5C_2O_4^{2-} + 2MnO_4^- + 16H^+ = 2Mn^{2+} + 10CO_2 + 8H_2O$。

(3) $I_2 + I^- = I_3^-$。

(4) $Cr_2O_7^{2-} + 6I^- + 14H^+ = 2Cr^{3+} + 3I_2 + 7H_2O$，$I_2 + 2S_2O_3^{2-} = 2I^- + S_4O_6^{2-}$。

$BrO_3^- + 5Br^- + 6H^+ = 3Br_2 + 3H_2O$，$Br_2 + 2I^- = 2Br^- + I_2$，$I_2 + 2S_2O_3^{2-} = 2I^- + S_4O_6^{2-}$。

$IO_3^- + 5I^- + 6H^+ = 3I_2 + 3H_2O$，$I_2 + 2S_2O_3^{2-} = 2I^- + S_4O_6^{2-}$。

$2Cu^{2+} + 4I^- = 2CuI\downarrow + I_2$，$I_2 + 2S_2O_3^{2-} = 2I^- + S_4O_6^{2-}$。

(5) $As_2O_3 + 2I_2 + 2H_2O = As_2O_5 + 4I^- + 4H^+$。

(6) $2Cu^{2+} + 4I^- = 2CuI\downarrow + I_2$，$CuI + SCN^- = CuSCN\downarrow + I^-$，$I_2 + 2S_2O_3^{2-} = 2I^- + S_4O_6^{2-}$。

三、自测习题

（一）选择题

1. 在用 $K_2Cr_2O_7$ 法测定 Fe 时，加入 H_3PO_4 的主要目的是（　）。
   A. 提高酸度，使滴定反应趋于完全
   B. 提高化学计量点前 Fe^{3+}/Fe^{2+} 电对的电位，使二苯胺磺酸钠不致提前变色
   C. 降低化学计量点前 Fe^{3+}/Fe^{2+} 电对的电位，使二苯胺磺酸钠在突跃范围内变色
   D. 有利于形成白色丝状沉淀
2. 用 $K_2Cr_2O_7$ 法滴定 Fe^{2+} 时，在化学计量点时，有关离子浓度的关系是（　）。
   A. $c(Fe^{3+})=c(Cr^{3+})$，$c(Fe^{2+})=c(Cr_2O_7^{2-})$
   B. $3c(Fe^{3+})=c(Cr^{3+})$，$c(Fe^{2+})=6c(Cr_2O_7^{2-})$
   C. $c(Fe^{3+})=3c(Cr^{3+})$，$c(Fe^{2+})=6c(Cr_2O_7^{2-})$
   D. $c(Fe^{3+})=3c(Cr^{3+})$，$6c(Fe^{2+})=c(Cr_2O_7^{2-})$
3. 当两电对的电子转移数为 1 时，为使反应完全度达到 99.9%，两电对的条件电位至少相差（　）。
   A. 0.09V　　B. 0.18V　　C. 0.27V　　D. 0.36V
4. 用铈量法测定铁时，滴定至 50% 时的电位是（　）。
   已知 $\varphi'(Ce^{4+}/Ce^{3+})=1.44V$，$\varphi'(Fe^{3+}/Fe^{2+})=0.68V$
   \. 0.68V　　B. 1.44V　　C. 1.06V　　D. 0.86V
5. 在含有 Fe^{2+} 和 Fe^{3+} 的溶液中，加入下述何种溶液，电对的电位将升高（不考虑离子强度的影响）（　）。
   A. 稀 H_2SO_4　　B. HCl　　C. NH_4F　　D. 邻二氮菲
6. 高锰酸钾滴定法在何种酸性介质中进行？（　）。
   A. HCl　　B. H_2SO_4　　C. HAc　　D. HBr
7. 硫代硫酸钠与 I_2 的反应，应在下列哪一种溶液中进行？（　）。
   A. 强酸性　　B. 强碱性　　C. 中性或弱酸性　　D. 12mol · L^{-1} HCl 中
8. 配制 $Na_2S_2O_3$ 溶液时应当用（　）。
   A. 新煮沸的蒸馏水　　B. 热蒸馏水
   C. 新煮沸并冷却了的蒸馏水　　D. 蒸馏水
9. 下列指示剂中可用于氧化还原滴定的是（　）。
   A. 淀粉　　B. 酚酞　　C. 甲基橙　　D. 铬黑 T
10. 测定 $KBrO_3$ 含量的合适方法是（　）。
    A. 酸碱滴定法　　B. 高锰酸钾法　　C. EDTA 法　　D. 碘量法
11. 在碘量法滴定中，防止 I^- 被 O_2 氧化的方法有（　）。
    A. 增加酸度　　B. 加快滴定速度　　C. 加氧化剂　　D. 加还原剂

（二）填空题

1. 配制 50.00mL 0.1000mol · L^{-1} 的草酸标准溶液，应称取 $H_2C_2O_4 \cdot 2H_2O$ ________ g;

某草酸溶液25.00mL用0.1025mol·L^{-1} NaOH滴定耗去23.05mL，此草酸中含$H_2C_2O_4$ ________g。($M(H_2C_2O_4)=90.04$，$M(H_2C_2O_4\cdot 2H_2O)=126.0$)。

2. 用以下不同方法测定$CaCO_3$试剂纯度采用的滴定方式分别是：(填ABC)

(1) 酸碱滴定法测定________，(2) 用EDTA配位滴定法测定________，(3) 用$KMnO_4$法测定________。

A. 直接法　　B. 回滴法　　C. 间接法

3. 在间接碘量法中，淀粉指示剂若加入过早，会使终点________到达。
4. 在以$K_2Cr_2O_7$测定Fe_2O_3的含量时，0.0100mol·L^{-1} $K_2Cr_2O_7$ 10.0mL当于Fe_2O_3 ________mg。($M(Fe_2O_3)=159.7$)
5. 用$K_2Cr_2O_7$标准溶液标定$Na_2S_2O_3$的反应方程式：

(1) ________________________________

(2) ________________________________

6. 氧化还原滴定的突跃范围与氧化型和还原型两电对条件电极电位的差值大小有关。差值越大，滴定突跃越________。
7. 碘量法采用________作指示剂，直接碘量法中当溶液呈现________色或间接滴定法中________色消失即为终点。

(三) 问答题

1. 标定硫代硫酸钠溶液时，碘化钾溶液加入后为什么需要在暗处放置10min？又为什么临近终点时再加淀粉指示剂？
2. 何为化学耗氧量？
3. 在1mol·L^{-1}的硫酸溶液中($\varphi'(Ce^{4+}/Ce^{3+})=1.44V$，$\varphi'(Fe^{3+}/Fe^{2+})=0.68V$)，问用$Ce^{4+}$滴定$Fe^{2+}$的反应能否进行完全？为什么？

(四) 计算题

1. 若0.5000g铬铁矿样品，经Na_2O_2熔融后使其中的Cr^{3+}氧化为$Cr_2O_7^{2-}$，然后加入10mL 3mol·L^{-1} H_2SO_4及50.00mL 0.1200mol·L^{-1}硫酸亚铁铵溶液处理。过量的Fe^{2+}需15.05mL $K_2Cr_2O_7$ (1mL $K_2Cr_2O_7$相当于0.006000g Fe) 溶液氧化。求试样中铬的质量分数为多少？若以Cr_2O_3表示时，又为多少？
2. 将1.025g二氧化锰矿试样溶于浓盐酸中，产生的氯气通入浓KI溶液后，将其体积稀释到250mL。然后取此溶液25.00mL，用0.1000mol·L^{-1} $Na_2S_2O_3$标准溶液滴定，需要20.02mL。求软锰矿中MnO_2的质量分数。
3. 现以0.1000mol·L^{-1}的$Ce(SO_4)_2$标准溶液滴定20.00mL的0.1000mol·L^{-1} Fe^{2+}溶液。已知$E^{\ominus f}(Ce^{4+}/Ce^{3+})=1.44V$；$E^{\ominus f}(Fe^{3+}/Fe^{2+})=0.68V$，计算化学计量点电极电位。

四、自测习题答案

(一) 选择题

1. C；2. C；3. D；4. A；5. D；6. B；7. C；8. C；9. A；10. D；11. B。

（二）填空题

1. 0.6300，0.1064。
2. B，A，C。
3. 提前。
4. 47.91。
5. （1）$Cr_2O_7^{2-}+6I^-+14H^+ = 2Cr^{3+}+3I_2+7H_2O$；（2）$I_2+2S_2O_3^{2-} = 2I^-+S_4O_6^{2-}$。
6. 大。
7. 淀粉，蓝，蓝。

（三）问答题

1. **答**：由于置换反应的速度较慢，为保证 I_2 的定量析出，必须有充分的时间使反应进行完全。在光照条件下，I^- 在酸性溶液中更容易被空气中的氧氧化，析出过量的 I_2，给标定结果带来误差，在暗处可减小 I^- 的氧化。

   指示剂淀粉需在近终点时加入是为了防止终点“迟钝”。因为当大量 I_2 存在时，I_2 被淀粉牢固吸附，不易立即与 $Na_2S_2O_3$ 作用，使蓝色褪去迟缓而产生误差。
2. **答**：化学耗氧量可用 COD 表示，为每升水中还原性有机物及无机物在一定条件下，被强氧化剂氧化时消耗的氧的毫克数。
3. **答**：能进行完全。反应是否完全要看其 $\Delta\varphi'$，$\Delta\varphi' = 1.44 - 0.68 = 0.76V > 0.40V$

（四）计算题

1. **解**：15.19%，22.21%。
2. **解**：84.90%。
3. **解**：1.06V。

第十二章　s区元素

一、教学基本要求

1. 掌握s区元素的原子结构特点及性质递变规律。
2. 掌握碱金属和碱土金属单质的性质、存在、制备及用途。
3. 掌握碱金属和碱土金属氧化物的分类及性质。
4. 了解碱金属和碱土金属氢氧化物的溶解性、碱性及其变化规律。
5. 了解碱金属和碱土金属盐类的溶解性、热稳定性及其变化规律。
6. 了解对角线规则及锂和镁的相似性。

在本章的学习过程中，应以s区元素原子的核外电子排布特征为主线，掌握其单质、主要化合物的性质及其变化规律。

二、习题分析与解答

1. 写出周期表s区元素的化学符号并回答下列各种性质的变化规律。

（1）金属的熔点；

（2）族氧化态阳离子的半径；

（3）过氧化物热分解生成氧化物的趋势。

答： ⅠA族的Li、Na、K、Rb、Cs。ⅡA族的Be、Mg、Ca、Sr、Ba。

（1）同一族中，随原子序数增加，熔点呈降低的趋势（Mg的反常，是金属晶体类型不同引起的）。ⅡA族金属的熔点高于ⅠA族相应金属的熔点。

（2）同一族中随原子序数的增加，阳离子半径增大。ⅡA族阳离子半径小于ⅠA族相应离子的半径。

（3）过氧化物热分解生成氧化物的趋势与离子半径有关。半径大的离子易生成过氧化物。所以有：同一族中，随离子半径的增加，过氧化物稳定性增加；ⅠA族过氧化物的稳定性大于相应ⅡA族过氧化物的稳定性。

2. 解释：

（1）钡能形成过氧化物而铍不能，钠能形成过氧化物而锂不能；

答： Ba^{2+}的离子半径大，过氧化物稳定；Be^{2+}的离子半径最小，过氧化物最不稳定。

Na^{+}的离子半径也大于Li^{+}，其过氧化物稳定。

（2）第2族元素自上而下氢氧化物在水中的溶解性增大，而硫酸盐则有相反的变化趋势；

答：氢氧化物的溶解性，通常用离子极化理论来解释：阳离子的极化能力越强（半径小、电荷高），阳离子与氢氧根离子所成键的共价性越强、离子性越弱、溶解性越差。

在ⅡA族中，自上而下阳离子的极化能力减弱（半径增大），金属与氢氧根所成化学键的离子性增强、溶解性增大。

含氧酸盐的溶解性，则要从阴、阳离子的相对大小来考虑。阴、阳离子的半径较接近时，盐的溶解性小；阴、阳离子半径相差大时，盐的溶解性大。SO_4^{2-} 是一个较大的阴离子，ⅡA族阳离子自上而下半径增大，与 SO_4^{2-} 的半径逐步接近，盐的溶解度逐步减小。

（3）碱金属元素中以锂的标准还原电势最低；

答：$\varphi^{\ominus}(Li^+/Li)$最低，说明 Li 的还原性最强，与水反应的趋势最大。这是从化学热力学得出的结果。但还要受化学动力学的影响。由于 Li 的熔点高，LiOH 难溶、反应生成的 LiOH 包裹在 Li 的表面，阻碍了 Li 与 H_2O 的接触，反应变得缓和。

（4）锂和铍的卤化物较之各自同族元素的卤化物易溶于某些有机溶剂；

答：Li^+、Be^{2+}的半径极小，极化能力强，其卤化物为典型的共价化合物，易溶于有机溶剂。

（5）钠的钴亚硝酸盐、四苯硼酸盐和氯铂酸盐易溶于水而相应的钾盐则难溶；

答：对钴亚硝酸根等这些较大的阴离子，Na^+ 的半径较小、半径相差较大，盐易溶。而 K^+ 的半径则与其接近，盐难溶。

（6）$Be(OH)_2$ 既可溶于酸又可溶于碱，而同族其他元素的氢氧化物只能溶于酸；

答：在同一族中，有随元素金属性增强，氢氧化物的碱性也增强的趋势。Be 在ⅡA 中金属性最弱，氢氧化物的碱性最弱，从而表现出两性；其他氢氧化物的碱性则都较强，而没有酸性。

（7）冠醚和穴醚配位对不同大小金属离子的选择性配位。

答：冠醚以不同大小的空穴对阳离子配位，所以要求阳离子有合适的体积。穴醚做配体时，不仅要考虑空穴的大小，还要考虑空穴的形状对阳离子的匹配。穴醚配合物比冠醚配合物更稳定。

3. 回答下列用途所依据的性质，可能情况下并写出相关的反应式。

（1）锂用作生产热核武器的一种原料；

答：同位素^6_3Li受中子轰击，发生反应$^1_0n + ^6_3Li = ^3_1H + ^4_2He$。产物$^3_1H$是核聚变（氢弹中发生的反应）的原料。

（2）铯用于制造光电池和原子钟；

答：铯在光照的条件下，易逸出电子，可用于制光电池。

^{137}Cs 厘米波的振动频率（$9192631770s^{-1}$）在长时间内保持不变，可用来计时。

（3）钠用于干燥醚类溶剂时，能显示出溶剂的干燥状态；

答：如有 H_2O，则 $2Na + 2H_2O = 2NaOH + H_2$；$H_2O$ 多时产生 H_2 的反应更剧烈。

（4）钠用于钛和其他一些难溶金属的高温冶炼；

答：Na 有较强的还原性，$TiCl_4 + 4Na = Ti + 4NaCl$。多余的 Na，可挥发除去。

（5）钠-钾合金用作核反应堆的冷却剂；

答：钾-钠合金的熔点低（高温时为液态），比热容高。中子吸收的能力也较低。

（6）Na_2O_2 用作高空飞行、潜水作业和地下采掘人员的供氧剂；

答：Na_2O_2 可与 CO_2 反应放出 O_2：$2Na_2O_2+2CO_2 = 2Na_2CO_3+O_2$。

（7）Na_2O_2 在化学分析中用于分解某些矿物，使相关元素转化为较高氧化态的可溶性化合物。

答：Na_2O_2 用于钛和其他一些难溶金属的高温冶炼；有氧化性和碱性：$2(FeO\cdot Cr_2O_3)+7Na_2O_2 = Fe_2O_3+4Na_2CrO_4+3Na_2O$。

4. 用教材中给出的热力学数据解释碱土金属碳酸盐的热稳定性变化趋势，它们的热分解温度为什么总是低于同周期碱金属碳酸盐的分解温度？

答：碱土金属硫酸盐的热稳定性，可由 $MCO_3(s) = MO(s)+CO_2(g)$ 的 $\Delta_rG^\ominus$ 来衡量。

在 298K 时，对 Mg^{2+}、Ca^{2+}、Sr^{2+}、Ba^{2+}，上述反应的 $\Delta_rG^\ominus$ 分别为 $48.3kJ\cdot mol^{-1}$、$130.4kJ\cdot mol^{-1}$、$183.8kJ\cdot mol^{-1}$、$218.1kJ\cdot mol^{-1}$。有逐渐增大、反应难于进行的趋势，即稳定性增强。$\Delta_rG^\ominus$ 的差别是由 $\Delta_rH^\ominus$ 引起的（$\Delta_rS^\ominus$ 几乎相等）。$\Delta_rH^\ominus$ 的差别又是由 MO 与 MCO_3 的晶格焓的差别引起的（即 $\Delta_rH^\ominus(MO)-\Delta_rH^\ominus(MCO_3)$）。而晶格焓之差与固体的阴、阳离子半径之差有关，对大的 CO_3^{2-} 来说，Mg^{2+} 过小，所成的盐不稳定。

用离子极化理论可解释为：随阳离子半径增大，阳离子的反极化能力减弱，碳酸盐逐渐难于分解。

与同周期的碱土金属离子相比较，碱金属离子半径较大（与 CO_3^{2-} 相近），碱金属碳酸盐要稳定些。

5. 写出下列过程的反应方程式。

（1）金属钠分别与水、液氨、甲醇反应；

（2）钠汞齐与水反应；

（3）过氧化钠分别与水和稀硫酸反应。

答：（1）$2Na+2H_2O = 2NaOH+H_2$

有催化剂 $2Na+2NH_3 = 2NaNH_2+H_2$

（无催化剂 $Na+(x+y)NH_3 = Na^+(am)_x+e^-(am)_y$）

$2Na+2CH_3OH = 2NaOCH_3+H_2$

（2）$Na(Hg)+H_2O = NaOH+(Hg)+1/2H_2$

（3）$Na_2O_2+2H_2O = 2NaOH+H_2O_2$（在碱性介质中 H_2O_2 不稳定，实际反应为 $2Na_2O_2+2H_2O = 4NaOH+O_2$），$Na_2O_2+H_2SO_4 = Na_2SO_4+H_2O_2$。

6. 含有 Ca^{2+}，Mg^{2+}，SO_4^{2-} 和不溶性杂质的粗食盐如何精制成纯氯化钠？用反应式表示。

答：加入 $BaCl_2$ 溶液，$Ba^{2+}+SO_4^{2-} = BaSO_4$。过滤除去 $BaSO_4$ 和其他不溶性杂质。再加入 NaOH 和 Na_2CO_3 混合溶液：$Mg^{2+}+2OH^- = Mg(OH)_2$，$Ca^{2+}+CO_3^{2-} = CaCO_3$，$Ba^{2+}+CO_3^{2-} = BaCO_3$。再过滤除去 Mg^{2+}、Ca^{2+}、Ba^{2+} 的沉淀。

在滤液中加入稀 HCl，$H^++OH^- = H_2O$，$2H^++CO_3^{2-} = CO_2+H_2O$，去除 OH^- 和 CO_3^{2-}。加热蒸发时，可去掉过量的 HCl。（在实验中，少量 K^+ 等不能沉淀除去的离子，可在结晶时保留一些母液，而把其去掉。）

7. 在 6 个未贴标签的试剂瓶中分别装有白色固体试剂 Na_2CO_3，$BaCO_3$，Na_2SO_4，$MgCO_3$，$CaCl_2$ 和 $Mg(OH)_2$。试设法鉴别并以化学反应式表示。

答：各取少量固体试剂，加 H_2O 溶解。可溶的有 Na_2CO_3、Na_2SO_4、$CaCl_2$。其余

不溶。

3 种溶液中：显碱性的是 Na_2CO_3（$Na_2CO_3 + H_2O = NaHCO_3 + NaOH$）；把 Na_2CO_3 溶液加入另两溶液，有沉淀的为 $CaCl_2$（$Ca^{2+} + CO_3^{2-} = CaCO_3$）；另一不反应的是 Na_2SO_4。

3 种不溶物质中：虽不溶但溶液呈碱性的是 $Mg(OH)_2$；在另两个不溶的固体上加稀 H_2SO_4。固体溶解，有气体放出的为 $MgCO_3$（$MgCO_3 + H_2SO_4 = MgSO_4 + H_2O + CO_2$）；另一不溶的固体为 $BaCO_3$。

8. 商品 NaOH 中为什么常含有杂质 Na_2CO_3？滴定分析中如何配制不含这种杂质的 NaOH 标准溶液？

答：当 NaOH 与空气接触时，会与空气中的 CO_2 反应，生成 Na_2CO_3。

滴定分析中先配制 NaOH 的饱和溶液，Na_2CO_3 在饱和 NaOH 中不溶，可过滤除去。然后把 NaOH 稀释，再进行标定。

9. 用下面提供的数据通过玻恩-哈伯循环计算 KCl(s)的晶格焓。

	$\Delta_L H_m^\ominus / kJ \cdot mol^{-1}$
K(s)的升华	89
K(g)的电离	425
Cl_2(g)的离解	244
Cl(g)结合电子	−355
由单质生成 KCl(s)	−438

答：据玻恩-哈伯循环有：

$$\Delta_f H^\ominus(KCl) = \Delta_s H + I + 1/2D + E - \Delta_L H^\ominus(KCl) - 438$$

$$= 89 + 425 + 1/2 \times 244 - 355 - \Delta_L H^\ominus(KCl)$$

$$\Delta_L H^\ominus(KCl) = 719 kJ \cdot mol^{-1}$$

三、自测习题

（一）选择题

1. 下列难溶盐中不溶于盐酸的是（ ）。

A. $BaCO_3$　B. $BaSO_4$　C. $BaCrO_4$　D. $BaSO_3$

2. 下列化合物中熔点最高的是（ ）。

A. MgO　B. CaO　C. SrO　D. BaO

3. 与碱土金属相比，碱金属表现出（ ）。

A. 较大的硬度　B. 较高的熔点　C. 较小的离子半径　D. 较低的电离能

4. 加热固体无水碳酸钠时，在它熔化之前（ ）。

A. 放出 CO_2　B. 不发生化学变化

C. 放出氧气　D. 生成 $NaHCO_3$

5. Mg 和 Al 都是较活泼的金属，它们（　）。

A. 都能很快溶解在水中

B. 都能很快溶解在碱溶液中

C. 都能很快溶解在 NH_4Cl 溶液中

D. Al 能很快溶解在碱中，Mg 能很快溶解在 NH_4Cl 溶液中

6. 下列叙述中不正确的是（　）。

A. 碱土金属比相应碱金属的原子半径大　B. 前者比后者价电子多

C. 前者比后者熔沸点高　D. 前者比后者硬度、密度大

7. 下列哪一个是生石膏的化学式（　）。

A. $CaSO_4$　B. $CaSO_4 \cdot 2H_2O$　C. $CaSO_4 \cdot 1/2H_2O$　D. $CaSO_4 \cdot 10H_2O$

8. 下列单质中固态密度最小的是（　）。

A. 镁　B. 铍　C. 锂　D. 硼

9. 实验室中熔化苛性钠，选用下列哪种坩埚（　）。

A. 石英坩埚　B. 瓷坩埚　C. 玻璃坩埚　D. 镍坩埚

10. 下列碱金属碳酸盐中溶解度最小的是（　）。

A. 碳酸钠　B. 碳酸锂　C. 碳酸钾　D. 碳酸铯

11. 以下哪种方法用来由 $MgCl_2 \cdot 6H_2O$ 制备无水氯化镁（　）。

A. 加热脱水　B. 用 $CaCl_2$ 脱水

C. 用浓 H_2SO_4 脱水　D. 在 HCl 气流中加热脱水

12. 碱金属单质在空气中燃烧，它们的产物是（　）。

A. 都是氧化物 M_2O　B. Na、K 的主要产物是 M_2O_2

C. K、Rb、Cs 的主要产物是 MO_2　D. Rb、Cs 的主要产物是 MO_3

13. ⅠA，ⅡA 族元素的电离能、电负性和 M_2 分子中共价键的强度随着原子序数的增加而（　）。

A. 逐渐增大　B. 逐渐减小　C. 无法推测　D. 变化不大

14. 下列原子中哪一种原子第一电离能最大（　）。

A. Na　B. Li　C. Be　D. Mg

15. 碱土金属与碱金属相比较，碱土金属比相邻的碱金属多一个电子，即增加了一个单位的核电荷，所以（　）。

A. 碱土金属原子半径比相邻的碱金属大些

B. 电离能大

C. 较易失去第一个电子

D. 比碱金属更活泼

16. 下列元素形成化合物时，共价倾向最小的是（　）。

A. Be　B. Li　C. Ba　D. Cs

17. 最轻的金属是以下金属中的（　）。

A. Be　B. Li　C. Na　D. Mg

18. 下列金属单质表现两性的是（　）。

A. Li　B. Mg　C. Ba　D. Be

19. 可用于吸收酒精中水分的氧化物是（　）。

A. Na_2O　　B. K_2O　　C. BeO　　D. CaO

20. 因为 Na_2O_2 有强碱性，所以熔融 Na_2O_2 时不宜采用的器皿是（　）。

A. 铁器皿　　B. 镍制器皿　　C. 瓷制或石英器皿　　D. 以上都不行

21. 下列碱土金属氧化物中，硬度最大的是（　）。

A. CaO　　B. BaO　　C. MgO　　D. BeO

22. 下列过氧化物中至今尚未发现的是（　）。

A. Na_2O_2　　B. BeO_2　　C. Rb_2O_2　　D. CaO_2

23. 下列氧化物不属于超氧化物的是（　）。

A. NaO_2　　B. BaO_2　　C. RbO_2　　D. KO_2

24. 实验室中用 H_2SO_4 与如下物质作用制备 H_2O_2，这种物质是（　）。

A. Na_2O　　B. BaO_2　　C. NaO_2　　D. KO_2

25. 下列物质中与 Cl_2 作用能生成漂白粉的是（　）。

A. $CaCO_3$　　B. $CaSO_4$　　C. $Mg(OH)_2$　　D. $Ca(OH)_2$

26. 下列金属离子中，难溶盐数目最多的是（　）。

A. Li　　B. K　　C. Na　　D. Cs

27. $NaNO_3$ 和 $LiNO_3$ 都在 1000K 左右分解，其分解产物（　）。

A. 都是亚硝酸盐和 O_2　　B. 都是氧化物和 O_2

C. 都产生 N_2O_4 和 O_2　　D. 除都产生氧气外，其余产物均不同

28. 下列物质的硫酸盐在水中溶解度最小的是（　）。

A. $MgSO_4$　　B. $CaSO_4$　　C. $SrSO_4$　　D. $BaSO_4$

29. 钙及其挥发性化合物的火焰颜色为（　）。

A. 橙红色　　B. 黄色　　C. 紫色　　D. 绿色

30. 下列各组离子均可以水解的是（　）。

A. Be^{2+}，K^+　　B. Be^{2+}，Ca^{2+}　　C. Li^+，Ca^{2+}　　D. Li^+，Mg^{2+}

31. 碱金属，碱土金属氢氧化物中显示两性的是（　）。

A. $Mg(OH)_2$　　B. $Be(OH)_2$　　C. $Sr(OH)_2$　　D. LiOH

32. 以下四种氢氧化物中碱性最强的是（　）。

A. $Ba(OH)_2$　　B. CsOH　　C. NaOH　　D. KOH

33. 制造红色信号弹或焰火，需选用的盐类是（　）。

A. $KClO_3$ 和 KNO_3　　B. $Sr(ClO_3)_2$

C. $SrCl_2$ 和 $SrSO_4$　　D. $Ba(NO_3)_2$ 和 $Ba(ClO_3)_2$

34. 以下物质中常用来制作红色焰火的氧化剂是（　）。

A. KNO_3　　B. $KClO_3$　　C. $Ba(ClO_3)_2$　　D. $Mg(NO_3)_2$

35. 在炼钢时常用于除去生铁中 Si、P 等杂质的氧化物是（　）。

A. CaO　　B. MgO　　C. K_2O　　D. BeO

36. 下列关于锂和镁性质上的相似性说法错误的是（　）。

A. 锂和镁的氢氧化物受热时，可分解为相应的氧化物

B. 锂和镁的氟化物，碳酸盐和磷酸盐都难溶于水

C. 锂和镁的氯化物能溶于有机溶剂

D. 锂和镁的固体密度都小于1g/mL，熔点都很低

37. 在活泼金属 Na、K、Rb、Cs 中，Cs 是最活泼的，因为（　）。

A. 它的半径最大　　B. 它对价电子的吸引力最大

C. 它的价电子数量最多　　D. 它的价电子离核最远

（二）填空题

1. 在碱金属中，标准电极电势 $\varphi^{\ominus}(M^{+}/M)$ 最小的电对是________；在碱土金属中，标准电极电势 $\varphi^{\ominus}(M^{2+}/M)$ 最小的电对是________。
2. 锂、钠、钾、钙、锶、钡的氯化物在无色火焰中灼烧时，火焰的颜色分别为________。
3. Na_2O_2 与稀 H_2SO_4 反应的产物是________，KO_2 与 CO_2 反应的产物是________。
4. 在ⅡA 族元素中，性质与锂最相似的元素是________。它们在过量的氧气中燃烧都生成________；它们都能与氮气直接化合生成________；它们的________、________和________这三种盐都难溶于水。
5. 用 EDTA 标准溶液测定水的硬度时，EDTA 与水中的________反应生成________。叶绿素是金属________的螯合物。
6. 金属钠应该在________中保存；金属锂应该在________中保存。
7. 写出下列物质的分子式（或化学式）

   （1）熟石膏__________；（2）硫代硫酸钠（大苏打）__________。
8. 写出下列物质的分子式（或化学式）

   （1）芒硝__________；（2）元明粉__________。

（三）问答题

1. 碱金属在什么条件下存在双原子分子？为什么由 $Li_2 \rightarrow Cs_2$ 分子的稳定性逐渐减小？
2. 从标准电极电势看，K 比 Na 活泼，但为什么 Na 能从 KCl 中把 K 置换出来？
3. 在急救器中常用 KO_2，而不常用其他碱金属的超氧化物，为什么？
4. 为什么 Na_2O_2 可以分离某些矿石？举例说明。
5. 盛 $Ba(OH)_2$ 溶液的瓶子，在空气中放置一段时间后，内壁蒙有一层白色薄膜，这是什么物质？欲除去这层薄膜，应采取何种物质来洗涤？说明理由。
6. 石膏模型、粉笔和医疗用石膏绷带是根据什么原理制造的？
7. 能否用 $NaNO_3$ 做火药原料？
8. 某化工厂以芒硝（$Na_2SO_4 \cdot 10H_2O$）、石灰、碳酸氢铵为原料生产纯碱和烧碱。试按照 $Na_2SO_4 \rightarrow NaHCO_3 \rightarrow Na_2CO_3 \rightarrow NaOH$ 的转变顺序写出反应的方程式。为了充分利用原料，是否可以在分离出 $NaHCO_3$ 后的滤液中加入 NaCl 生产化肥 NH_4Cl？
9. 某金属 A 与水反应激烈，生成的产物 B 呈碱性。B 与溶液 C 反应得到溶液 D，D 在无色的火焰中燃烧呈黄色焰色。在 D 中加入 $AgNO_3$ 溶液有白色沉淀 E 生成，E 可溶于氨水溶液。一黄色粉末状物质 F 与 A 反应生成 G，G 溶于水则得到 B。F 溶于水则得到 B 和 H 的混合溶液。H 的酸性溶液使高锰酸钾溶液退色，并放出气体 I。试确定各字母所代

表的物质，并写出有关的反应方程式。

10. 某金属 A 在空气中燃烧时火焰为橙红色，反应产物为 B 和 C 的固体混合物。该混合物与水反应生成 D 并放出气体 E。E 可使红色石蕊试纸变蓝，D 的水溶液使酚酞变红。试确定每个字母所代表的物质，并写出有关的反应方程式。

（四）计算题

CaH_2 与冰反应释放出 H_2。因此 CaH_2 可用作高寒山区野外作业时的生氢剂。试计算 1.00g CaH_2 与冰反应最多可制得 0℃、100kPa 下的 H_2 的体积。

四、自测习题答案

（一）选择题

1. B；2. A；3. D；4. B；5. D；6. A；7. B；8. C；9. D；10. B；11. D；12. C；13. B；14. C；15. B；16. D；17. B；18. D；19. D；20. C；21. D；22. B；23. B；24. B；25. D；26. D；27. D；28. D；29. A；30. D；31. B；32. B；33. B；34. B；35. A；36. D；37. D。

（二）填空题

1. Li^+/Li；Ba^{2+}/Ba。
2. 红、黄、紫、橙红、洋红、绿。
3. H_2O_2、Na_2SO_4，O_2、K_2CO_3。
4. Mg，正常氧化物，氮化物，碳酸盐、磷酸盐、氟化物。
5. Ca^{2+}、Mg^{2+}，螯合物，Mg^{2+}。
6. 煤油，液体石蜡（或固体石蜡）。
7. （1）$CaSO_4 \cdot 1/2H_2O$；（2）$Na_2S_2O_3 \cdot 5H_2O$。
8. （1）$Na_2SO_4 \cdot 10H_2O$；（2）Na_2SO_4。

（三）问答题

1. **答**：在气态条件下存在双原子分子。从 Li 到 Cs 随着主量子数 n 的增大，原子半径逐渐增大，M—M 键的键能逐渐减小，所以由 $Li_2 \rightarrow Cs_2$ 分子的稳定性逐渐减小。
2. **答**：电极电势只能在水溶液条件下才能应用，而 Na 置换 KCl 中的 K 是在高温低压条件下进行的。因为 K 的沸点低于 Na，钾在高温更易挥发，另外钠和钾的同类型化合物的晶格能相比，钠比钾高，即 NaCl 比 KCl 晶格能大，更稳定，所以 Na 能从 KCl 中把 K 置换出来。
3. **答**：碱金属中只有 K、Rb、Cs 形成超氧化物，但较易制备的是 KO_2，所以在急救器中常用 KO_2 而不常用其他碱金属超氧化物。
4. **答**：Na_2O_2 能使某些矿石氧化成可溶于水的含氧酸盐，使所需成分分离出来。如 Na_2O_2 同 Cr_2O_3、MnO_2 等共熔时的反应：

$$Cr_2O_3 + 3Na_2O_2 = 2Na_2CrO_4 + Na_2O$$

$$MnO_2 + Na_2O_2 \xlongequal{} Na_2MnO_4$$

5. 答：白色薄膜是 $Ba(OH)_2$ 吸收空气中的 CO_2 之后形成的难溶碳酸盐——$BaCO_3$，欲除去它，应该用盐酸（或 HAc，HNO_3），因为 $BaCO_3$ 溶于 HCl（或 HAc，HNO_3）。

$$BaCO_3 + 2HCl \xlongequal{} BaCl_2 + H_2O + CO_2\uparrow$$

$$(BaCO_3 + 2HAc \xlongequal{} Ba(Ac)_2 + CO_2\uparrow + H_2O)$$

$$(BaCO_3 + 2HNO_3 \xlongequal{} Ba(NO_3)_2 + CO_2\uparrow + H_2O)$$

6. 答：根据熟石膏与水混合成糊状后，当它凝固会重新生成 $CaSO_4 \cdot 2H_2O$ 并逐渐硬化和膨胀。

$$2CaSO_4 \cdot H_2O + 3H_2O \xlongequal{} 2(CaSO_4 \cdot 2H_2O)$$

7. 答：不能，因 $NaNO_3$ 易吸潮，制出的火药会因吸潮而失效。
8. 答：$Na_2SO_4 + 2CO_2 + 2NH_3 + 2H_2O = 2NaHCO_3\downarrow + (NH_4)_2SO_4$（$NaHCO_3$ 在水中的溶解度小）。
   煅烧 $2NaHCO_3 = Na_2CO_3 + H_2O + CO_2$。
   于水中反应（加热）$Na_2CO_3 + CaO + H_2O = CaCO_3\downarrow + 2NaOH$。
   可以利用在降温的条件下，NH_4Cl 在 NaCl 的浓溶液中溶解度较小来加以分离。
9. 答：A—Na，B—NaOH，C—HCl，D—NaCl，E—AgCl，F—Na_2O_2，G—Na_2O，H—H_2O_2，I—O_2。
   $2Na + 2H_2O = 2NaOH + H_2$，$NaOH + HCl = NaCl + H_2O$，
   $NaCl + AgNO_3 = AgCl + NaNO_3$，$AgCl + 2NH_3 = [Ag(NH_3)_2]Cl$。
   $Na_2O_2 + 2Na = 2Na_2O$，$Na_2O + H_2O = 2NaOH$，
   $Na_2O_2 + 2H_2O = 2NaOH + H_2O_2$，$5H_2O_2 + 2MnO_4^- + 6H^+ = 2Mn^{2+} + 5O_2 + 8H_2O$。
10. 答：A—Ca，B—CaO，C—Ca_3N_2，D—$Ca(OH)_2$，E—NH_3。
    $2Ca + O_2 = 2CaO$，$3Ca + N_2 = Ca_3N_2$，
    $CaO + H_2O = Ca(OH)_2$，$Ca_3N_2 + 6H_2O = 3Ca(OH)_2 + 2NH_3$，
    $NH_3 + H_2O = NH_4^+ + OH^-$，$Ca(OH)_2 = Ca^{2+} + 2OH^-$。

（四）计算题

解：1.07L。

第十三章　p 区元素（一）

一、教学基本要求

1. 掌握 p 区元素（一）性质的递变规律。
2. 通过对硼的氢化物、卤化物、硼酸、硼砂的结构及性质的研究，掌握硼的缺电子性。
3. 掌握铝及其重要化合物的性质和用途。
4. 掌握碳的同素异形体、卤化物、氧化物、碳酸及其盐的结构、性质、制备及用途。
5. 了解硅的氧化物、硅酸、硅酸盐的结构、性质及用途。
6. 掌握氮和磷的单质、氢化物、卤化物、氧化物、含氧酸及其盐的结构、性质、制备及用途。
7. 了解惰性电子对效应。

在本章的学习过程中，应以 p 区元素（一）原子的核外电子排布特征为主线，掌握其单质及化合物的性质及其变化规律。

二、习题分析与解答

1. 下面给出第二、第三周期元素的第一电离能数据（单位 $kJ \cdot mol^{-1}$），试说明 B，Al 的数值为什么低于左右元素？

元　素	Li	Be	B	C	N	O	F	Ne
第一电离能/$kJ \cdot mol^{-1}$	520	900	801	1086	1402	1314	1681	2081
元　素	Na	Mg	Al	Si	P	S	Cl	Ar
第一电离能/$kJ \cdot mol^{-1}$	496	738	578	787	1012	1000	1251	1521

答： 在同一周期中，随原子序数增加，原子核对外层电子吸引力增大，第一电离能（I）应该有逐渐增大的趋势。但亚层的轨道全满和半满时，有特殊的稳定性（洪特规则）。Be^{2+} 的电离能描述的是由全满的 $2s^2$，变为不很稳定的 $2s^1$，这是要消耗很多能量的过程；而 B 的失电子是 $2s^22p^1$ 变为很稳定的 $2s^2$ 的变化，消耗的能量少。这样反而有 Be 的 $I_1 >$ B 的 I_1。Mg 的 $I_1 >$ Al 的 I_1，也可以由洪特规则加以解释。

2. 回答下列用途所依据的性质，可能情况下写出相关的反应式。

（1）某些型号的分子筛用于干燥气体中的微量水；

答： 分子筛对能穿过其微孔的小分子具有极强的吸附力（特别是极性分子）。有些分子筛对水分子有很强的吸附力，可用于气体的干燥。

（2）担载在硅胶上的 MnO 用于除去氮气和稀有气体中的微量氧；

答：在这种情况下，MnO 是一种还原剂，$6MnO + O_2 = 2Mn_3O_4$。

（3）甘油用于强碱滴定 H_3BO_3；

答：H_3BO_3 与多羟基化合物形成配合物后，会给出 H^+，使溶液表现出强酸性。

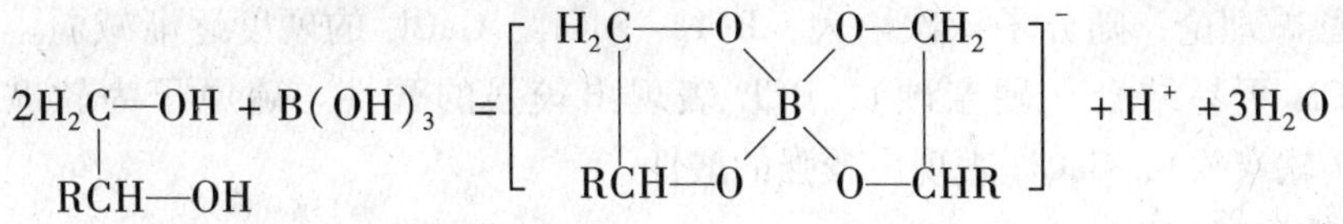

（4）硫酸铝作为絮凝剂净化水；

答：$Al^{3+} + 3H_2O = Al(OH)_3 + 3H^+$，除 $Al(OH)_3$ 胶体可以吸附杂质外，Al^{3+} 还可以使土壤胶体凝聚。

（5）硼砂用作标准酸溶液的基准物；

答：硼砂 $Na_2B_4O_7 \cdot 10H_2O$ 的组成稳定、相对分子质量大、溶液有强碱性，可作为标定酸的基准物。

（6）硼钢用作核反应堆的控制棒；

答：硼有吸收中子的能力。

（7）BF_3 和 $AlCl_3$ 用做有机反应的催化剂；

答：由于它们都是路易斯酸（有空轨道），可以与路易斯碱反应产生极活泼的正碳离子：$R_3C-X + BF_3 = R_3C^+ + [XBF_3]^-$。正碳离子可与另一有机物反应，得到目标产物。

（8）γ-Al_2O_3 用作表面酸催化剂。

答：在 γ-Al_2O_3 的表面有 Al^{3+} 和 O^{2-}。Al^{3+} 为路易斯酸，可催化一些反应。

3. 解释：

（1）六方晶体氮化硼与石墨在结构上的异同；

答：石墨和六方氮化硼均为层状结构。两种物质均可用作润滑剂。不同在于石墨中相邻两层的六边形以交错的方式排布；而六方氮化硼中则是平行排布，且一层中带有部分正电荷的 B 对着另一层中带有负电荷的氮原子。

（2）硼酸在水中是个一元弱酸；

答：硼是缺电子原子。硼酸倾向于提供一个空轨道来结合水分子中氧原子的孤对电子，削弱 O—H 键后，使 H_2O 给出 H^+，而表现为一元弱酸：$B(OH)_3 + H_2O = [B(OH)_4]^- + H^+$。

（3）水溶液中 Na_2S 和铝盐相互作用生成 $Al(OH)_3$ 而不是 Al_2S_3；

答：S^{2-} 是质子碱，而 $Al(H_2O)_6^{3+}$ 是质子酸，两者发生质子传递反应，生成弱酸和弱碱：$2Al(H_2O)_6^{3+} + 3S^{2-} = 2Al(OH)_3\downarrow + 3H_2S\uparrow + 6H_2O$。

（4）Tl(Ⅲ)卤化物 TlX_3 中的 X 只能是 F 或 Cl 或 Br（组成为 Tl^+ 与 I_3^- 的化合物）；

答：Tl^{3+} 有很强的氧化性，不能与有还原性的 I^- 结合。Tl^+ 则可以与 I^- 结合成 TlI，或与稳定的 I_3^-（$I_2 + I^- = I_3^-$，多卤离子）结合成 TlI_3。

（5）BF_3 是个路易斯酸，而 AlF_3 对简单给予体几乎不显路易斯酸性；

答：BF_3 有空轨道，可以接受电子对，所以是路易斯酸。而 AlF_3 为离子化合物，在溶液中主要以离子形式存在。

（6）等电子物种 BH_4^-、CH_4 和 NH_4^+ 中氢原子的酸碱性；

答：BH_4^- 中有 1 个 H^-，可以结合 H^+，为碱。NH_4^+ 可以给出 1 个 H^+，为酸。

所以有由 BH_4^-、CH_4 到 NH_4^+，碱性减弱，酸性增强。

(7) BCl_3、$AlCl_3$ 和 $GaCl_3$ 对氧原子和硫原子给予体路易斯碱显示相反的路易斯酸性强弱顺序。

答：据软硬酸碱理论，随分子依次增大，BCl_3、$AlCl_3$、$GaCl_3$ 的硬度逐渐减弱。氧原子为硬碱，与 BCl_3 更易结合（硬亲硬），BCl_3 表现出较强的酸性。硫原子为软碱，与 $GaCl_3$ 更易结合（软亲软），$GaCl_3$ 表现出较强的酸性。

4. 写出下列过程的反应方程式。

(1) 镁的硼酸盐矿物酸法制硼砂；

答：$Mg_2B_2O_5 + 2H_2SO_4 + H_2O = 2H_3BO_3 + 2MgSO_4$，$4H_3BO_3 + 2NaOH + 3H_2O = Na_2B_4O_7 \cdot 10H_2O$。

(2) 乙硼烷在空气中燃烧；

答：$B_2H_6 + 3O_2 = 2B(OH)_3$。

(3) 铝土矿生产金属铝；

答：$Al_2O_3 + 2NaOH = 2NaAlO_2 + H_2O$，$2NaAlO_2 + CO_2 + 3H_2O = 2Al(OH)_3 + Na_2CO_3$，$2Al(OH)_3 = Al_2O_3 + 3H_2O$，电解 $2Al_2O_3 = 4Al + 3O_2$。

(4) 金属氯化法和氧化铝还原氯化法制备三氯化铝；

答：$2Al + 3Cl_2 = 2AlCl_3$，$Al_2O_3 + 3C + 3Cl_2 = 2AlCl_3 + 3CO$。

(5) BCl_3 水解。

答：$BCl_3 + 3H_2O = H_3BO_3 + 3HCl$。

5. 组成最简单的硼氢化合物为什么是 B_2H_6 而不是 BH_3？描述 B_2H_6 分子中的化学键。

答：B 为缺电子原子，如生成 BH_3，则还有一个空轨道，该分子不会稳定。而生成 B_2H_6 后，价电子和价轨道都可以得到满足。B_2H_6 分子中 B 为 sp^3 杂化，有 4 个 B—H 键，2 个 3c-2e 氢桥键。

6. 用反应式表达 BCl_3 水解反应的机理，为什么说 H_2O 分子配位于硼原子那一步的机理是合理的？

答：$Cl_3B(+H_2O) \rightarrow Cl_3B \leftarrow OH_2(-HCl) \rightarrow Cl_2BOH$

因为 B 有一个空的 p 轨道，同时 B 带有正电荷，可以接受带有负电性的 H_2O 中氧原子的孤对电子。

7. 什么叫等电子关系？试列出你在本章中遇到的几组等电子物种。

答：含有相同数目的原子和相同数目价电子的分子或离子，有相似的结构和性质，这种关系被称为等电子关系，或等电子原理。如苯（C_6H_6）与环硼氮烷；金刚石与立方氮化硼；石墨与六方氮化硼；N_2 与 CO；BH_4^-、CH_4 与 NH_4^+；N_3^-、N_2O、NO_2^+ 与 CO_2；N_2O_4 与 $C_2O_4^{2-}$；SiO_4^{4-}、PO_4^{3-}、SO_4^{2-} 与 ClO_4^-。

8. 用威德规则计算下列硼氢化合物的骨架电子对数，并判断结构为闭合式、巢式或蛛式中的哪一种？

$[B_{12}H_{12}]^{2-}$　　B_6H_{10}　　B_5H_{11}

答：

硼氢化合物	BH 单元电子	其余氢原子提供	负电荷提供	共　计	分子结构
$[B_{12}H_{12}]^{2-}$	12 对	0 对	1 对	$n+1$	闭合式
B_6H_{10}	6 对	2 对	0 对	$n+2$	巢式
B_5H_{11}	5 对	3 对	0 对	$n+3$	蛛网式

9. 气相中的 $AlCl_3$、$AlBr_3$、AlI_3 为什么均以双聚分子 Al_2X_6 形式存在？描述 Al_2Cl_6 分子中的化学键。

答：$AlCl_3$、$AlBr_3$、AlI_3 均为路易斯酸。Al 为缺电子原子，AlX_3 为缺电子化合物。每个 AlX_3 分子都可以提供 1 个空轨道，相互接受另一分子的卤原子的孤对电子，而形成酸碱配合物，即以双聚体的形式存在。其中 Al 为 sp^3 杂化；双聚体中有 2 个桥氯原子分别以共价键、配位键（从形成过程来看）与 2 个铝原子结合。

10. 回答下列用途所依据的性质，可能情况下写出相应的反应式。

（1）金属镍在石墨转化为金刚石过程中的催化作用；

答：Ni 的催化作用是基于石墨和金刚石在 Ni 熔体中有不同的溶解度。石墨的溶解度高于金刚石。对石墨饱和的 Ni 熔体，对金刚石而言已过饱和，溶解的石墨要以金刚石的形式析出。

（2）活性炭用于净化食用油、饮料脱色以及水处理；

答：活性炭有很高的比表面积，是多种分子的高效吸附剂。

（3）金刚石和立方晶体氮化硼用作磨料，而石墨和六方晶体氮化硼用作润滑剂；

答：金刚石和立方氮化硼中所有的原子都以 sp^3 杂化轨道成共价键，是原子晶体，有高硬度。而石墨和六方氮化硼晶体中所有原子都以 sp^2 杂化轨道成共价键，有片层结构，层间以范德华力结合。这样层间易滑动，有润滑性。

（4）沸石用作气体的干燥剂和净化剂；

答：沸石有多种不同的笼结构，对能穿过其微孔的小分子具有极强的吸附力，特别是水分子和其他极性分子，所以沸石可用作干燥剂和净化剂。

（5）沸石有望用于 O_2 和 N_2 的分离以获得富氧空气；

答：A 型和 X 型分子筛的空腔存在较高的静电场，空气中 N_2 的分子由于易被极化而比 O_2 分子更易被分子筛吸附。从而可用于 N_2、O_2 的分离。

（6）$PdCl_2$ 水溶液用于检验微量 CO 的存在；

答：CO 有还原性：$PdCl_2 + CO + H_2O \Longrightarrow CO_2 + Pd\downarrow + 2HCl$，有黑色的沉淀析出。

（7）Sn（Ⅱ）的还原性用于鉴定 Hg^{2+} 和 Bi^{3+}。

答：$2Hg^{2+} + Sn^{2+} \Longrightarrow Hg_2^{2+} + Sn^{4+}$，$Hg_2^{2+} + Sn^{2+} \Longrightarrow 2Hg\downarrow + Sn^{4+}$，有黑色的沉淀析出。

$2Bi(OH)_3 + 3[Sn(OH)_4]^{2-} \Longrightarrow 2Bi\downarrow + 3[Sn(OH)_6]^{2-}$，有黑色的沉淀析出。

11. 解释：

（1）Si 和 Ge 是很好的半导体材料而同族的 C（金刚石）和 Sn 则不是；

答：半导体有合适的禁带宽度，导电能力比金属（导体）弱，比非金属（绝缘体）强。Si 和 Ge 都是准金属，满足上述条件。而 C 是非金属，Sn 为金属，都不是半导体。

（2）CO 能使人窒息死亡，而 CO_2 却用于制造碳酸饮料（提示：从配位能力考虑）；

答：CO 有路易斯碱性和路易斯酸性，与血红蛋白中 Fe(Ⅱ)的结合能力比 O_2 高出 300

倍。Fe(Ⅱ)与 CO 结合后，血红蛋白即失去了输送 O_2 的能力。而 CO_2 无毒性，并且溶于水，可用于制造饮料。

(3) 配制 $SnCl_2$ 溶液时需加入盐酸和锡粒；

答：$SnCl_2$ 有很强的水解性，$SnCl_2 + H_2O = Sn(OH)Cl\downarrow + HCl$。为防止产生沉淀，要加入 HCl。

Sn^{2+} 有较强的还原性，为防止被空气中 O_2 的氧化成 Sn^{4+}，要加 Sn 粒($Sn^{4+} + Sn = 2Sn^{2+}$)。

(4) 甲烷热解产生的碳原子在加热物体表面上沉积出混有石墨的金刚石微晶；

答：热解过程产生的 C，可以生成石墨和金刚石的微晶。但同时产生的氢原子更易于与石墨碳原子反应重新生成碳氢化合物，使金刚石微晶中混有少量的石墨。

(5) CO_2 具有直线形分子结构；

答：为使 C 与 O 间有更多的键生成，C 采取 sp 杂化，分子为直线型。

(6) 钟乳石的形成过程（提示：溶有 CO_2 的天然水对难溶碳酸盐矿物的转移作用）；

答：在溶有 CO_2 的水的作用下，$CaCO_3$ 会溶解：$CaCO_3 + H_2O + CO_2 = Ca(HCO_3)_2$。在水蒸发或溶液受热时，$Ca(HCO_3)_2$ 分解，又有 $CaCO_3$ 析出，$Ca(HCO_3)_2 = CaCO_3 + H_2O + CO_2$。

(7) 金属钠可用于干燥醚类溶剂但不能用于干燥 CCl_4；

答：Na 可与 H_2O 反应（置换 OH 基中的 H），醚类没有羟基，不会与 Na 发生反应。而 CCl_4 可被强还原剂还原，如 $CCl_4 + 4Na = C + 4NaCl$，可与 Na 反应。

(8) 产生“温室效应”的原因；

答：阳光在地球表面的红外辐射，可以被 CO_2 分子吸收，而使大气层的温度升高。当 CO_2 在大气层的含量偏高时，可使这一升温效应增大，导致气候的异常。

(9) 玻璃（包含石英玻璃）不能用于含 HF 气体的场合；

答：玻璃的主要成分 SiO_2、$CaSiO_3$ 可与 HF 反应，生成可溶或挥发性的物质。如：$SiO_2 + 4HF = SiF_4 + 2H_2O$，$CaSiO_3 + 6HF = CaF_2 + SiF_4 + 3H_2O$。

(10) SnS 溶于含有多硫化物杂质的 Na_2S 溶液而 PbS 却不溶。

答：SnS 有还原性，可被多硫化物（类似过氧化物）氧化：$SnS + S_2^{2-} = SnS_2 + S^{2-}$。

而 SnS_2 有酸性，可溶于 Na_2S：$SnS_2 + Na_2S = Na_2SnS_3$。PbS 既无还原性、又无酸性。

12. 写出下列过程的反应方程式。

(1) 用“水蒸气转化法”和“水煤气反应”制备“合成气”；

答：水蒸气转化法（在加热、加压、有催化剂存在时）：$CH_4 + H_2O = CO + 3H_2$；

水煤气反应：$C + H_2O = CO + H_2$（合成气即 CO、H_2 混合气体）。

(2) 实验室制备少量 CO 气体；

答：在有浓 H_2SO_4 存在，加热条件下 $HCOOH = CO + H_2O$。

在有浓 H_2SO_4 存在，加热条件下 $H_2C_2O_4 = CO + CO_2 + H_2O$。$CO_2$ 可用 NaOH 吸收。

(3) 鼓风炉炼铁；

答：加热时 $Fe_2O_3 + 3CO = 2Fe + 3CO_2$。

(4) CaC_2（电石）与水反应生成乙炔；

答：$CaC_2 + 2H_2O = Ca(OH)_2 + C_2H_2$。

(5) 由冶金级硅经三氯硅烷制备半导体所需要的高纯硅；

答：加热时 $Si + 3HCl(g) = SiHCl_3 + H_2$；在 1000℃时 $SiHCl_3 + H_2 = Si + 3HCl$。

（6）SiF_4 和 $SiCl_4$ 的水解；

答：$3SiF_4 + 4H_2O = H_4SiO_4 + 2H_2[SiF_6]$，$SiCl_4 + 4H_2O = H_4SiO_4 + 4HCl$。

（7）PbO_2 在酸性介质中氧化 Mn^{2+}；

答：$2Mn^{2+} + 5PbO_2 + 4H^+ = 2MnO_4^- + 5Pb^{2+} + 2H_2O$。

（8）Pb_3O_4 与盐酸、硝酸反应；

答：$Pb_3O_4 + 14HCl = 3H_2[PbCl_4] + Cl_2 + 4H_2O$，$Pb_3O_4 + 4HNO_3 = 2Pb(NO_3)_2 + PbO_2 + 2H_2O$。

（9）SnS_2 溶于 $(NH_4)_2S$ 的水溶液。

答：$SnS_2 + (NH_4)_2S = (NH_4)_2SnS_3$。

13. 从热力学因素考虑，所有的四卤甲烷都能发生下述水解反应：

$$CX_4(g或l) + 2H_2O(l) \longrightarrow CO_2(g) + 4HX(aq)$$

但 CF_4 和 CCl_4 的水解速率极慢，你能给出动力学上的原因吗？（提示：从空间因素考虑）SiF_4 和 $SiCl_4$ 的水解反应速率能否支持你提出的观点？

答：CX_4 的水解除用化学热力学解释外，还可以从结构上来分析：CX_4 中的碳原子无能量低的空轨道，很难结合 H_2O 提供的孤对电子，所以水解的速度极慢。

而 SiF_4 和 $SiCl_4$ 分子中的 Si 有空的能量低的 3d 轨道，可与 H_2O 结合，所以水解很快。

14. 一个简单钠沸石笼的骨架中有多少个桥氧原子？用文字描述 A 型沸石结构中心的多面体（超级笼）。

答：对 β 笼来说有 24 个顶点，被硅原子和铝原子占据。而每个硅原子或铝原子又在 4 个氧原子围成的四面体的中心。这样 β 笼的 14 个面中，四边形面外的 4 个氧原子为两个 β 笼共用，里面 4 个氧原子为与其他四边形共用，四边形上有 4 个氧原子。即每个四边形有 8 个氧原子。6 个四边形共计有 48 个氧原子。

A 型沸石结构中心的多面体是由 6 个正八边形、8 个正六边形和 8 个正方形组成的 22 面体。

15. 当今发展中的硅无机高分子材料有哪两大类？你能找出两种结构式之间的关系吗？

答：有聚硅氧烷和聚硅烷两大类。聚硅氧烷为在聚硅烷的 Si—Si 键间插入了一个氧原子。

16. Pb_3O_4（铅丹）中存在 Pb(Ⅱ) 和 Pb(Ⅳ) 两种氧化态，你能从化学和结构证据作出适当说明吗？

答：从化学性质上，$Pb_3O_4 + 4HNO_3 = 2Pb(NO_3)_2 + PbO_2 + 2H_2O$，Pb(Ⅳ) 在 HNO_3 中不溶。

从结构上看，Pb_3O_4 中铅原子有两种不同的配位环境。Pb(Ⅳ) 为正八面体配位，Pb(Ⅱ) 为不规则六配位。

17. 回答下列用途所依据的性质，可能情况下写出相应的反应式。

（1）SiO_2 或 CaO 用于高温冶炼过程降低反应温度；

答：许多金属氧化物有较高的熔点，加入 SiO_2（能与金属氧化物反应），与 CaO（能与非金属氧化物反应）成盐后，可使熔点降低。

（2）P_4O_{10} 用作高效干燥剂；

答：与 P_4O_{10} 平衡的水的蒸气压很低（$P_2O_5 + 3H_2O = 2H_3PO_4$）。

（3）AsH_3 的某些性质可用于检验砷毒；

答：AsH_3 易分解。加热时 $2AsH_3 = 2As + 3H_2$，能产生清晰的、可用于半定量测定的砷镜。

（4）亚磷酸盐和次磷酸盐都可用作温和还原剂；

答：H_3PO_3、H_3PO_2 中 P 的氧化态分别为 +3、+1。有失电子成稳定的 +5 的趋向。

（5）SbF_5 加于氟磺酸制备超强质子酸。

答：$SbF_5 + 2HSO_3F = [H_2SO_3F]^+ + [FSO_3SbF_5]^-$。$[H_2SO_3F]^+$ 为超强质子酸。

18. 解释：

（1）白磷的活泼性远高于 N_2；

答：白磷为正四面体结构（组成为 P_4）。∠P－P－P 为 60°，使 p 轨道存在张力，不稳定。而 N_2 的氮原子间以三键结合，尤其是破坏第一个键时需要很高的能量，所以很难参与反应。

（2）砷酸的存在形式是 H_3AsO_4，而锑酸则是 $H[Sb(OH)_6]$；

答：砷为第四周期元素，原子半径较小，为四配位。锑半径大，能以六配位形式存在。

（3）N(Ⅴ)和 Bi(Ⅴ)的氧化能力比同族中介于它们之间的三个元素在 +5 氧化态时都要强（提示：考虑元素的电负性变化趋势和惰性电子对效应）；

答：N 的电负性最强，吸引电子的能力强，几乎所有正价的含氧化合物都有强氧化性。Bi 作为金属元素，只是由于惰性电子对效应而难于失去 6s 电子，有强烈的夺回 6s 电子的倾向，表现出强氧化性。

（4）AsO_4^{3-} 的组成和性质与 PO_4^{3-} 相似，但前者摄入人体却引起中毒；

答：AsO_4^{3-} 类似于 PO_4^{3-}，易进入细胞。但 AsO_4^{3-} 有氧化性，被还原为 As(Ⅲ)后，与氨基酸中的硫原子有强的亲和力。

（5）PCl_5 气态时是个分子化合物（三角双锥结构），而固态时则是离子化合物；

答：在固体中，PCl_5 以更稳定的 $[PCl_4]^+$ 和 $[PCl_6]^-$ 离子的形式存在。

（6）H_3PO_4（磷酸）、H_3PO_3（亚磷酸）和 H_3PO_2（次磷酸）的化学式中均有 3 个原子，它们却分别是三元酸、二元酸和一元酸。

答：它们分别以 $OP(OH)_3$、$OPH(OH)_2$、$OPH_2(OH)$ 的形式存在，各有 3、2、1 个羟基，分别为三元酸、二元酸、一元酸。

19. 掌握氮的重要氧化态之间的转化关系。

（1）写出固氮的 3 个反应方程式并注明反应条件，工业上选用其中一个反应在大规模合成时考虑的主要因素是什么？

（2）以 NH_3 和其他适当的原料为起始物合成氮的下列正氧化态化合物（以反应式表示）：NO，NO_2，HNO_3，NO_2^-；

（3）以 NH_3 和其他适当的原料为起始物合成氮的下列负氧化态化合物（以反应式表示）：N_2H_4，NH_2OH，HN_3。

（提示：尽管含氮物种的氧化还原行为相当复杂，但还是能够归纳出某些规律：由 N_2

合成含氮化合物总是先将其还原为最低氧化态的 NH_3，因而氨在含氮化合物的合成中占有居高临下的地位；以 NH_3 为起始物通过多步氧化合成氮的 +2，+4 和 +5 氧化态化合物，同样重要的 +3 氧化态物种则是由 +4 氧化态物种歧化得到的；除 -3 之外其他 3 个重要负氧化态（-2，-1，-1/3）物种分别通过低氧化态物种的氧化、高氧化态物种的还原和高、低氧化态物种之间的反歧化过程制备）

答：（1）活泼金属固氮 $3Mg + N_2 = Mg_3N_2$，$Mg_3N_2 + 6H_2O = 3Mg(OH)_2 + 2NH_3$。

哈伯法固氮：在高温、高压、催化剂存在下 $N_2 + 3H_2 = 2NH_3$。

生成 N_2 的分子配合物固氮 $2Mo(NRAr)_3 + N_2 = 2(ArRN)_3Mo\equiv N$。

考虑的主要因素是低的成本、高的反应速率、大的生产规模。

（2）$4NH_3 + 5O_2 = 4NO + 6H_2O$，$2NO + O_2 = 2NO_2$，

$4NO_2 + O_2 + 2H_2O = 4HNO_3$，$NO + NO_2 + 2NaOH = 2NaNO_2 + H_2O$。

（3）$2NaOH + Cl_2 + 2NH_3 = N_2H_4 + 2NaCl + 2H_2O$。

$NH_3 \rightarrow NO_2^-$ 后，$NO_2^- + 2HSO_3^- = N(OH)(SO_3)_2^{2-} + OH^-$。

$N(OH)(SO_3)_2^{2-} + H^+ + 2H_2O = H_3NOH^+ + 2HSO_4^-$。

$N_2H_4 + HNO_2 = 2H_2O + HN_3$。

20. 尿素是当今世界上产量最大的含氮化合物，试写出以 NH_3 和 CO_2 为原料生产尿素的两个主要反应。

答：$CO_2 + 2NH_3 = NH_2COONH_4$（氨基甲酸铵），$NH_2COONH_4 = NH_2CONH_2 + H_2O$。

21. 写出王水溶解金和铂的反应方程式，简述促进溶解的主要化学因素。（提示：有人称王水为“三效试剂”，强酸性、强氧化性和配位能力缺一则不能溶解金和铂）

答：$Au + HNO_3 + 4HCl = H[AuCl_4] + NO + 2H_2O$。

$3Pt + 4HNO_3 + 18HCl = 3H_2[PtCl_6] + 4NO + 8H_2O$。

HNO_3 为氧化剂。Cl^- 可与金属离子配合，增强了 Au 与 Pt 的还原性。H^+ 为反应物，浓度增大利于平衡正向移动。

22. 掌握重要磷物种之间的转化关系。

（1）以白磷和其他适当的原料为起始物合成 P_2O_5，H_3PO_4，PCl_3 和 PCl_5；

（2）以磷酸为起始物合成 NaH_2PO_4，Na_2HPO_4，Na_3PO_4，$Na_4P_2O_7$ 和 $Na_5P_3O_7$。

（提示：白磷在磷化学中的地位有点类似于氨在氮化学中的地位，但它的氧化还原行为对磷化学而言远不是那样重要。工业上许多重要的磷化合物都涉及 +5 氧化态）

答：（1）$P_4 + 5O_2 = 2P_2O_5$，$P_2O_5 + 3H_2O = 2H_3PO_4$，$P_4 + 6Cl_2 = 4PCl_3$，$PCl_3 + Cl_2 = PCl_5$。

（2）$H_3PO_4 + NaOH = NaH_2PO_4 + H_2O$，$NaH_2PO_4 + NaOH = Na_2HPO_4 + H_2O$，

$Na_2HPO_4 + NaOH = Na_3PO_4 + H_2O$，$NaH_2PO_4 + 2Na_2HPO_4 = Na_5P_3O_{10} + 2H_2O$。

23. 写出下列反应方程式：

（1）亚硝酸作为氧化剂氧化 I^- 和作为还原剂还原 MnO_4^-；

答：(1)$2HNO_2 + 2I^- + 2H^+ = 2NO + I_2 + 2H_2O$，$5NO_2^- + 2MnO_4^- + 6H^+ = 5NO_3^- + 2Mn^{2+} + 3H_2O$。

（2）由磷石灰生产肥料级 H_3PO_4 进而生产过磷酸钙肥料；

答：$Ca_3(PO_4)_2 + 3H_2SO_4 = 2H_3PO_4 + 3CaSO_4$，$Ca_3(PO_4)_2 + 4H_3PO_4 = 3Ca(H_2PO_4)_2$。

（3）PCl_3 和 PCl_5 的水解反应；

答：$PCl_3 + 3H_2O = H_3PO_3 + 3HCl$，$PCl_5 + 4H_2O = H_3PO_4 + 5HCl$。

（4）PbO_2 和 $NaBiO_3$ 在酸性溶液中氧化 Mn^{2+}；

答：$5PbO_2 + 2Mn^{2+} + 4H^+ = 2MnO_4^- + 5Pb^{2+} + 2H_2O$，

$5BiO_3^- + 2Mn^{2+} + 14H^+ = 5Bi^{3+} + 2MnO_4^- + 7H_2O$。

（5）SbF_5 和 K_2MnF_6 反应制备 F_2。

答：$K_2MnF_6 + 2SbF_5 = 2KSbF_6 + MnF_4$，$2MnF_4 = 2MnF_3 + F_2$。

24. 家用洗衣粉中的三磷酸钠（$Na_5P_3O_{10}$）正在逐步被加入的分子筛所替代，试对这两种成分所起的作用作比较。

答：$P_3O_{10}^{5-}$ 可以与水中的 Ca^{2+}、Mg^{2+} 生成配合物，减小水的硬度，提高洗涤效果。分子筛则是用其中的 Na^+ 与 Ca^{2+}、Mg^{2+} 交换，使水中的 Ca^{2+}、Mg^{2+} 减少。

25. 简要叙述 $EH_3(E = P, As)$ 的制备方法和主要化学特征。

答：$P_4 + 3NaOH + 3H_2O = PH_3 + 3NaH_2PO_2$，这是歧化反应。

$Ca_3P_2 + 6H_2O = 3Ca(OH)_2 + 2PH_3$，这是一个水解、复分解反应。

$PH_4I + NaOH = NaI + PH_3 + H_2O$，这是盐与水的反应、复分解反应。

而 $As_2O_3 + 6Zn + 12HCl = 2AsH_3 + 6ZnCl_2 + 3H_2O$，利用还原剂将 As 还原到低价。

三、自测习题

（一）选择题

1. 下列物种中，能存在于 $SnCl_2$ 与过量 NaOH 溶液中的是（　）。

A. SnO　　B. $Sn(OH)_2$　　C. $Sn(OH)_3^-$　　D. $Sn(OH)_4^{2-}$

2. 下列各组物质可共存于同一溶液中的是（　）。

A. NH_4^+、$H_2PO_4^-$、K^+、Cl^-、PO_4^{3-}　　B. Pb^{2+}、NO_3^-、Na^+、SO_4^{2-}

C. $Al(OH)_3$、Cl^-、NH_4^+、$NH_3 \cdot H_2O$　　D. Sn^{2+}、H^+、$Cr_2O_7^{2-}$、K^+、Cl^-

3. 下列 P 区元素含氧酸中，既能作氧化剂又能作还原剂的是（　）。

A. HNO_2　　B. H_3PO_4　　C. H_2SeO_4　　D. $HClO_4$

4. 用试管取少量固体 $BiCl_3$，加入少量蒸馏水，稍等片刻再滴加 $6mol \cdot L^{-1}$ 盐酸，并振荡试管，然后再加水稀释，产生的现象是（　）。

A. 没有任何现象出现

B. 只有白色沉淀生成，加酸沉淀不溶解

C. 先生成白色沉淀，加酸沉淀溶解，再加水沉淀复出

D. 加酸时有黄绿色气体产生

5. NO_2 与 NaOH 溶液反应时的产物是（　）。

A. $NaNO_3 + NaNO_2 + H_2O$　　B. $NaNO_2 + NaNO_3$

C. $NaNO_3 + H_2O$　　D. $NaNO_2 + H_2O$

6. 下列哪一种离子在中性溶液中与 Ag^+ 产生白色沉淀（　）。

A. NO_2^-　　B. PO_4^{3-}

C. I^-　　D. 都不是白色沉淀

7. HNO_2 是不稳定的化合物，它在水溶液中（　）。

A. 不分解为 HNO_3 和 NO　　B. 不能全部电离

C. 不能作为氧化剂　　D. 不能作为还原剂

8. 在 NaH_2PO_4 溶液中加入 $AgNO_3$ 溶液后，析出沉淀的是（　）。

A. AgH_2PO_4　　B. Ag_2HPO_4　　C. Ag_3PO_4　　D. Ag

9. 下列各物质遇水后能放出气体并生成沉淀的是（　）。

A. $SnCl_2$　　B. $Bi(NO_3)_3$　　C. Mg_3N_2　　D. $(NH_4)_2SO_4$

10. 下列实验室常用干燥剂中，哪一种最有效（　）。

A. 浓 H_2SO_4　　B. 无水 $CaCl_2$　　C. P_2O_5　　D. 变色硅胶

11. 可用于干燥 NH_3 的干燥剂是（　）。

A. 生石灰　　B. 无水 $CaCl_2$　　C. P_2O_5　　D. 浓 H_2SO_4

12. N_2F_2 有顺式和反式存在，为解释这种现象，可以认为两个氮原子之间的键是（　）。

A. 仅有一个 σ 键　　B. 仅有一个 π 键

C. 两个 σ 键　　D. 一个 σ 键和一个 π 键

13. 酸性溶液中亚硝酸盐和碘化钾作用，产物是下列哪一种（　）。

A. NO　　B. NO_3^-　　C. NO_2　　D. N_2

14. 用浓硝酸处理砷时，得到下列哪种产物（　）。

A. $As(NO_3)_3$　　B. As_2O_3　　C. H_3AsO_3　　D. H_3AsO_4

15. 有四种未知液，全部呈酸性，其中不合理的一份是（　）。

A. Fe^{2+}、Na^+、NO_2^-　　B. NH_4^+、Zn^{2+}、Cl^-

C. Fe^{3+}、Na^+、$Cr_2O_7^{2-}$　　D. Ca^{2+}、K^+、NO_3^-

16. SiO_2 是酸性氧化物，它能溶于（　）。

A. HF　　B. HCl　　C. 浓 H_2SO_4　　D. HNO_3

17. 下列物质中，其沸点最低的是（　）。

A. $SiBr_4$　　B. $SiCl_4$　　C. CCl_4　　D. $GeCl_4$

18. 下列叙述中不正确的是（　）。

A. 石棉为链状硅酸阴离子的盐，具有片状结构

B. 滑石的硅酸盐阴离子纤维结构

C. 硼的基本结构单元是 B_{12}二十面体

D. 晶态硼和晶态硅都是原子晶体，但是晶态硼的结构比晶态硅复杂

19. 下列氯化物中，哪一个不能水解（　）。

A. CCl_4　　B. $SiCl_4$　　C. $SnCl_4$　　D. $GeCl_4$

20. 对硼酸性质的描述中，错误的是（　）。

A. 硼酸与多元醇反应生成配合酸使酸性增加

B. 硼酸是一元弱酸

C. 硼酸的酸性是由于它在水中加合氢氧根离子，而不是给出质子

D. 硼酸是三元酸

21. 下列碳酸盐中，最不稳定的是（　）。

A. $CaCO_3$　　B. $PbCO_3$　　C. Na_2CO_3　　D. K_2CO_3

22. CO和金属形成配合物要比 N_2 容易得多，这是因为CO（　）。

A. 孤电子对多　　B. 有一个π-配键

C. 有三电子键　　D. 与 N_2 的分子轨道的电子排布不同

23. Be和Al的化合物在许多化学性质上相似，是因为（　）。

A. 它们都是轻金属　　B. 它们的电子层结构相似

C. 它们的 Z/r 大小相近　　D. 由于惰性电子对效应

24. 铝在空气中燃烧时，生成（　）。

A. 单一的 Al_2O_3　　B. Al_2O_3 和 Al_2N_3

C. 单一的 Al_2N　　D. Al_2O_3 和AlN

25. 对于一个乙硼烷分子来说，下列叙述中正确的是（　）。

A. 硼是等电子原子　　B. 含有氢桥键

C. 硼原子形成 sp^2 杂化　　D. 含有6个B—Hσ键

26. 铅最容易溶于下列哪种稀酸（　）。

A. 乙酸　　B. 硫酸　　C. 磷酸　　D. 盐酸

27. 实验室配制 $SnCl_2$、$SbCl_3$、$BiCl_3$ 等溶液必须先用少量盐酸溶解，才能配成澄清溶液，这是由于下列哪种原因引起的（　）。

A. 同离子效应　　B. 盐效应　　C. 缓冲溶液　　D. 盐类的水解

28. 制备无水氯化铝的方法是（　）。

A. 将过量铝加入稀盐酸中，反应完毕后蒸干所得溶液

B. 往盐酸中加入氢氧化铝，反应完毕后蒸干所得溶液

C. 往盐酸中加入氧化铝，反应完毕后蒸干所得溶液

D. 在氯气流中加热铝箔

29. 铅的氧化物有许多组成：PbO、Pb_3O_4、Pb_2O_3、PbO_2，关于这些氧化物正确的说法是（　）。

A. 都易溶于硝酸　　B. 都不溶于硝酸

C. 都测不出熔点　　D. 都是红色

30. 有一金属在手中可以熔化，而液态范围是所有金属中最宽的，这个金属是（　）。

A. 汞　　B. 锡　　C. 锂　　D. 镓

31. 硼成键为 sp^2 杂化，且含三个单键，1个 π_4^6 键的化合物是（　）。

A. B_2O_3　　B. BF_4^-　　C. BO_3^{3-}　　D. B_2H_6

32. 硼与浓NaOH反应，所得的含硼产物是（　）。

A. $NaBO_2$　　B. Na_3BO_3　　C. B_2O_3　　D. H_3BO_3

33. 在硼酸中加入下列何种物质，可以提高其酸性（　）。

A. NaOH　　B. H_3PO_4　　C. C_2H_5OH　　D. 多羟基醇

34. 鉴别硼酸根时，可用的物质是（　）。

A. CH_3OH　　B. CH_3OCH_3　　C. $HOCH_2CH_2OH$　　D. CH_3CHO

35. H_3BO_3 与过量的强碱NaOH作用，可得到（　）。

A. Na_3BO_3　　B. $NaBO_2$　　C. $Na_4B_2O_5$　　D. $Na_2B_4O_7$

36. 硼砂的水溶液呈（　）。

A. 碱性　　B. 中性　　C. 酸性　　D. 弱酸性

37. 用盐酸滴定硼砂水溶液至恰好中和时，溶液呈（　）。

A. 中性　　B. 弱酸性　　C. 弱碱性　　D. 强碱性

38. 在分析化学中，硼砂可用来作标准溶液是因为它（　）。

A. 易水解　　B. 在干燥空气中易风化

C. 熔融态时可溶解金属氧化物　　D. 稳定，易提纯

39. CO_2 泡沫灭火器的反应原理是（　）。

A. HCO_3^- 离子的水解　　B. Al^{3+} 水解

C. HCO_3^- 与 Al^{3+} 双水解，相互促进　　D. 反应生成 $Al(HCO_3)_3$，然后水解

40. 硼的缺电子性表现为（　）。

A. 易形成缺电子多中心键及配合物　　B. 易形成含桥键的化合物

C. 易形成不同类型杂化，形成化合物　　D. 易形成共价化合物

41. 硼族元素的原子都属缺电子原子，而硼原子的缺电子性在形成化合物时表现得尤为突出，其原因是（　）。

A. 原子的半径最小，电离能最高　　B. 原子的半径最小，电负性最大

C. 原子的非金属性最强　　D. 原子半径小，电负性大，有空 2p 轨道

42. 从碳到铅，当原子序数增加时，+2 氧化态的稳定性（　）。

A. 增强　　B. 减弱　　C. 无变化　　D. 无法确定

43. 气体 X 和红热的炭反应，得到一种无色气体 Y，Y 和 CuO 在加热条件下反应又得到 X 和 Cu，则 X 和 Y 依次为（　）。

A. CO，CO_2　　B. CO_2，CO　　C. H_2O（气）　　D. O_2，CO

44. CO 通过 $PdCl_2$ 溶液生成黑色沉淀，此法可检出 CO，此时 CO 的作用是（　）。

A. 氧化剂　　B. 还原剂　　C. 配位剂　　D. 催化剂

45. CO 分子的偶极矩较小，几乎为零，这是因为（　）。

A. 碳和氧的电负性差值小

B. 碳原子存在孤对电子

C. 氧原子是 π 配键电子对接受体

D. 氧原子既吸引 σ 键电子对，又是 π 配键电子对的给予体，使氧原子略带正电荷

46. CO 能与一些过渡元素的金属原子 M 形成稳定的羰合物，原因是（　）。

A. CO 与 M 形成了共价叁键

B. CO 与 M 形成了螯合的两个 σ 键

C. CO 中碳原子的孤电子对与 M 形成了配位 σ 键

D. CO 与 M 之间同时形成了配位 σ 键和反馈 π 键

47. 碳酸盐的热稳定性主要取决于（　）。

A. 阳离子的极化力　　B. 阴离子的变形性

C. 晶格能　　D. 离子键能

48. 下列说法中错误的是（　）。

A. 溶于水的 CO_2 仅有小部分转变为 H_2CO_3

B. H_2CO_3 为四面体型分子，C 采取 sp^3 杂化

C. CO_3^{2-} 与 NO_3^- 结构相似

D. 碳酸盐的热稳定性与金属离子的结构有关

49. 下列酸中仅与 SiO_2 反应的是（　）。

A. HCl　　B. H_2SO_4　　C. HF　　D. HAc

50. 天然硅酸盐的基本结构单元是（　）。

A. SiO_2　　B. SiO_4　　C. SiO　　D. Si_2O_7

51. $SiCl_4$ 在潮湿的空气中冒白烟是因为 $SiCl_4$（　）。

A. 挥发　　B. 水解

C. 分解　　D. 与空气中的氧作用

52. 下面各酸中，酸性最强的是（　）。

A. HF　　B. H_2SiO_3　　C. H_3PO_4　　D. $H_2[SiF_6]$

53. 固体碳酸盐的分解温度是指（　）。

A. 分解产生的 CO_2 的分压等于该气体在空气中的分压时的温度

B. 分解产生的 CO_2 的分压等于或大于该气体在空气中的分压时的温度

C. 分解产生的 CO_2 的分压等于外界大气压时的温度

D. 分解产生的 CO_2 的分压等于 101.325kPa 时的温度

54. 同一主族碳酸盐的热稳定性一般决定于金属离子的（　）。

A. 离子半径　　B. 离子电荷　　C. 离子构型　　D. 以上三种因素

55. 在碳酸钠溶液中加入可溶性铝盐，生成的沉淀是（　）。

A. $Al_2(CO_3)_3$　　B. $Al(OH)_3$　　C. $Al(OH)CO_3$　　D. $Al(HCO_3)_3$

56. 在易溶碳酸盐溶液中，加入重金属离子 M^{2+}，其最终产物是（　）。

A. $M(OH)_2\downarrow$　　B. $MCO_3\downarrow$

C. $M_2(OH)_2CO_3\downarrow$　　D. 以上三种都可能

57. 在相同温度相同浓度条件下，下列物质水解程度最大的是（　）。

A. $(NH_4)_2CO_3$　　B. Na_2CO_3　　C. NH_4HCO_3　　D. $NaHCO_3$

58. 下列说法错误的是（　）。

A. 泡花碱是制硅胶的原料

B. 硅酸盐能溶于氢氟酸

C. 常见可溶性硅酸盐称为水玻璃

D. 天然硅酸盐都是由$[SiO_4]$四面体相连而成

59. 下列关于碳酸盐的热稳定性的说法中正确的是（　）。

A. 铵盐 > 过渡金属盐 > 碱土金属盐 > 碱金属盐

B. 碱金属盐 > 碱土金属盐 > 过渡金属盐 > 铵盐

C. 碱土金属盐 > 碱金属盐 > 铵盐 > 过渡金属盐

D. 过渡金属盐 > 碱土金属盐 > 碱金属盐 > 铵盐

60. 铝在地壳中含量高，它在自然界的主要存在形式是（　）。

A. 铝单质　　B. $Al_2O_3\cdot 2H_2O$　　C. $NaAlO_2$　　D. 明矾

61. 在擦净的铝片上滴加数滴 $HgCl_2$ 溶液，2 ~ 3min 后用滤纸拭去，铝片放热并有蓬松物生长，此实验现象说明铝具有（　）。

A. 金属性　B. 两性　C. 亲氧性　D. 缺电子性

62. 碳族元素中，碳和其他元素性质差异较大是因为（　）。

A. 相对原子质量最小

B. 核电荷最少

C. 原子半径最小，电负性最大，电离能最高，又没 d 轨道

D. 原子半径最小

63. 下列单质中与 CO 是等电子体的是（　）。

A. NO　B. O_2　C. N_2　D. NaH

64. 下面关于氨的用途中，错误的是（　）。

A. 制化肥　B. 制硝酸　C. 作灭火剂　D. 作制冷剂

65. 液氨溶解少量的金属钠，得到溶液的颜色为（　）。

A. 银白色　B. 红棕色　C. 深蓝色　D. 黄色

66. 室温下，下列气体在水中溶解度最大的是（　）。

A. H_2S　B. HCl　C. NH_3　D. SO_2

67. 下列哪种物质沸点最低（　）。

A. AsH_3　B. PH_3　C. NH_3　D. SbH_3

68. 下列哪种方法可以生成亚硝酸盐（　）。

A. 加热 $Pb(NO_3)_2$ 固体　B. Pb 和 KNO_3 共热

C. 加热 $AgNO_3$　D. 加热 KNO_3 固体

69. 在实验室中，如何存放白磷（　）。

A. 放在水中　B. 放在 CS_2 中

C. 放入棕色玻璃瓶　D. 放入棕色塑料瓶

70. 下列酸中，酸性最强的是（　）。

A. H_3PO_2　B. H_3PO_4　C. H_3PO_3　D. $H_4P_2O_7$

71. 以下叙述不正确的是（　）。

A. As_2O_3 为酸性氧化物　B. 铋酸钠是强氧化剂

C. Sb_2O_3 为两性氧化物　D. Bi_2O_3 为碱性氧化物

72. 下列硫化物中，不溶于碱的是（　）。

A. As_2S_3　B. As_2S_5　C. Sb_2S_3　D. Bi_2S_3

73. Bi_2S_3 的颜色是（　）。

A. 黑色　B. 棕黑　C. 棕色　D. 红色

74. 下列化合物中，不溶于水的橙红色物质是（　）。

A. As_2O_3　B. $K_2Cr_2O_7$　C. K_2CrO_4　D. Sb_2S_3

75. 下列物质中极性最强的是（　）。

A. NH_3　B. PH_3　C. AsH_3　D. SbH_3

76. 下列物质按氧化性增强的顺序排列正确的是（　）。

A. H_3PO_4　HNO_3　H_4AsO_4　HNO_2　B. H_3PO_4　H_4AsO_4　HNO_2　HNO_3

C. H_3PO_4　H_4AsO_4　HNO_3　HNO_2　D. H_4AsO_4　H_3PO_4　HNO_3　HNO_2

77. 能鉴别 NO_2^- 的试剂是（　）。

A. 萘斯勒试剂　　B. α-萘胺

C. CS_2　　D. 对-氨基苯磺酸和α-萘胺

78. NO 中含有微量 NO_2，可以（　）。

A. 用浓硫酸吸收　　B. 用 P_2O_5 吸收

C. 用 NaOH 溶液吸收　　D. 进行蒸馏

79. 实验室配制 $SnCl_2$、$SbCl_3$、$BiCl_3$ 等溶液必须事先加入少量浓盐酸，才能得到澄清的溶液，这是由于（　）。

A. 同离子效应　　B. 盐效应

C. 缓冲溶液　　D. 盐类水解的原因

80. 有一能溶于水的混合物，已检出有 Ag^+ 和 Ba^{2+} 存在，则下列阴离子中可能存在的是（　）。

A. PO_4^{3-}　　B. NO_3^-　　C. PO_3^-　　D. I^-

81. 下列物质酸性大小排列顺序正确的是（　）。

A. $HN_3 > HNO_2 > H_4P_2O_7 > H_3PO_4$　　B. $HNO_2 > H_4P_2O_7 > HN_3 > H_3PO_4$

C. $H_4P_2O_7 > H_3PO_4 > HNO_2 > HN_3$　　D. $H_3PO_4 > HN_3 > HNO_2 > H_4P_2O_7$

（二）填空题

1. 硼族元素的原子都是__________电子原子。在硼的化合物中，硼原子的最大配位数是__________。硼和铝都是亲__________元素。

2. 在 BF_3 或 H_3BO_3 分子中，硼原子采用__________杂化轨道成键，BF_3 的分子构型为__________。在 $[BF_4]^-$ 或 $[B(OH)_4]^-$ 中，硼原子采用__________杂化轨道成键，离子构型为__________。

3. 最简单的硼烷是__________；最简单的硅烷是__________。它们与水反应的共同产物是__________。

4. 硼砂的水溶液呈__________性，由于含有等物质的量的__________和__________，故可作为__________溶液使用。

5. 碳酸、碳酸盐和碳酸氢盐的热稳定性高低次序为____________________，这一规律可用__________解释。

6. 硅酸钠的水溶液俗称__________，该溶液呈__________性。与盐酸或 NH_4Cl 反应可制得__________。产物经加热脱水后得到__________，该物质具有__________作用，可用作__________。

7. α-锡酸__________能溶于酸，__________能溶于碱；β-锡酸__________能溶于酸，__________能溶于碱。

8. 氮可以形成从__________到__________多种氧化值的化合物。与 N_2 是等电子体的分子或离子有______________。氮的氧化物中属于奇电子化合物的是______________。

9. 磷的三种常见同素异形体是______________，其中最活泼的是__________，其分子式为__________，其标准摩尔生成热为__________，其标准摩尔生成自由能为__________。它在空气中易自燃，应在__________中保存。

10. H_3PO_2、H_3PO_3、H_3PO_4 分别为__________元酸，其中__________具有还原性。在这三

种化合物中，磷原子的杂化方式为__________。

11. 在 PCl_5 晶体中含有__________和__________离子，它们的空间构型分别为__________和__________。

12. $Ca(H_2PO_4)_2$、$CaHPO_4$、$Ca_3(PO_4)_2$ 在水中溶解度大小的顺序为__________。

13. 在乙硼烷分子中，硼原子为__________杂化。分子中共有__________个 B—Hσ 键、__________个 3c-2e 氢桥键。在同一平面上最多有__________个原子。

14. 今有下列 6 瓶无色溶液：K_2SO_4、$Pb(NO_3)_2$、$SnCl_2$、$SbCl_3$、$Al_2(SO_4)_3$ 和 $Bi(NO_3)_3$。在鉴别过程中，出现一系列现象，试根据现象作出判断，将答案填入括号内。

取试液少许，通入 H_2S 气体时，有一种试液出现橙红色沉淀，原试液应为__________。

取试液少许，通入 H_2S 气体时，有两种溶液没有任何变化。若再取此种溶液，分别滴加 NaOH 溶液，则无反应为__________；有白色沉淀出现并在过量 NaOH 中消失的为__________。

取试液少许，通入 H_2S 气体时，有三种溶液生成棕黑色沉淀。若再取此类沉淀少许，分别加入 H_2O_2 溶液，沉淀转变为白色者，原试液为__________；若在余下的两种沉淀中各取少许，加入 $(NH_4)_2S_2$ 溶液，则沉淀溶解者，原试液为__________，沉淀不溶者其原试液为__________。

15. 有一瓶白色固体，可能含有 $PbSO_4$、$PbCl_2$、$SnCl_4$（结晶水合物）、$SnCl_2$ 中的某几种。实验现象为：加水后生成悬浊液和不溶性固体。在悬浊液中加入少量浓盐酸后则澄清，滴加碘淀粉溶液可以褪色。不溶性固体可溶解于浓盐酸，在此溶液中通入 H_2S 可得黑色沉淀，该沉淀与 H_2O_2 作用可转变为白色。则在原白色固体中，确实存在的物质是__________。

16. $CaCO_3$ 的溶解度比 $Ca(HCO_3)_2$ 的溶解度__________，而 Na_2CO_3 的溶解度比 $NaHCO_3$ 的溶解度__________。

17. SiH_4 中，Si 为__________杂化，分子为__________构型。

18. 常温下，$SiCl_4$ 是无色液体，易水解生成__________和__________。

19. 碳酸盐的热稳定性可用离子极化观点来解释。一般说来，金属离子极化力越__________，碳酸盐越__________。

20. 将适当浓度的硅酸盐溶液加入酸，则生成凝固状态的硅酸凝胶，将其干燥脱水，则得到多孔性的__________，实验室将其用作干燥剂时，常制成变色硅胶，内含__________。

21. 马氏试砷法是把砷的化合物与锌和盐酸作用，产生分子式为__________的气体，气体导入玻璃管中，在管中加热的部位呈现__________。

22. 配制 $SbCl_3$ 溶液时，为阻止溶液变浑浊，应加入__________，否则 $SbCl_3$ 在水中将__________。

23. 按 $Bi(OH)_3$、$Sb(OH)_3$、H_3AsO_3 的顺序，碱性依次__________，还原性依次__________。

24. 氮族元素随原子序数的增大，在价电子中两个硫电子的稳定性增大，难以失去，这种现象称为__________。这就使得氮族元素的氧化数从上到下__________氧化态趋于稳定。

（三）问答题

1. CO_2 灭火器为何不能用于扑灭 Mg，Al 引起的火灾？
2. 自然界中有游离的碳存在，为何无游离硅存在？
3. 常温下硅不与酸反应，但能和强碱反应，如何解释？
4. 为什么硅不溶于浓 HNO_3，却溶于 HNO_3 与 HF 的混合溶液？
5. 试说明 SiH_4 与 CH_4 水解的区别及原因。
6. 简要说明碳酸盐有如下稳定性的原因：碱金属盐 > 碱土金属盐 > 过渡金属盐。
7. CO_2 可从 Na_2SiO_3 中置换出 SiO_2，而 SiO_2 又可从 Na_2CO_3 中置换出 CO_2，此两反应是否矛盾？
8. 某白色固体 A 难溶于冷水，但可溶于热水得到无色溶液。在该溶液中加入 $AgNO_3$ 溶液生成白色沉淀 B，B 溶于 $2mol \cdot L^{-1}$ 的氨水得到无色溶液 C，C 中加入稀硝酸又生成白色沉淀 B。A 的热溶液与 H_2S 作用生成黑色沉淀 D，D 可溶于浓硝酸生成无色溶液 E、白色沉淀 F 和无色气体 G。在溶液 E 中加入 $2mol \cdot L^{-1}$ 的 NaOH 溶液生成白色的沉淀 H，继续加入 NaOH 溶液则 H 溶解得到溶液 I。在 I 中通入氯气有棕黑色沉淀 J 生成。J 可以与浓 HCl 反应生成白色沉淀 A 和黄绿色气体 K。K 可使淀粉－KI 试纸变蓝，试判断各字母所代表的物质，并写出有关反应方程式。
9. Na_2SO_4、$Al_2(SO_4)_3$、$SnCl_2$、$Pb(NO_3)_2$、$SbCl_3$ 和 $Bi(NO_3)_3$ 溶液都是无色的，试用两种试剂区别这六种溶液，写出现象及有关的反应方程式。
10. 下列主族元素氢氧化物中，属于典型两性氢氧化物的有哪些？
LiOH、$Be(OH)_2$、$Mg(OH)_2$、$Al(OH)_3$、$Sn(OH)_2$、$Pb(OH)_2$、$Sb(OH)_3$、$Bi(OH)_3$、$Ca(OH)_2$。
11. 现有一无色的钠盐晶体 A，将其溶于水后得到无色溶液。在此溶液中加入酸化的 KI 溶液生成棕色溶液，并放出无色气体。在 A 溶液中加入酸化的 $KMnO_4$ 溶液生成近乎无色的溶液。在 A 溶液中加入较浓的 H_2SO_4 并冷却，溶液呈蓝色，并有红棕色气体生成。试判断 A 是什么化合物，并写出有关的反应方程式。
12. 某金属氯化物 A 的晶体放入水中产生白色沉淀 B。A 的晶体放入稀 HCl 溶液中则得到澄清的溶液，此溶液与过量的 $2mol \cdot L^{-1}$ NaOH 溶液作用生成白色沉淀 C。C 与 NaClO 及 NaOH 作用生成棕黄色沉淀 D。D 可与稀 $MnSO_4$ 溶液及 HNO_3 反应生成紫红色溶液。沉淀 C 与稀 HCl 反应也得到澄清的溶液，再加饱和 H_2S 溶液时生成黑色沉淀 E。C 还能同亚锡酸钠作用生成黑色沉淀 F。试确定各字母所代表的物质，并写出有关的反应方程式。
13. 白色固体 A 加热则分解得固体 B 和气体混合物 C，将 C 通过冰盐冷却管，则得一无色液体 D 和气体 E，固体 B 溶于 HNO_3 得溶液 F，溶液 F 中加 KI 得黄色沉淀 G，此沉淀可溶于热水，试确定 A，B，C，D，E，F，G 的化学式。
14. 有一气体 A 在标况下，其密度为 $1.518g \cdot L^{-1}$，有臭味，难溶于水，在空气中易着火，燃烧时的产物为 B。在所得的 B 溶液中加入 Na_2CO_3 调 pH 值近中性加入银盐，得黄色沉淀 C。问 A，B，C 各为何物。写出化学方程式。

（四）制备题

1. 从矾土矿（含杂质的水合氧化铝）制备金属铝。
2. 从重晶石 $BaSO_4$ 制备 $Ba(NO_3)_2$。
3. 由 $MgCl_2 \cdot 6H_2O$ 制备金属 Mg。
4. 从磷酸钙制备单质磷。
5. 由硼镁矿石（$Mg_2B_2O_5$）制备硼砂（$Na_2B_4O_7$）。

四、自测习题答案

（一）选择题

1. CD；2. C；3. A；4. C；5. A；6. A；7. B；8. C；9. C；10. C；11. A；12. D；13. A；14. D；15. A；16. A；17. C；18. AB；19. A；20. D；21. B；22. B；23. C；24. D；25. B；26. A；27. D；28. D；29. C；30. D；31. C；32. C；33. D；34. A；35. B；36. A；37. B；38. D；39. C；40. A；41. D；42. A；43. B；44. B；45. D；46. D；47. A；48. B；49. C；50. B；51. B；52. D；53. D；54. A；55. B；56. D；57. A；58. C；59. B；60. B；61. B；62. C；63. C；64. C；65. C；66. C；67. B；68. BD；69. A；70. D；71. A；72. D；73. B；74. D；75. A；76. C；77. D；78. C；79. D；80. B；81. C。

（二）填空题

1. 缺，4，氧。
2. sp^2，正三角形，sp^3，正四面体。
3. B_2H_6，SiH_4，H_2。
4. 碱，$B(OH)_3$，$B(OH)_4^-$，缓冲。
5. 碳酸盐 > 碳酸氢盐 > 碳酸，离子极化理论。
6. 水玻璃，碱，$Si(OH)_4$，硅胶，吸附，干燥剂。
7. 既，又，不，又不。
8. −3，+5。CO、CN^-、NO^+ 等。NO、NO_2。
9. 白磷、红磷、黑磷，白磷，P_4，0，0，水。
10. 一元、二元、三，前两个，sp^3。
11. $[PCl_4]^+$、$[PCl_6]^-$，正四面体，正八面体。
12. $Ca(H_2PO_4)_2 > CaHPO_4 > Ca_3(PO_4)_2$。
13. sp^3，4，2，6。
14. $SbCl_3$，K_2SO_4，$Al_2(SO_4)_3$，$Pb(NO_3)_2$，$SnCl_2$，$Bi(NO_3)_3$。
15. $PbCl_2$、$SnCl_2$。
16. 小，大。
17. sp^3，正四面体。
18. $H_2SiO_3(s)$，$HCl(aq)$。

19. 强，不稳定。
20. 硅胶，$CoCl_2$。
21. AsH_3，亮黑色砷镜。
22. 浓 HCl，水解。
23. 减弱，增强。
24. 惰性电子对效应，低。

（三）问答题

1. **答**：高温下，Mg，Al 可使 CO_2 还原，如 Mg 与 CO_2 反应为 $2Mg + CO_2 = 2MgO + C$，所以在 Mg，Al 燃烧时，CO_2 的存在能助燃。
2. **答**：由于硅原子具有 3d 空轨道，可接受氧原子上的孤电子对，故 Si 的亲氧能力很强，从键能看，Si—O 键键能很大，故硅在自然界中不以游离态存在，而以氧化物或硅酸盐形式存在。
3. **答**：从硅的电势图看，硅应与酸反应，但硅在酸中（除 HF 外）会生成不溶性的硅酸，阻止硅与酸继续反应。而在强碱溶液中，则生成可溶性硅酸盐，故反应可进行。
4. **答**：硅在浓 HNO_3 中，表面被钝化，不溶解。在 HNO_3 与 HF 混合溶液中，HF 可消除硅被硝酸氧化时形成的氧化膜而使硅继续溶解。总反应为：

$$3Si + 18HF + 4HNO_3 = 3H_2[SiF_6] + 4NO + 8H_2O$$

5. **答**：当水中有微量碱时，SiH_4 发生强烈水解，即：

$$SiH_4 + (n+2)H_2O = SiO_2 \cdot nH_2O + 4H_2\uparrow$$

CH_4 无此反应。因为硅原子有空 d 轨道，易于接受 OH^- 形成更稳定的 Si—O 键，使得水解能进行，反应中 OH^- 起催化作用，而 CH_4 中碳原子无空 d 轨道，不水解。

6. **答**：碱金属与碱土金属都是 8 电子构型，但碱金属 M^+ 电荷少，半径大，极化作用小，故碱金属碳酸盐的热稳定性强，而过渡金属离子电荷多，半径小，又是不规则 d 电子构型，或 18 电子构型，极化作用大，故不如ⅠA、ⅡA 的碳酸盐稳定。
7. **答**：不矛盾。因上述两反应发生的条件不同，前者是将 CO_2 通入可溶性 Na_2SiO_3 溶液，由于 H_2SiO_3 比 H_2CO_3 更弱，故能生成 H_2SiO_3 和 Na_2CO_3，而后者是高温共熔反应，在熔融态时，Na_2CO_3 分解而得到更稳定的 Na_2SiO_3。
8. **答**：A—$PbCl_2$，B—AgCl，C—$[Ag(NH_3)_2]^+$，D—PbS，E—$Pb(NO_3)_2$，F—S，G—NO，H—$Pb(OH)_2$，I—$Pb(OH)_4^{2-}$。

   方程式：

   $PbCl_2 + 2AgNO_3 = Pb(NO_3)_2 + 2AgCl$，$AgCl + 2NH_3 = [Ag(NH_3)_2]Cl$，
   $[Ag(NH_3)_2]Cl + 2HNO_3 = AgCl + 2NH_4NO_3$，$PbCl_2 + H_2S = PbS + 2HCl$，
   $3PbS + 8HNO_3 = 3Pb(NO_3)_2 + 2NO + 3S + 4H_2O$，$Pb(NO_3)_2 + 2NaOH = Pb(OH)_2 + 2NaNO_3$，
   $Pb(OH)_2 + 2NaOH = Na_2[Pb(OH)_4]$，$Na_2[Pb(OH)_4] + Cl_2 = PbO_2 + 2NaCl + 2H_2O$，
   $PbO_2 + 4HCl = PbCl_2 + Cl_2 + 2H_2O$，$Cl_2 + 2KI = 2KCl + I_2$。

9. **答**：各取少许，加 Na_2S 溶液。无变化为 Na_2SO_4；产生白色沉淀，同时有臭鸡蛋气味气体放出的是 $Al_2(SO_4)_3$；产生橙色沉淀的是 $SbCl_3$。其余分别有黑色（PbS）、棕黑色

(Bi_2S_3)、灰黑色沉淀（SnS），但不易区分。把已知的 Na_2SO_4 加入三种原液中，有白色沉淀的是 $Pb(NO_3)_2$。

取未知的两种原液，加入黄色的 $FeCl_3$ 溶液，颜色褪去的是 $SnCl_2$。不变化的是 $Bi(NO_3)_3$。其中 $Al_2(SO_4)_3 + 3Na_2S + 6H_2O = 2Al(OH)_3 + 3H_2S + 3Na_2SO_4$，$2FeCl_3 + SnCl_2 = 2FeCl_2 + SnCl_4$。其余方程式略。

10. 答：典型两性氢氧化物：$Be(OH)_2$、$Al(OH)_3$、$Sn(OH)_2$、$Pb(OH)_2$、$Sb(OH)_3$。

11. 答：$NaNO_2$。反应方程式：

$2NO_2^- + 2I^- + 4H^+ = I_2 + 2NO + 2H_2O$。

$5NaNO_2 + 2KMnO_4 + 3H_2SO_4 = 5NaNO_3 + K_2SO_4 + 2MnSO_4 + 3H_2O$。

$2NaNO_2 + H_2SO_4 = Na_2SO_4 + 2HNO_2$，$2HNO_2 = H_2O + N_2O_3$，$N_2O_3 = NO + NO_2$。

12. 答：A—$BiCl_3$，B—BiOCl，C—$Bi(OH)_3$，D—$NaBiO_3$，E—Bi_2S_3，F—Bi。

$BiCl_3 + H_2O = BiOCl + 2HCl$，$BiCl_3 + 3NaOH = Bi(OH)_3 + 3NaCl$，

$Bi(OH)_3 + NaClO + NaOH = NaBiO_3 + NaCl + 2H_2O$，

$5BiO_3^- + 2Mn^{2+} + 14H^+ = 2MnO_4^- + 5Bi^{3+} + 7H_2O$，

$Bi(OH)_3 + 3HCl = BiCl_3 + 3H_2O$，

$2BiCl_3 + 3H_2S = Bi_2S_3 + 6HCl$，

$2Bi(OH)_3 + 3Na_2SnO_2 = 2Bi + 3Na_2SnO_3 + 3H_2O$。

13. 答：A—$Pb(NO_3)_2$，B—PbO，C—NO_2，D—N_2O_4，E—O_2，F—$Pb(NO_3)_2$ 溶液，G—PbI_2。

14. 答：A—PH_3，B—H_3PO_4，C—Ag_3PO_4。

$PH_3 + 2O_2 = H_3PO_4$(燃烧)，$H_3PO_4 + 3AgNO_3 = Ag_3PO_4\downarrow + 3HNO_3$。

（四）制备题

1. $Al_2O_3 + 2NaOH = 2NaAlO_2 + H_2O$，$2NaAlO_2 + CO_2 + 3H_2O = 2Al(OH)_3\downarrow + Na_2CO_3$，灼烧 $2Al(OH)_3 = Al_2O_3 + 3H_2O$，电解 $2Al_2O_3 = 4Al + 3O_2$。
2. 灼烧 $BaSO_4 + 4C = BaS + 4CO$，$BaS + Na_2CO_3 = BaCO_3\downarrow + Na_2S$，$BaCO_3 + 2HNO_3 = Ba(NO_3)_2 + H_2O + CO_2$。
3. 在氯化氢气流中加热 $MgCl_2 \cdot 6H_2O = MgCl_2 + 6H_2O$，电解 $MgCl_2 = Mg + Cl_2$。
4. 灼烧 $2Ca_3(PO_4)_2 + 6SiO_2 + 10C = 6CaSiO_3 + P_4 + 10CO$。
5. $Mg_2B_2O_5 + 2NaOH + H_2O = 2Mg(OH)_2\downarrow + 2NaBO_2$，$4NaBO_2 + 2HCl = Na_2B_4O_7 + 2NaCl + H_2O$。

第十四章　p 区元素（二）

一、教学基本要求

1. 了解第二周期元素的特殊性。
2. 掌握氧气、臭氧、过氧化氢的结构、性质、制备及用途。
3. 掌握硫的单质、氧化物、含氧酸及其盐的结构、性质、制备及用途。
4. 掌握卤素单质、氢化物、含氧酸及其盐的结构、性质、制备及用途。
5. 了解稀有气体的用途。

在本章的学习过程中，应以 p 区元素（二）原子的核外电子排布特征为主线，掌握其单质及化合物的性质及其变化规律。

二、习题分析与解答

1. 回答下列用途所依据的性质，可能情况下写出相关的反应式。

（1）He 用于冷冻超导核磁仪中的超导磁体；

答： 超导是某些导体在极低温度下才有的，电阻变为零的现象。He 的沸点是最低的(4.2K)。

（2）臭氧用于处理电镀工业含 CN^- 的废液；

答： O_3 有强氧化性，$O_3 + CN^- = OCN^- + O_2$（OCN^- 为无毒物）。

进而 $2OCN^- + 3O_3 + H_2O = 2CO_2 + N_2 + 2OH^- + 3O_2$。

（3）H_2S 用于富集重水；

答： $H_2S(g) + HDO(l) = HDS(g) + H_2O(l)$，在不同的温度下，D 可在 HDS(g) 或 HDO(l) 中得到富集。

（4）SF_6 用作气体绝缘介质；

答： SF_6 常温、常压下，无味、无毒、不溶于水，热稳定性和化学惰性高，介电常数小。

（5）碱金属焦硫酸盐在高温下用于矿样的分解；

答： 焦硫酸盐高温下可分解出 SO_3，有强氧化性和酸性，可使某些金属氧化物转化为可溶性盐。

（6）$(NH_4)_2S_2O_3$ 用于配制定影液（提示：$S_2O_3^{2-}$ 的配位作用）；

答： 由于 $AgBr + 2S_2O_3^{2-} = [Ag(S_2O_3)_2]^{3-} + Br^-$，而使未曝光的 AgBr 溶解掉。

（7）连二亚硫酸钠溶液用于洗涤惰性气体（N_2，Ar 等）以除去其中所含的 O_2；

答： $Na_2S_2O_4 + O_2 + 2NaOH = 2Na_2SO_4$。

（8）二氟化二氧用于除去废核燃料中的强放射性钚；

答：O_2F_2 是一个强氧化剂，$Pu + 3O_2F_2 = PuF_6 + 3O_2$（$PuF_6$ 有挥发性）。

（9）高氯酸钠用于研究溶液中水合离子的性质；

答：ClO_4^- 的碱性极弱，不与金属离子配合。在控制溶液的离子强度时，对其他离子无影响。

（10）$[BF_4]^-$，$[PF_6]^-$ 等大体积阴离子用来代替 ClO_4^- 以稳定某些具有还原性的大体积阳离子。

答：ClO_4^- 有氧化性，只不过氧化反应的速率较慢，处于介稳状态。如受静电或加热诱发，可能会爆炸。而 $[BF_4]^-$、$[PF_6]^-$ 等阴离子没有这种危险。

2. 解释：

（1）O_2 分子具有顺磁性而 O_3 分子具有反磁性；

答：O_2 的电子构型为 $KK\sigma_{2s}{}^2\sigma^*_{2s}{}^2\sigma_{2p}{}^2\pi_{2p}{}^4\pi^*_{2p}{}^2$，分子中有两个成单电子，表现出顺磁性。

而 O_3 结构为， 有 Π_3^4 键，分子中无成单电子，有抗磁性。

（2）I^- 较其他卤离子更能稳定元素的低氧化态，而 F^- 较其他卤离子更能稳定元素的高氧化态；

答：从软硬酸碱理论看：I^- 为软碱，低氧化态金属离子多为软酸，软 - 软匹配是稳定的。而半径小的 F^- 为硬碱，高氧化态金属离子多为硬酸，硬 - 硬匹配是稳定的。

（3）O^{2-} 稳定元素的高氧化态的能力比 F^- 强；

答：O^{2-} 的负电荷数比 F^- 多，较少的 O^{2-} 即可平衡高氧化态中心原子的正电荷。

（4）尽管 SO_2 和 SO_3 路易斯结构式中的硫原子都满足八隅律，但仍是路易斯酸；

答：SO_2、SO_3 都为 sp^2 杂化，还有一个 p 轨道参与了大 Π 键的形成，所以满足八隅率。但它们可以通过价电子重排，提供出一个空轨道，而显示出路易斯酸性（以 sp^3 杂化的形式）。

（5）固体 $(SO_3)_3$ 的结构（提示：考虑 SO_3 的路易斯酸性）；

答：$(SO_3)_3$ 分子中的硫为 sp^3 杂化。硫原子可用空轨道接受另一 SO_3 分子中氧原子的孤对电子，而形成配位键，成三聚体（见下图）。

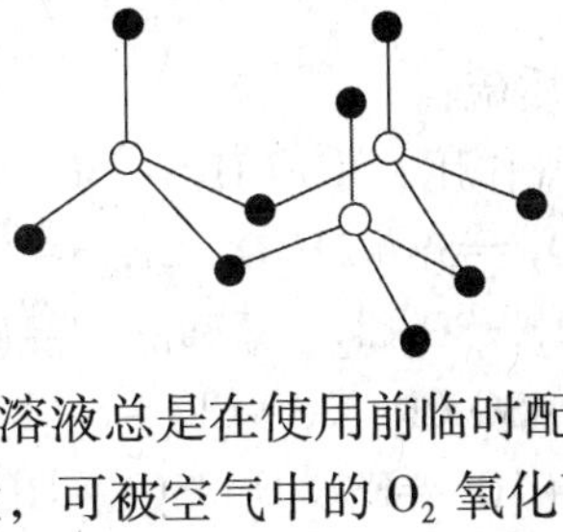

（6）实验室使用的亚硫酸钠溶液总是在使用前临时配制；

答：Na_2SO_3 有较强的还原性，可被空气中的 O_2 氧化而成 Na_2SO_4。

（7）SF_6 在水中稳定而 SF_4 则迅速水解；

答：SF_6 满足六配位。SF_4 则有空轨道，为路易斯酸，可与 H_2O 反应而水解。

（8）碘在自然界除存在于海水（类似于氯和溴）外，也形成含氧酸盐（碘酸盐）沉积（不同于氟、氯和溴）；氟的工业资源不是海水和盐湖卤水（不同于氯、溴和碘），而是萤石（CaF_2）和磷灰石。

答：I 的非金属性不强，易失电子，以高氧化态的含氧酸根离子的形式存在（如 $NaIO_3$）。

对 F^- 来说，CaF_2 是不溶的，而 Cl^-、Br^-、I^- 的 Ca^{2+} 盐可溶。

（9）氯碱工业的盐水电解槽中高分子离子交换膜的隔离作用；

答：这种离子交换膜为阳离子交换膜，允许 Na^+ 单方向通过，也可以保持阳极室的电荷平衡。

（10）O_3 显示出比 O_2 更高的活泼性；

答：O_3 为角型的结构，有 Π_3^4 键，O—O 键的键级为 1.5。而 O_2 为三键结合，键级为 2，较稳定。

（11）F 的电负性是卤素原子中最大的，但其电子亲和能却小于 Cl；F—F 键离解焓也低于 Cl—Cl 键和 Br—Br 键；

答：F 的原子半径极小，当获得一个电子或相互成共用电子对时，电子间有较大的斥力，体系不稳定，从而放出的能量少。

（12）次氯酸、亚氯酸、氯酸、高氯酸的酸性变化趋势（使用鲍林规则）；

答：HClO、$HClO_2$、$HClO_3$、$HClO_4$ 非羟基氧的数目依次为 0、1、2、3。据鲍林规则，酸性增强。

（13）高碘酸（H_5IO_6）的酸性反常现象：本应像 $HClO_4$ 那样强，实际却仅介于 HOCl 与 HOClO 之间；

答：H_5IO_6 非羟基氧数为 1，$HClO_4$ 非羟基氧数为 3，H_5IO_6 比 $HClO_4$ 酸性要弱得多。而 HClO、$HClO_2$ 的非羟基氧数分别为 0、1。H_5IO_6 虽与 $HClO_2$ 的非羟基氧数目一样多，但 Cl 的电负性大，$HClO_2$ 的酸性比 H_5IO_6 要强一些。

（14）SCN^- 是个两可配位体；

答：由路易斯电子式可看出 $[:S—C\equiv N:]^-$ 中的硫原子和氮原子上都有孤对电子。S 为软碱，N 为硬碱。可以根据酸的软硬，来提供匹配的配原子。

（15）尽管 He 在宇宙中的丰度高居第二位，但在大气中的浓度却很低。

答：He 的相对分子质量（相对原子质量）小，密度大。地球重力作用使其分布于大气层最上部，并不断散失。

3. 写出下列过程的反应方程式。

（1）火山喷发过程中形成单质硫；

答：地下硫化物与高温水蒸气作用，生成 H_2S：$MS + H_2O = MO + H_2S$，H_2S 与 SO_2 或 O_2 作用，生成单质硫：$2H_2S + SO_2 = 3S + 2H_2O$，$2H_2S + O_2 = 2S + 2H_2O$。

（2）以元素硫出发制取 $SOCl_2$，SO_2Cl_2，氟磺酸和氯磺酸；

答：$S + O_2 = SO_2$，$SO_2 + Cl_2 = SO_2Cl_2$，$2S + Cl_2 = S_2Cl_2$，$2SO_2 + 3Cl_2 + S_2Cl_2 = 4SOCl_2$。
$2SO_2 + O_2 = 2SO_3$，$SO_3 + HF = FSO_3H$，$SO_3 + HCl = ClSO_3H$。

（3）NaCl 水溶液的隔膜电解和无隔膜电解；

答：有隔膜电解：$2NaCl + 2H_2O = 2NaOH + Cl_2 + H_2$。
无隔膜电解：$NaCl + H_2O = NaClO + H_2$。

（4）用氢氟酸刻蚀玻璃；

答：$SiO_2 + 4HF = SiF_4 + 2H_2O$，$CaSiO_3 + 6HF = CaF_2 + SiF_4 + 3H_2O$。

（5）以氨、二氧化硫和硫黄为原料合成硫代硫磺铵；

答：$2NH_3 + SO_2 + H_2O = (NH_4)_2SO_3$，$(NH_4)_2SO_3 + S = (NH_4)_2S_2O_3$。

（6）用硫代硫酸钠标准溶液滴定 I_2；

答：$2Na_2S_2O_3 + I_2 = Na_2S_4O_6 + 2NaI$。

（7）硫代硫酸钠在酸性溶液中分解；

答：$Na_2S_2O_3 + 2HCl = 2NaCl + SO_2 + S + H_2O$。

（8）在 Ag^+ 催化条件下 $(NH_4)_2S_2O_8$ 氧化 Ce^+；

答：在有 Ag^+ 为催化剂时：$S_2O_8^{2-} + 2Ce^{3+} = 2SO_4^{2-} + 2Ce^{4+}$。

（9）Cl^-、ClO^- 在碱性水溶液中的歧化反应（提示：制备次氯酸盐和氯酸盐的基础）。

答：$Cl_2 + 2NaOH = NaCl + NaClO + H_2O$，加热时有 $3ClO^- = 2Cl^- + ClO_3^-$。

4. 用下列酸性溶液中的标准电极电势数据讨论 M_nO_2 对 H_2O_2 的催化分解。

$(E^\ominus(M_nO_2/Mn^{2+}) = 1.23V$，$E^\ominus(H_2O_2/H_2O) = 1.77V$，$E^\ominus(O_2/H_2O_2) = 0.68V)$

答：由于 $\varphi^\ominus(MnO_2/Mn^{2+}) > \varphi^\ominus(O_2/H_2O_2)$，有 $MnO_2 + H_2O_2 + 2H^+ = O_2 + 2H_2O + Mn^{2+}$。

又由于 $\varphi^\ominus(H_2O_2/H_2O) > \varphi^\ominus(MnO_2/Mn^{2+})$，有 $H_2O_2 + Mn^{2+} = 2H^+ + MnO_2$。两反应相加，得 $2H_2O_2 = 2H_2O + O_2$。可见 MnO_2 只是起催化剂的作用。

5. Br^- 和 Cl^- 哪一个能催化 H_2O_2 的分解反应？

答：由 $\varphi^\ominus(H_2O_2/H_2O) > \varphi^\ominus(Br_2/Br^-) > \varphi^\ominus(O_2/H_2O_2)$，可见 Br^- 可催化 H_2O_2 的分解。

因为 $\varphi^\ominus(Br_2/Br^-)$ 在 0.68～1.77V 之间，所以能起到催化作用。

而 $\varphi^\ominus(H_2O_2/H_2O) > \varphi^\ominus(O_2/H_2O_2) > \varphi^\ominus(I_2/I^-)$，所以 I^- 不能催化 H_2O_2 的分解。

6. 将下列物种从最强的还原剂到最强的氧化剂进行排序。用反应方程式说明最强的还原剂和氧化剂：SO_4^{2-}，SO_3^{2-}，O_3，SO_2，SO_3^{2-}。

答：由 $\varphi_B^\ominus$　$1/2S_2O_8^{2-} \xrightarrow{2.01} SO_4^{2-} \xrightarrow{-0.936} SO_3^{2-} \xrightarrow{-0.659} S$

$\varphi_A^\ominus$　$1/2S_2O_8^{2-} \xrightarrow{2.01} HSO_4^- \xrightarrow{0.158} H_2SO_3 \xrightarrow{0.5} S$

可见，无论在酸性、还是在碱性介质中，$S_2O_8^{2-}$ 都是最强的氧化剂，SO_3^{2-} 次之，SO_4^{2-} 的氧化性最弱。而作为还原剂，SO_3^{2-} 的还原性要强于 SO_4^{2-}。如在有 Ag^+ 为催化剂时：

$5S_2O_8^{2-} + 2Mn^{2+} + 8H_2O = 10SO_4^{2-} + 2MnO_4^- + 16H^+$，而 SO_3^{2-}、SO_4^{2-} 不能氧化 Mn^{2+}。

在稀溶液中 $H_2SO_3 + 2H_2S = 3S + 3H_2O$，而 SO_4^{2-} 不能氧化 H_2S。

SO_3^{2-} 的还原性可体现为：$H_2SO_3 + Cl_2 + H_2O = H_2SO_4 + 2HCl$。

7. 从下列物种中选出等电子物种：O_2^+，O_2，O_2^-，O_2^{2-}，N_2，NO，NO^+，CN^- 和 $N_2H_5^+$；比较各等电子系列内部物种的相对氧化性和路易斯碱性。

答：其中，10 个价电子的有 N_2、NO^+、CN^-，氧化性 $NO^+ > N_2 > CN^-$，路易斯碱性 $CN^- > N_2 > NO^+$；11 个价电子的有 O_2^+、NO，氧化性 $O_2^+ > NO$，路易斯碱性 $NO > O_2^+$；12 个价电子的有 O_2；13 个价电子的有 O_2^-；14 个价电子的有 O_2^{2-}、$N_2H_5^+$，氧化性 $O_2^{2-} > N_2H_5^+$，路易斯碱性 $N_2H_5^+ > O_2^{2-}$。

8. 用分子轨道理论解释卤素分子颜色的变化。

答：对 X_2 来说，颜色是由最低未占分子轨道（LUMO）与最高占有分子轨道(HOMO)的能级差的不同造成的。这种差值由 F_2 到 I_2 逐渐减小。F_2 的能级差较大，吸收的是波长较短的紫色光，而表现出与其互补的浅黄色。而 I_2 吸收能量较小的黄绿色光，表现为紫色。

9. 简述制备无水金属氯化物的三种途径，各举一例说明。

答：以金属为原料：$2Al + 3Cl_2 = 2AlCl_3$。

以金属氧化物为原料：$TiO_2 + 2Cl_2 + 2C = TiCl_4 + 2CO$。

以水合氯化物为原料：$FeCl_3 \cdot 6H_2O + 6SOCl_2 = FeCl_3 + 6SO_2 + 12HCl$。

10. ClF_3 是个有效的氟化试剂，大规模生产的 ClF_3 用于制备 UF_6 以富集 ^{235}U 同位素，试写出相关的反应方程式。

答：反应为 $UF_4 + ClF_3 = UF_6 + ClF$。

然后，利用 U 的同位素不同、UF_6 扩散速度不同来富集 ^{235}U。

11. 下列化合物中哪些（个）存在爆炸危险？并作出解释：

（1）NH_4ClO_4；（2）$Mg(ClO_4)_2$；（3）$NaClO_4$；（4）$[Fe(H_2O)_6](ClO_4)_2$。

答：NH_4ClO_4 存在爆炸危险。因为 NH_4^+ 中的 N 为 -3 氧化态，有还原性。有氧化性的 ClO_4^- 会与其发生氧化还原反应。

$[Fe(H_2O)_6](ClO_4)_2$ 也存在爆炸危险。因为其中 Fe^{2+} 也有还原性。

12. “特氟隆”是一种物理和化学性质非常稳定的碳氟高分子材料，试写出制备和高温下解聚的反应方程式。

答：制备：在 SbF_3 存在下 $CHCl_3 + 2HF = CHClF_2 + 2HCl$，加热 $2CHClF_2 = C_2F_4 + 2HCl$。

ROO—存在下 $nC_2F_4 = -(CF_2-CF_2)-_n$。

解聚：加热下 $-(CF_2-CF_2)-_n = nC_2F_4$。

13. 第一次制得 Br(Ⅶ)物种 BrO_4^-，第一次用化学方法制得 F_2，第一次制得次氟酸 HOF（氟的第一个正氧化态物种）和第一次成功制备稀有气体化合物都是无机化学发展过程中的重要事件，试写出相关的反应方程式。

答：制得 BrO_4^-：$NaBrO_3 + XeF_2 + H_2O = NaBrO_4 + 2HF + Xe$。

化学方法制得 F_2：$2KMnO_4 + 2KF + 10HF + 3H_2O_2 = 2K_2MnF_6 + 8H_2O + 3O_2$，

$K_2MnF_6 + 2SbF_5 = 2KSbF_6 + MnF_4$，$2MnF_4 = 2MnF_3 + F_2$。

制得 HOF：$F_2 + H_2O(s) = HOF(g) + HF(g)$。

稀有气体化合物：$O_2(g) + PtF_6(s) = O_2[PtF_6](s)$。

14. 你会选择哪种稀有气体作为：

（1）温度最低的液体冷冻剂；

（2）电离能最低的、安全的放电光源；

（3）最廉价的惰性气氛。

答：（1）He 的沸点在所有的物质中是最低的，可用作超低温研究中的制冷剂。

（2）Ne、Ar、Kr、Xe 都可用来制作不同性能的电光源。

（3）Ar 在空气中有最大的含量，容易得到。

15. 高氯酸和高碘酸两个氧化剂中哪一个更容易在稀的水溶液中发生反应？从机理上作出说明。

答：较重元素形成的氧阴离子的反应速率比较快（特别是在其高氧化态）。即氧化剂反应的速率为 $IO_4^- > ClO_4^-$。这可能是由于较重元素的原子有较大的原子半径。同样与4个氧原子结合后，半径大的原子还有与 H_2O 等其他配体结合的空间，更易于电子的传递。

16. 同一元素的低氧化态物种往往具有还原性而高氧化态物种往往具有氧化性，但能否用作有效的氧化还原试剂与氧化态高低并没有必然联系。这是因为除热力学因素外还需考虑动力学因素，你能从氮、硫和卤素化学的讨论中找到5个以上的实例对此现象作出说明吗？

答：HNO_2 中 N 的氧化值为 +3，HNO_3 中 N 的氧化值为 +5。但氧化性 $HNO_2 > HNO_3$。

H_2SO_3、H_2SO_4 的氧化值分别为 +4、+6。氧化性也是 $H_2SO_3 > H_2SO_4$。

由氯、溴、碘的酸性介质中的弗洛斯特图也可看出，氧化性 $HClO > HClO_3$；$HBrO > HBrO_3$；$HIO > HIO_3$。

又如 H_2SO_3 中 S 的氧化值为 +4，单质 S 的氧化值为 0。似乎单质 S 的还原性要强。但是，由 $\varphi_A^\ominus HSO_4^- \xrightarrow{-0.936} H_2SO_3 \xrightarrow{-0.659} S$，及 $\varphi_B^\ominus \quad SO_4^{2-} \xrightarrow{0.158} SO_3^{2-} \xrightarrow{0.5} S$，可见：无论在什么介质中，$SO_3^{2-}$ 的还原性都强于单质 S。

三、自测习题

（一）选择题

1. 按 F、Cl、Br、I 顺序，下列性质递变规律中不正确的是（　）。
   A. X^-半径：$F^- < Cl^- < Br^- < I^-$
   B. 电负性：F > Cl > Br > I
   C. 电子亲和能：F > Cl > Br > I
   D. X^-水合热（绝对值）：$F^- > Cl^- > Br^- > I^-$
2. 卤素单质的颜色随相对分子质量的增大而加深的原因是（　）。
   A. 卤素单质的极化作用不同　　B. 卤素原子价电子能量高低不同
   C. 卤原子的电离能不同　　D. 卤原子的电子亲和能不同
3. 下列物质中具有漂白作用的是（　）。
   A. 液氯　　B. 氯水　　C. 干燥的氯气　　D. 氯酸钙
4. 下列方法中不能制得 H_2O_2 的是（　）。
   A. 电解 NH_4HSO_4 水溶液　　B. 用 H_2 和 O_2 直接化合
   C. 乙基蒽醌法　　D. 金属过氧化物与水作用
5. 下列各溶液中，加入酸后，未见浑浊、却有难闻气味生成的是（　）。
   A. S^2　　B. $S^{2-} + SO_3^{2-}$ 混合液
   C. Sx^{2-}　　D. $SO_3^{2-} + S_2O_3^{2-}$ 混合液
6. 溴和碘都能与磷作用，反应生成物分别为（　）。
   A. PBr_5 和 PI_3　　B. PBr_3 和 PI_3

C. PBr_5 和 PI_5 D. PBr_3 和 PI_5

7. 工业上制取 SO_2 采用下列方法中的（ ）。

A. 焙烧 FeS_2 B. 单质硫在空气中燃烧

C. 亚硫酸盐与酸反应 D. 浓硫酸与铜反应

8. 液态氟化氢不能用来电解制备氟是因为（ ）。

A. 液态 HF 是电的不良导体 B. 液态 HF 具有腐蚀性

C. 液态 HF 酸是弱酸 D. HF 分子间存在氢键

9. 下列物质中酸性最强的是（ ）。

A. H_2S B. H_2SO_3 C. H_2SO_4 D. $H_2S_2O_7$

10. 氟与水反应的产物是（ ）。

A. HF 和 HOF B. HF 和 O_3 C. OF_2 和 H_2O_2 D. HF 和 O_2

11. 铅、铜等金属可用于制造盛氢氟酸的容器，其原因是（ ）。

A. 氢氟酸是弱酸，无腐蚀性

B. 氢氟酸根本不与以上金属作用

C. 在金属表面生成了氧化物薄膜，具有保护作用

D. 在上述金属表面生成了不溶性氟化物薄膜，使金属免于进一步腐蚀

12. 下列各组物质相互作用时，有蓝色现象出现的是（ ）。

A. 淀粉溶液与 KI 溶液混合 B. 淀粉溶液与 KI 和 Cl_2 混合

C. 淀粉溶液与 Cl_2 水混合 D. 淀粉溶液与 H_2SO_4 混合

13. 下列分子或离子中含有 Π_4^6 键的是（ ）。

A. O_3 B. NO_3^- C. SO_3 D. SO_3^{2-}

14. 实验室不宜用浓 H_2SO_4 与金属卤化物制备的 HX 气体有（ ）。

A. HF 和 HI B. HBr 和 HI

C. HF、HBr 和 HI D. HF 和 HBr

15. 加热就能生成少量氯气的一组物质是（ ）。

A. NaCl 和 H_2SO_4 B. NaCl 和 MnO_2

C. HCl 和 Br_2 D. HCl 和 $KMnO_4$

16. 实验室制取氯气时，为去掉气体杂质，应把氯气依次通过下列哪组洗气瓶？（ ）。

A. NaOH、H_2SO_4 B. H_2SO_4、NaOH

C. H_2O、H_2SO_4 D. H_2SO_4、H_2O

17. 下列酸根在酸性条件下氧化能力强弱顺序正确的是（ ）。

A. $ClO_4^- > ClO_3^- > ClO_2^- > ClO^-$ B. $ClO_3^- > ClO_4^- > ClO_2^- > ClO^-$

C. $ClO^- > ClO_2^- > ClO_4^- > ClO_3^-$ D. $ClO^- > ClO_2^- > ClO_3^- > ClO_4^-$

18. 下列说法正确的是（ ）。

A. 氯的电负性比氧的要小，因而氯不易获得电子，其氧化能力比氧要小

B. 卤素单质与水作用，都发生歧化反应

C. $HBrO_4$ 是溴含氧酸中氧化性最强的酸

D. 卤酸盐还原为 X^- 的氧化能力大小按 Br、Cl、I 的顺序依次减小

19. 氯气与下列哪种条件的溶液反应，可使次氯酸盐的得率最高（ ）。

A. 0℃ NaOH 水溶液　　B. 0℃ HCl 水溶液
C. 80℃ NaOH 水溶液　　D. 80℃ HCl 水溶液

20. 在含有 I^- 的酸性溶液中，加入含 Fe^{3+} 的溶液时，将产生（　）。
A. FeI_2　　B. FeI_3　　C. $Fe(OH)_3$　　D. Fe^{2+} 和 I_2

21. 下列哪种试剂能使 IO_3^- 和 I^- 反应生成 I_2（　）。
A. C_6H_6　　B. H_2O　　C. NaOH　　D. 以上都不是

22. 从海水中提取溴时，海水的酸碱性必须控制在以下哪个范围（　）。
A. 酸性　　B. 碱性　　C. 中性　　D. 微碱性

23. 在 AgCl 饱和溶液中有 AgCl 固体存在，当加入等体积的下列哪一种溶液时，会使 AgCl 的溶解度更大一些（　）。
A. AgCl 饱和溶液　　B. $1mol \cdot L^{-1}$ NaCl
C. H_2O　　D. $1mol \cdot L^{-1}$ $NaNO_3$

24. 在臭氧分子结构中，除有两个 σ 键外，还有（　）。
A. 三电子 π 键　　B. Π_3^4 键　　C. d-pπ 键　　D. Π_4^6 键

25. 二氧化碳和二氧化硫有许多性质相似，下列哪一种说法是错误的（　）。
A. 它们都会被燃着的镁还原
B. 它们可分别由碳与浓硫酸、硫与浓硫酸加热来制得
C. 它们的水溶液都含有未与水结合的分子
D. 它们与 NaOH 溶液反应后，酸化该溶液又可得到原来的气体

26. 某试管底部残留物为硫，应当选用下列何种试剂来洗涤，硫才能够溶解（　）。
A. $CuSO_4$ 溶液　　B. 稀 H_2SO_4
C. 热的 NaOH 溶液　　D. $ZnSO_4$ 溶液

27. 在 Na_2S、Na_2S_2、Na_2SO_3、$Na_2S_2O_3$ 四种固体药品中，加入盐酸进行鉴别。若有臭鸡蛋气味的气体和黄色沉淀产生，则该物质是（　）。
A. Na_2S　　B. Na_2S_2　　C. Na_2SO_3　　D. $Na_2S_2O_3$

28. 在 H_2O_2 水溶液中，加入少量 MnO_2 固体时，发生以下哪种反应（　）。
A. H_2O_2 被氧化　　B. H_2O_2 分解　　C. H_2O_2 被还原　　D. 复分解

29. 实验室中用 FeS_2 制取硫化氢气体时，常用下列哪种酸（　）。
A. HNO_3　　B. HCl　　C. H_2SO_4　　D. H_3PO_4

30. 在酸性介质中，欲使 Mn^{2+} 氧化为 MnO_4^-，可加下列哪种氧化剂（　）。
A. $KClO_3$　　B. H_2O_2
C. 王水　　D. $(NH_4)_2S_2O_8$（Ag^+ 催化）

31. 关于 $Na_2S_2O_3$，说法错误的是（　）。
A. 在酸中会分解
B. 可以作为配合剂
C. 与 I_2 反应得到 $S_4O_6^{2-}$
D. 不能由 S 与热的 Na_2SO_3 溶液反应而制得

32. 硫化铵溶液放置久了会变成黄棕色甚至红棕色，其原因是生成了下列哪种物质（　）。

A. S 和 $Fe(OH)^{2+}$　　B. NO_2

C. $(NH_4)_2S_2$　　D. S 和 NaOH

33. 氢氰酸的水溶液是（　）。

A. 强酸　B. 中强酸　C. 弱酸　D. 极弱酸

34. 下列四种反应中，哪一种反应是真正可以进行的（　）。

A. $(CN)_2 + 3H_2O = 2NH_3 + N_2O_3$　　B. $(CN)_2 + H_2O = HCN + HCNO$

C. $(CN)_2 + 2H_2O = 2HCN + 2OH^-$　　D. $2(CN)_2 + 2H_2O = 4HCN + O_2$

35. 拟卤素与卤素性质相似的主要原因是（　）。

A. 在游离态都是二聚体　　B. 有相似的外层电子结构

C. 都易形成配合物　　D. 与金属反应都生成一价阴离子盐

36. 下列关于$(CN)_2$的反应中，不像卤素的反应为（　）。

A. 在碱性溶液中生成 CN^- 和 OCN^-　　B. 与卤素反应生成 CNCl、CNBr 等

C. 与 Ag、Hg、Pb 反应得难溶盐　　D. 可在空气中燃烧

37. 氧族元素从氧到碲，下列说法正确的是（　）。

A. 单质的氧化性递增，M^{2-} 的还原性递减

B. 单质的氧化性递减，M^{2-} 的还原性递减

C. 单质的氧化性递减，M^{2-} 的还原性递增

D. 单质的氧化性递增，M^{2-} 的还原性递增

38. 氧族元素与非金属元素化合形成的化合物为（　）。

A. 共价型　B. 离子型　C. 共价型或离子型　D. 配位型

39. 同周期元素最高价氧化物从左到右（　）。

A. 碱性递减，共价性增强　　B. 碱性递增，共价性减弱

C. 碱性递减，共价性减弱　　D. 碱性不变

40. 同族元素，相同价态氧化物从上到下（　）。

A. 碱性递减　　B. 碱性递增

C. 碱性不变　　D. 有的族碱性增强，有的族碱性递减

41. 下列叙述正确的是（　）。

A. 大多数共价型氧化物与碱作用生成盐和水为酸性氧化物

B. 大多数离子型氧化物与碱作用生成盐和水为酸性氧化物

C. 大多数共价型氧化物与酸作用生成盐和水为碱性氧化物

D. 既与酸作用又与碱作用或既不与酸又不与碱作用的氧化物可视为中性氧化物

42. CrO，Cr_2O_3，CrO_3 是金属铬的三种不同价态的氧化物，下列叙述中正确的是（　）。

A. 都是酸性氧化物

B. 都是碱性氧化物

C. CrO_3 是酸性氧化物，CrO 为碱性氧化物，Cr_2O_3 为两性氧化物

D. CrO_3 为碱性氧化物，CrO 为酸性氧化物，Cr_2O_3 为两性氧化物

43. 高层大气中的臭氧层保护了人类生存的环境，其作用是（　）。

A. 消毒　B. 漂白　C. 保温　D. 吸收紫外线

44. O_3 分子中，中心氧原子的杂化态为（　）。

A. sp　B. sp^2　C. sp^3　D. sp^2d 或 dsp^2

45. H_2O_2 分子中，氧原子用下列哪一种杂化轨道成键（　）。

A. sp　B. sp^2　C. sp^3　D. $dsp^2(sp^2d)$

46. 下列物质中不属于过氧化物的是（　）。

A. Na_2O_2　B. BaO_2　C. KO_2　D. H_2O_2

47. 在 H_2O_2 溶液中加入少量 MnO_2 固体时会发生什么反应（　）。

A. H_2O_2 分解　B. H_2O_2 被氧化

C. H_2O_2 被还原　D. 复分解

48. 将 H_2O_2 加入 H_2SO_4 酸化的高锰酸钾溶液中，H_2O_2（　）。

A. 起氧化剂作用　B. 起还原剂作用

C. 可还原 H_2SO_4　D. 分解成氢和氧

49. 下列单质硫在常温下稳定性最大的是（　）。

A. 斜方硫　B. 单斜硫　C. 弹性硫　D. 无定形硫

（二）填空题

1. 卤素中电子亲和能最大的元素是________，卤素分子中键离解能最大的是________。

2. 卤素单质氧化性强弱的次序为____________，卤离子 X^- 的还原性强弱次序为____________；X^- 形成的晶体场的强弱次序为____________；X^- 作为路易斯碱的软硬次序为____________。

3. 将 $Cl_2(g)$ 通入冰冷的 NaOH 溶液中，反应的产物是____________；将 $Cl_2(g)$ 通入热的 NaOH 溶液中，反应的产物是____________；低温下 Br_2 与 Na_2CO_3 溶液反应的产物是____________；常温下 I_2 与 NaOH 溶液反应的产物是____________。

4. 导致氢氟酸酸性与其他氢卤酸明显不同的因素主要是________小，而________特别大。

5. 固体 $KClO_3$ 是强________剂，$KClO_3$ 的水溶液________氧化性。在酸性条件下 $KClO_3$ 溶液与过量的 KI 溶液反应的主要产物是________；而过量的 $KClO_3$ 溶液与 KI 溶液反应的主要产物是________。

6. 高碘酸是________元________酸。高碘酸根离子的空间构型为________，其中碘原子的杂化方式为________，高碘酸具有强________性。

7. $AgNO_3$ 溶液与过量的 $Na_2S_2O_3$ 溶液反应生成________色________。过量的 $AgNO_3$ 溶液与 $Na_2S_2O_3$ 溶液反应生成________色________，后变成________色的________，这一反应的用途是____________。

8. 染料工业上大量使用的保险粉的分子式是________，它具有强________性。

9. $HClO_4$ 的酸酐是________，它具有强________性，受热容易发生________反应。

10. 目前世界上的碘主要来源于________，其分子式为________。

11. 氢卤酸在一定压力下能组成________溶液，将氢卤酸蒸馏最后会达到________的状态。

12. 市售盐酸的质量分数为________，其物质的量浓度为________。

13. 纯硫酸是共价化合物，却有较高的沸点，其原因是__________。
14. 在 O_2 分子中，由于有__________电子，所以有__________性。
15. O_3 分子中含有二个__________键，一个__________。
16. O_3 分子中没有__________所以是__________性的。
17. 臭氧分子可以结合电子成为 __________离子所形成的化合物称为__________。
18. 在 Cr^{3+} 的溶液中加入过量的 NaOH 再加入 H_2O_2，因生成了__________使溶液显__________色。
19. 黑色的 PbS 与 H_2O_2 反应后，由于生成了__________而转化成__________色。
20. 大 π 键的形成条件是（1）__________，（2）__________，（3）__________。
21. 依分子轨道理论，O_2^+ 有一个 σ 键和__________个 P—Pπ 键，__________个三电子 π 键。

（三）问答题

1. 比较 F、Cl、Br、I 的电子亲和能递变的顺序，并简述理由。
2. 为什么配制碘酒时要加入适量的 KI?
3. 卤化氢中 HF 分子的极性特强，熔、沸点特高，但其水溶液的酸性却最小，试分析其原因。
4. 为何要在 HI 水溶液中加入少量的铜?
5. 一溶液中含有相同浓度的 Br^- 和 I^-，逐滴加入 $AgNO_3$ 溶液时，你能否从结构观点判断哪种物质先沉淀析出？简要说明理由。
6. 实验室中有溴和红磷，如何制取 HBr?
7. 试讨论氢卤酸的酸性、还原性、热稳定性的变化规律。
8. 为什么 AgF、AgCl、AgBr、AgI 的溶解度依次降低?
9. 有一种可溶性的白色晶体 A（钠盐），加入无色油状液体 B 的浓溶液，可得一种紫黑色固体 C，C 在水中溶解度较小，但可溶于 A 的溶液成棕黄色溶液 D，将 D 分成两份，一份中加入一种无色（钠盐）溶液 E，另一份中通入过量气体 F，都变成无色透明溶液，E 溶液中加入盐酸时，出现乳白色浑浊，并有刺激性气体逸出，E 溶液中通入过量气体 F 后再加入 $BaCl_2$ 溶液有白色沉淀产生，该沉淀不溶于 HNO_3。问:
   （1）A，B，C，D，E，F 各是何物?
   （2）写出下列反应方程式：
   $A + B \rightarrow C$；$E + HCl \rightarrow$；$D + F \rightarrow$；$E + F \rightarrow$。
10. 今有白色的钠盐晶体 A 和 B。A 和 B 都溶于水，A 的水溶液呈中性，B 的水溶液呈碱性。A 溶液与 $FeCl_3$ 溶液作用溶液呈棕色。A 溶液与 $AgNO_3$ 溶液作用，有黄色沉淀析出。晶体 B 与浓 HCl 反应有黄绿气体生成，此气体同冷 NaOH 作用，可得到含 B 的溶液。向 A 溶液中滴加 B 溶液时，溶液呈红棕色；若继续滴加过量 B 溶液，则溶液的红棕色消失。试问 A，B 为何物？写出上述反应式。
11. 现有 5 种试液，它们可能是 NaOH、Na_2S、Na_2SO_3、H_2SO_4（浓）、HNO_3（浓）溶液。在加热的条件下将它们分别与单质硫作用，试根据反应现象及用简便方法检查反应产物来区别它们。写出反应现象及反应方程式。

12. 现有6瓶试剂，它们可能是 $NaCl$、Na_2S、$Na_2S_2O_3$、K_2CrO_4、K_2HPO_4、KOH 溶液，请采用最简便的方法来区别它们，写出反应现象及反应方程式。

13. A 和 B 两种晶体溶于水都得到无色溶液。A 中加入饱和 H_2S 溶液没有沉淀生成，B 中加入饱和 H_2S 溶液产生黑色沉淀 C。将 A 和 B 的溶液混合后生成白色沉淀 D 和溶液 E。D 可溶于 $Na_2S_2O_3$ 溶液生成无色溶液 F。F 中加入 Na_2S 溶液也产生沉淀 C，C 与浓硝酸一起加热生成含 B 的溶液。溶液 E 中加入 Na_2SO_4 生成不溶于酸的白色沉淀 G。试确定各字母所代表的物质，并写出有关的反应方程式。

14. 食盐是基本的化工原料之一。由它和其他原料如何制备下列化工产品？写出反应方程式。

Cl_2，$Ca(ClO)_2$，$KClO_3$。

15. 某白色固体混合物，可能含有 KI、$BaCl_2$、KIO_3 和 CaI_2。该混合物溶于水得一无色溶液；在该溶液中加入少量稀 H_2SO_4，溶液颜色变为棕黄，且有白色沉淀生成。该棕黄色溶液中加入淀粉溶液后出现蓝色；在蓝色溶液中加入 NaOH 至溶液呈碱性后，蓝色褪去，但白色沉淀却未消失。试确定固体化合物中含有哪两种化合物，并写出反应方程式。

16. 某钠盐 A 可溶于水，其水溶液加稀盐酸后，同时有刺激性气味的气体 B 和浅黄色沉淀 C 生成。气体 B 能使品红试液褪色。通氯气于 A 溶液中有 D 生成。D 遇 $BaCl_2$ 溶液生成不溶于稀酸的白色沉淀 E。试确定各字母所代表的物质，并写出有关的反应方程式。

（四）制备题

1. 由海水中提取液溴。
2. 由 $NaIO_3$ 制取单质碘。
3. 用 FeS_2 为主要原料制备 $K_2S_2O_8$。

四、自测习题答案

（一）选择题

1. C；2. B；3. B；4. B；5. A；6. A；7. A；8. A；9. D；10. D；11. CD；12. B；13. B；14. B；15. D；16. C；17. C；18. BC；19. A；20. D；21. D；22. A；23. D；24. B；25. A；26. C；27. B；28. B；29. B；30. D；31. D；32. C；33. D；34. B；35. B；36. D；37. C；38. A；39. A；40. B；41. A；42. C；43. D；44. B；45. C；46. C；47. A；48. B；49. A。

（二）填空题

1. Cl，Cl_2。
2. $F_2 > Cl_2 > Br_2 > I_2$，$I^- > Br^- > Cl^- > F^-$，$F^- > Cl^- > Br^- > I^-$，$I^- > Br^- > Cl^- > F^-$。
3. NaCl、NaClO，NaCl、$NaClO_3$，NaBr、NaBrO，NaI、$NaIO_3$。
4. 氟的电子亲和能，H—F 键的键能。
5. 氧化，没有，I_2、Cl_2，IO_3^-、Cl^-。

6. 五，中强，八面体，sp^3d^2，氧化。
7. 无，$Ag(S_2O_3)_2^{3-}$，白，$Ag_2S_2O_3$，黑，Ag_2S，鉴定 $S_2O_3^{2-}$。
8. $Na_2S_2O_4$，还原。
9. Cl_2O_7，氧化，分解。
10. 智利硝石，$NaIO_3$。
11. 恒沸，溶液的组成和沸点恒定。
12. 37%，$12mol \cdot L^{-1}$。
13. 液态的硫酸分子间存在着氢键。
14. 两个成单，顺磁。
15. σ，离域 π 键（或 π_3^4）。
16. 成单电子，反磁。
17. O_3^-，臭氧化物。
18. CrO_4^{2-}，黄。
19. $PbSO_4$，白。
20. （1）形成大 π 键的原子都在同一平面；（2）每一原子有一互相平行的 p 轨道提供 p 电子；（3）p 电子数目小于 p 轨道数目的两倍。
21. 1，1。

（三）问答题

1. **答**：电子亲和能：F < Cl > Br > I，随原子半径增大，核对外层电子引力减小，电子亲和能趋于减小，但氟反常。因其原子半径特别小，电子云密度特别大，对外来电子斥力较大，这种斥力部分抵消了获得一个电子所放出的能量，故其电子亲和能比氯小。
2. **答**：为了增加 I_2 的溶解度。因加入 KI 发生如下反应：$I_2 + I^- = I_3^-$，使 I_2 的溶解度增大，且使 I_2 变得更加稳定，保持其消毒杀菌的性能。
3. **答**：卤原子中，由于氟原子半径特小，电负性特大，所以 HF 分子中的共用电子对强烈地偏向于氟原子一方，因而 HF 具有强烈极性，也决定了 HF 分子间会产生氢键而缔合，故 HF 与其他 HX 相比有高的熔、沸点，至于 HF 水溶液的酸性比其他氢卤酸都弱，主要是和它具有最大的键能和多分子缔合结构有关。
4. **答**：因在水溶液中 I^- 很易被空气中的 O_2 所氧化：$4HI + O_2 = 2I_2 + 2H_2O$，而铜能与 I_2 作用生成 CuI 沉淀而除去。$2Cu + I_2 = 2CuI\downarrow$，这样可以不影响 HI 的使用。
5. **答**：由于 Ag^+ 是 18 电子外壳的阳离子，其极化力和变形性都很大，而 I^- 的变形性比 Br^- 大，所以 AgI 中相互极化作用比 AgBr 中大，故 AgI 先沉淀出来。
6. **答**：把溴滴加在磷和少许水的混合物中，即可产生 HBr 气体。
   $2P + 6H_2O + 3Br_2 = 2H_3PO_3 + 6HBr\uparrow$。
7. **答**：由 HF → HI，酸性增强，还原性增强，热稳定性减弱。
8. **答**：从 F^- 到 I^- 半径依次增大，变形性随之增大，因此它们与 Ag^+ 之间的相互极化作用逐渐增强，电子云重叠的程度逐渐增大，键的极性逐渐减弱，键长缩短，从而逐渐由离子键过渡到共价键。又因水分子为极性分子，故从 AgF → AgI 在水中的溶解度依次减小。

9. **答**：（1）A—NaI；B—H_2SO_4(浓)；C—I_2；D—NaI_3；E—$Na_2S_2O_3$；F—Cl_2。

（2）$8NaI + 5H_2SO_4(浓) = 4I_2 + H_2S\uparrow + 4Na_2SO_4 + 4H_2O$，

$I_3^- + 8Cl_2 + 9H_2O = 3IO_3^- + 16Cl^- + 18H^+$，

$Na_2S_2O_3 + 2HCl = 2NaCl + SO_2\uparrow + S\downarrow + H_2O$，

$Na_2S_2O_3 + 4Cl_2 + 5H_2O = 2H_2SO_4 + 2NaCl + 6HCl$。

10. **答**：A—NaI；B—NaClO。

（1）$2NaI + 2FeCl_3 = 2FeCl_2 + 2NaCl + I_2$

（2）$NaI + AgNO_3 = AgI\downarrow + NaNO_3$

（3）$ClO^- + 2H^+ + Cl^- = Cl_2\uparrow + H_2O$

（4）$Cl_2 + 2NaOH(冷) = NaCl + NaClO + H_2O$

（5）$2NaI + NaClO + H_2O = I_2 + NaCl + 2NaOH$

$I_2 + 5NaClO + 2NaOH = 2NaIO_3 + 5NaCl + H_2O$

11. **答**：$3S + 6NaOH = 2Na_2S + Na_2SO_3 + 3H_2O$，溶液无色。酸化产生的气体使 $Pb(NO_3)_2$ 试纸变黑。

$Na_2S + (X-1)S = Na_2S_X$，溶液为橙红色。

$S + Na_2SO_3 = Na_2S_2O_3$，溶液无色。把溶液酸化，溶液浑浊，有刺激性气味气体放出。

$S + 2H_2SO_4 = 3SO_2 + 2H_2O$，有无色的刺激性气味气体放出。

$S + 6HNO_3 = H_2SO_4 + 6NO_2 + 2H_2O$，反应中有棕红色气体放出。

12. **答**：加 $AgNO_3$ 溶液。有白色沉淀的为 NaCl；得黑色沉淀的是 Na_2S；先出现白色沉淀，然后变棕、变黑的是 $Na_2S_2O_3$；棕红色沉淀的是 K_2CrO_4；黄色沉淀的是 K_2HPO_4；棕色的沉淀是 KOH。

13. **答**：A—$BaCl_2$，B—$AgNO_3$，C—Ag_2S，D—AgCl，E—$Ba(NO_3)_2$，F—$Na_3[Ag(S_2O_3)_2]$，G—$BaSO_4$。

14. **答**：用隔膜电解槽电解食盐水溶液，$2NaCl + 2H_2O = 2NaOH + Cl_2 + H_2$。

用熟石灰吸收氯气，$2Cl_2 + 2Ca(OH)_2 = CaCl_2 + Ca(ClO)_2 + 2H_2O$。

在较高温度下，用无隔膜电解槽电解食盐水，$NaCl + 3H_2O = NaClO_3 + 3H_2$。

15. **答**：KIO_3 和 CaI_2。$IO_3^- + 5I^- + 6H^+ = 3I_2$（棕黄）$+ 3H_2O$，$Ca^{2+} + SO_4^{2-} = CaSO_4\downarrow$（白色沉淀），$I_2$ 可使淀粉变蓝，$3I_2 + 6NaOH = 5NaI + NaIO_3 + 3H_2O$ 成无色溶液。

16. **答**：A—$Na_2S_2O_3$，B—SO_2，C—S，D—Na_2SO_4，E—$BaSO_4$。

（四）制备题

1. $2Br^- + Cl_2 = Br_2 + 2Cl^-$，$3Br_2 + 3Na_2CO_3 = 5NaBr + NaBrO_3 + 3CO_2$，

$5NaBr + NaBrO_3 + 3H_2SO_4 = 3Br_2 + 3Na_2SO_4 + 3H_2O$。

2. $NaIO_3 + 3Na_2SO_3 = NaI + 3Na_2SO_4$，$5NaI + NaIO_3 + 3H_2SO_4 = 3I_2 + 3Na_2SO_4 + 3H_2O$。

3. 灼烧 $4FeS_2 + 11O_2 = 2Fe_2O_3 + 8SO_2$，$2SO_2 + O_2 = 2SO_3$，$H_2O + SO_3 = H_2SO_4$，

$H_2SO_4 + KOH = KHSO_4 + H_2O$，电解 $2KHSO_4 = K_2S_2O_8 + H_2$。

第十五章　d 区元素

一、教学基本要求

1. 了解过渡元素的价电子构型特点及元素的通性。
2. 了解钛的性质、冶炼及用途，重要化合物的性质及用途。
3. 掌握铬的重要化合物的性质、用途及相互间的转化。
4. 了解钼和钨的一些重要化合物。
5. 掌握锰的重要化合物的性质、用途及相互间的转化。
6. 掌握铁、钴、镍的氧化物、氢氧化物、盐、配合物的性质及不同价态间的转化。
7. 掌握铜单质、卤化物、氧化物、氢氧化物、配合物的性质及不同价态间的转化。
8. 掌握锌和汞及其重要化合物的性质及制备。

在本章的学习过程中，应以 d 区元素原子的核外电子排布特征为主线，掌握其单质及化合物的性质及其变化规律。同时应注意特效鉴定反应。

二、习题分析与解答

1. 回答下列用途所依据的性质，可能情况下写出相关的反应式。

（1）MnO 用作惰性气体的除氧剂；

答：MnO 有还原性，可与 O_2 反应 $2MnO + (1/2)O_2 = Mn_2O_3$。

（2）Cr^{2+} 能将 H_2O 中的 H_3O^+ 还原生成 H_2，但仍能用作实验室试剂；

答：从化学热力学来看，Cr^{2+} 能将 H_2O 中的 H^+ 还原为 H_2。但从化学动力学来看，反应的速度极慢。所以在无氧的条件下，Cr^{2+} 是稳定的。

（3）$K_2Cr_2O_7$ 用作基准氧化试剂在滴定分析中用来标定 Fe^{2+} 浓度；

答：$K_2Cr_2O_7$ 不含结晶水，易通过重结晶法来提纯，有较大的相对分子质量，与 Fe^{2+} 有定量的反应，所以可用作基准氧化试剂。$Cr_2O_7^{2-} + 6Fe^{2+} + 14H^+ = 6Fe^{3+} + 2Cr^{3+} + 7H_2O$。

（4）$FeCl_3$ 用作水处理剂并在制版中用作刻蚀剂；

答：Fe^{3+} 水解所得的胶体有吸附杂质的作用，带有较高电荷的 Fe^{3+} 可使土壤胶体聚沉，所以可作水处理剂。制版是由于其具有氧化性，可与 Cu 反应：$2FeCl_3 + Cu = 2FeCl_2 + CuCl_2$。

（5）某些 Cu（Ⅰ）配合物溶液在氮肥厂用于吸收原料气中残存的少量 CO；

答：这些配合物与 CO 间有配合平衡：$[Cu(NH_3)_2]^+ + CO = [Cu(NH_3)_2(CO)]^+$。

（6）某些 Cu（Ⅰ）配合物溶液用于从石油气中分离乙烯；

答：这些配合物与 C_2H_4 间有配合平衡：

$[Cu(NH_2CH_2CH_2OH)_2]^+ + C_2H_4 = [Cu(NH_2CH_2CH_2OH)_2(C_2H_4)]^+$。

（7）氯化钴掺入硅胶用以检验硅胶在做干燥剂时的吸水程度。

答：反应 $CoCl_2 + 6H_2O = CoCl_2 \cdot 6H_2O$，$CoCl_2$ 由蓝色变为粉红色的 $CoCl_2 \cdot 6H_2O$，可显示硅胶吸水的程度。

2. 解释：

（1）d 区金属的熔点和气化焓通常高于 s 区和 p 区；

答：d 区金属原子的不成对 d 电子参与了金属键的形成，有比 s 区和 p 区金属都多的价电子。

（2）Ti 的族氧化态卤化物可以是碘化物。而 V 和 Cr 的族氧化态卤化物只有氟化物；

答：与 Ti(Ⅳ)相比，V(Ⅴ)、Cr(Ⅵ)随氧化值的升高，半径减小，氧化性显著增强。与 F^- 这样的半径小、还原性弱的离子可以形成稳定的氟化物；而与 I^- 这种有还原性、半径也大（配位的个数受限）的离子，不会形成稳定的化合物。

（3）铂存在 PtF_6，而镍的最高氧化态氟化物迄今只制得 NiF_4；

答：配位数与 r_+/r_- 有关。Pt^{6+} 的半径大，$r(Pt^{6+})/r(F^-)$ 在 0.732 ~ 0.414 之间，所以是 6 配位的。而 Ni^{4+} 的半径小，$r(Ni^{4+})/r(F^-) < 0.414$，所以是 4 配位。

（4）重铬酸盐溶液中加入 Ba^{2+}、Pd^{2+}、Ag^+ 等重金属离子总是得到铬酸盐沉淀；

答：$Cr_2O_7^{2-}$ 在溶液中有平衡：$Cr_2O_7^{2-} + H_2O = 2CrO_4^{2-} + 2H^+$。$Ba^{2+}$、$Pb^{2+}$、$Ag^+$ 的 CrO_4^{2-} 盐的溶解度，小于相应的 $Cr_2O_7^{2-}$ 盐的溶解度。当加入上述几种离子时，平衡要正向移动，得到 CrO_4^{2-} 盐沉淀。

（5）化学还原法和离子交换分离法处理含铬废水的原理；

答：含铬废水中有 Cr(Ⅵ)和 Cr(Ⅲ)。

化学还原法为：加还原剂铁粉，使 Cr(Ⅵ)变为 Cr(Ⅲ)。然后调 pH 值，使 $Cr(OH)_3$ 沉淀而除去。

离子交换法为：用阳离子交换树脂除去 Cr^{3+}；Cr(Ⅵ)通常存在于含氧酸根中，可用阴离子交换树脂除去。

（6）Fe_2O_3 溶于盐酸生成 $FeCl_3$，而 Co_2O_3 和 Ni_2O_3 则生成 $CoCl_2$ 和 $NiCl_2$；

答：Fe^{3+} 的氧化性不强，不能氧化 Cl^-：$Fe_2O_3 + 6HCl = 2FeCl_3 + 3H_2O$。

Co^{3+} 和 Ni^{3+} 有强氧化性：$Co_2O_3 + 6HCl = 2CoCl_2 + Cl_2 + 3H_2O$，

$Ni_2O_3 + 6HCl = 2NiCl_2 + Cl_2 + 3H_2O$。

（7）普鲁士蓝的生色机理；

答：普鲁士蓝是一个混合价态化合物，颜色来自电子的层间跃迁。电子从一种氧化态的价层，通过桥氰离子激发到另一氧化态的价层。这一跃迁的谱带很强。

（8）第 11 族元素稳定氧化态变化趋势的不规则性。

答：除了 s 电子之外，d 电子也有部分参与成键的趋势，而表现为不规则的氧化态。

3. 写出下列过程的反应方程式。

（1）Cr^{2+} 在有氧和无氧条件下与水的反应；

答：$2Cr^{2+} + 2H^+ = 2Cr^{3+} + H_2$、$4Cr^{2+} + 4H^+ + O_2 = 4Cr^{3+} + 2H_2O$。

（2）Fe^{2+}作为还原剂和Fe^{3+}作为氧化剂（各举3例）；

答：Fe^{2+}作为还原剂：$4Fe(OH)_2+O_2+2H_2O=4Fe(OH)_3$，

$2Fe^{2+}+H_2O_2+2H^+=2Fe^{3+}+2H_2O$，$2Fe^{2+}+Cl_2=2Fe^{3+}+2Cl^-$。

Fe^{3+}作为氧化剂：$2Fe^{3+}+Sn^{2+}=2Fe^{2+}+Sn^{4+}$，$2Fe^{3+}+2I^-=2Fe^{2+}+I_2$，

$2Fe^{3+}+Fe=3Fe^{2+}$。

（3）Cu^{2+}对金属Pd和I^-的氧化；

答：$2CuCl_2+Pd+2NaCl=Na_2[PdCl_4]+2CuCl$，$2Cu^{2+}+4I^-=2CuI+I_2$。

（4）K_2MnO_4在水溶液中的歧化反应；

答：$3MnO_4^{2-}+4H^+=2MnO_4^-+MnO_2+2H_2O$。

（5）用丁二酮检验肟Ni^{2+}；

答：

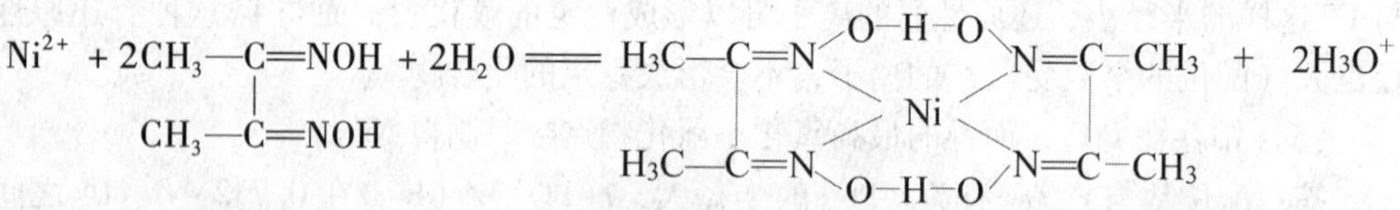

4. 区分电子跃迁与荷移跃迁。（提示：从跃迁方式、谱带强度和电荷密度效果的角度考虑）

答：电子跃迁就是发生在金属离子本身的，电子由低能级d轨道向高能级d轨道的跃迁。谱带的强度通常很弱。

荷移跃迁为电子从一个原子向另一个原子的转移，一般荷移谱带的强度较大。

5. 电化学氧化是当今制备电池用MnO_2最重要的一种方法，试叙述其制备原理。

答：在90～95℃，以Pb、Ti或石墨为阳极电解$MnSO_4$的水溶液，在阳极有$Mn^{2+}=Mn^{3+}+e$，阴极析出H_2。阳极产生的Mn^{3+}歧化（$2Mn^{3+}+2H_2O=Mn^{2+}+MnO_2+4H^+$）后，有$MnO_2$在阳极沉淀。总反应为：$MnSO_4+2H_2O=MnO_2+H_2+H_2SO_4$。

6. 举例说明$KMnO_4$在不同酸碱性介质中的还原产物。

答：在酸性介质中被还原为Mn^{2+}：$2MnO_4^-+5SO_3^{2-}+6H^+=2Mn^{2+}+5SO_4^{2-}+3H_2O$；

在中性弱碱性条件下生成MnO_2：$2MnO_4^-+3SO_3^{2-}+H_2O=2MnO_2+3SO_4^{2-}+2OH^-$；

在强碱性介质中被还原为MnO_4^{2-}：$2MnO_4^-+SO_3^{2-}+2OH^-=2MnO_4^{2-}+SO_4^{2-}+H_2O$。

7. 举出5个实例说明第四周期过渡元素低氧化态稳定性自左至右呈增高的趋势。

答：第四周期过渡元素低氧化态离子随核电荷增加，其稳定性增强（即还原性减弱）的表现为：Sc^{2+}能否存在还是问题，因为至今仍未从水溶液中制得该离子。

Ti^{2+}虽从水溶液中可以制得，但极不稳定（还原性极强）。

V^{2+}、Cr^{2+}都可被H_2O中的H^+氧化（有较强还原性），但速度极慢。

$Mn(OH)_2$、$Fe(OH)_2$可在有H_2O存在的情况下，被空气中的O_2氧化（已不能被H_2O氧化）。

$Co(OH)_2$能被O_2缓慢氧化。而$Ni(OH)_2$则要用较强的氧化剂（如Cl_2、Br_2）来氧化。

Cu^{2+}、Zn^{2+}则为+Ⅱ的最高氧化态，不能再被氧化（无还原性）。

8. 用反应式表达 Fe(Ⅵ)物种高铁酸钾（K_2FeO_4）的制备以及该物种的碱性溶液酸化时发生的反应。你能根据这一事实和其他更多的事实说明介质对氧化态转化的影响吗？

答：共熔时有反应：$Fe_2O_3 + 3KNO_3 + 4KOH = 2K_2FeO_4 + 3KNO_2 + 2H_2O$。

酸化后：$4FeO_4^{2-} + 20H^+ = 4Fe^{3+} + 3O_2 + 10H_2O$。

把低价金属离子或氧化物氧化成高价含氧酸盐时，要在碱性条件下进行。反之，有氧化性的高价金属含氧化合物，在酸性介质中氧化性要更强烈地表现出来（被还原）。

如 $MnO_2 \to K_2MnO_4$、$CrO_2^- \to CrO_4^{2-}$、$Ni(OH)_2 \to Ni_2O_3$ 都要在碱性条件下进行。

在酸性条件下，Ni^{3+} 不能存在（它要得电子，成 Ni^{2+}），MnO_4^{2-} 要歧化，$Cr_2O_7^{2-}$ 有强氧化性。

9. 水溶液中的 Co^{3+} 具有很强的氧化性，而配离子$[Co(NH_3)_6]^{3+}$却不那么容易被还原。试从配位作用对电极电势的影响对此现象作解释。

答：查得 $\varphi^\ominus(Co^{3+}/Co^{2+}) = 1.92V$。而 $\varphi^\ominus([Co(NH_3)_6]^{3+}/[Co(NH_3)_6]^{2+}) = 0.058V$，远小于前者。这两个电极电势的值有很大的差别，是由于 $K_{稳}([Co(NH_3)_6]^{3+})$、$K_{稳}([Co(NH_3)_6]^{2+})$ 的不同而引起的。

由 $\varphi^\ominus([Co(NH_3)_6]^{3+}/[Co(NH_3)_6]^{2+}) = \varphi^\ominus(Co^{3+}/Co^{2+}) + 0.0592 \times \lg\{K_{稳}([Co(NH_3)_6]^{2+})/K_{稳}([Co(NH_3)_6]^{3+})\}$ 可看出：

$K_{稳}([Co(NH_3)_6]^{2+}) \ll K_{稳}([Co(NH_3)_6]^{3+})$，上式中的对数项为负值。

$\varphi^\ominus([Co(NH_3)_6]^{3+}/[Co(NH_3)_6]^{2+}) \ll \varphi^\ominus(Co^{3+}/Co^{2+})$，即$[Co(NH_3)_6]^{3+}$的氧化性弱，不易被还原。可见，$NH_3$ 的配位，使 Co^{3+} 的浓度减低得更多，φ 变小。

10. 于可溶性铜盐溶液中加入 NaOH 生成蓝色 $Cu(OH)_2$ 沉淀，继续加入 NaOH 或加入氨水均可使沉淀溶解，试写出相关的 3 个反应方程式。

答：$Cu^{2+} + 2OH^- = Cu(OH)_2$，$Cu(OH)_2 + 2OH^- = Cu(OH)_4^{2-}$，

$Cu(OH)_2 + 4NH_3 = Cu(NH_3)_4^{2+} + 2OH^-$。

11. 活性 Cu_2O 柱用于除去氮气和其他惰性保护气体中的微量氧，试分别写出除氧反应方程式和 Cu_2O 再生反应方程式。

答：除氧：$2Cu_2O + O_2 = 4CuO$。于 1000℃下再生：$4CuO = 2Cu_2O + O_2$。

12. 陶布因对氧化还原反应机理的研究获得过诺贝尔奖，试结合本章和第 6 章关于内界电子转移机理的浅显介绍说明他所设计的那个实验方案的合理性。

答：对$[Co(NH_3)_5Cl]^{2+} + [Cr(H_2O)_6]^{2+} + 5H_3O^+ = [Co(H_2O)_6]^{2+} + [Cr(H_2O)_5Cl]^{2+} + 5NH_4^+$，用示踪原子 $^*Cl$，可以证明氧化还原反应是否通过配体 Cl 来进行电子的转移（同时该配体也转入到另一配合物中）。

当产物$[Cr(H_2O)_5Cl]^{2+}$中的 Cl^- 无放射性时，说明 Cl 来自$[Cr(NH_3)_5Cl]^{2+}$，是内层电子转移。

当产物$[Cr(H_2O)_5Cl]^{2+}$中的 Cl^- 有放射性时，说明$[Cr(NH_3)_5Cl]^{2+}$已把 Cl^- 释放到溶液中，是外层电子转移。

这一设计的合理性还在于，$[Cr(H_2O)_5Cl]^{2+}$和$[Cr(NH_3)_5Cl]^{2+}$都有较好的热力学和动力学稳定性，不会发生与溶液中的 $^*Cl^-$（放射性氯离子）的配位体交换。而$[Cr(H_2O)_6]^{2+}$是动力学不稳定配合物，只有它较易脱去一个配位的水分子，形成配位不

饱和物种，才能与$[Cr(NH_3)_5Cl]^{2+}$的氯原子桥连，反应才能进行到底。

13. 回答下列用途所依据的性质，可能情况下并写出相关的反应式。

（1）氯化锌在金属焊接中用于消除表面氧化物；

答：$ZnCl_2$ 浓溶液有很强的酸性：$ZnCl_2 + H_2O = H[ZnCl_2(OH)]$，可与金属氧化物反应：$FeO + 2H[ZnCl_2(OH)] = Fe[ZnCl_2(OH)]_2 + H_2O$。

（2）三价磷配体用于均相催化剂的改性；

答：均相催化的选择性在于，在配位不饱和的配合物中，有金属原子的配位空位（活性中心）。配位空位不同，催化剂的选择性不同。而磷配位体的种类繁多，电子性质和空间性质值域宽广。可选取其中某一适当的配位体，引入催化剂以达到所需要的选择性。

（3）Na_2HPO_4 用于定性鉴定溶液中 MoO_4^{2-} 的存在。

答：$12MoO_4^{2-} + 3NH_4^+ + HPO_4^{2-} + 23H^+ = (NH_4)_3[PMo_{12}O_{40}] \cdot 6H_2O + 6H_2O$，有黄色沉淀。

14. 解释：

（1）Cr(Ⅵ)虽能形成聚含氧酸根阴离子，但不如同族的Mo(Ⅵ)和W(Ⅵ)更典型；

答：Cr 的半径小，与氧原子只能是 4 配位，氧四面体只能以顶点相连，成链状。而 Mo、W 的半径大，与氧原子可 6 配位，氧八面体可以用棱、面等多种形式相连，大大增加了聚合氧酸根阴离子的多样性。

（2）Zr-Hf 和 Nb-Ta 两对元素往往在自然界共生；

答：由于镧系收缩效应，使第二过渡系与第三过渡系的原子（及离子）半径相近、性质相近。

（3）$V(CO)_6$ 容易还原为$[V(CO)_6]^-$，而 $Cr(CO)_6$ 却不易还原为$[Cr(CO)_6]^-$；

答：由 18 电子规则可看出，$V(CO)_6$ 是一个 17e 的自由基，易还原为 18 电子的配合物$[V(CO)_6]^-$。而 $Cr(CO)_6$ 为 18 电子配合物，稳定。

（4）CO 和烯烃与低氧化态金属配位导致碳—氧键和烯的双键被活化。

答：CO 与低价金属离子配位时，除了作为路易斯碱提供孤对电子成 σ 键（M←CO）外：还可以作为路易斯酸，用其反键 π^* 轨道，接受金属离子或原子的 d 电子，成反馈 π 键。这种反键分子轨道中电子的增加，会使 C—O 键的键级降低，分子被活化。

C_2H_4 作为配体，是用 π 成键电子提供给金属原子成 σ 键，同时也用反键轨道接受金属原子的 d 电子，键级也要被降低，分子被活化。

15. 用简明文字表述下列概念：

（1）同多酸和杂多酸；

答：同多酸是只含一种中心原子的聚合含氧酸。杂多酸是含有两种或两种以上中心原子的聚合含氧酸。

（2）升汞和甘汞；

答：升汞为 $HgCl_2$，易升华，可溶，有毒。甘汞为 Hg_2Cl_2，味甜，不溶，无毒。

（3）金属有机化合物；

答：通常把含有金属-碳键的化合物称为金属有机化合物。

（4）有效原子序数规则；

答：有效原子序数规则是判断稳定配合物组成的规则：配合物的中心金属倾向于与足

够的配体结合，使自身周围的电子数等于同周期稀有气体元素的电子数。

（5）18 电子规则；

答：18 电子规则是有效原子序数规则的又一种表述形式：中心金属价层满足 18 电子组态的配合物是稳定配合物。

（6）端羰基和桥羰基配位体；

答：只与一个金属原子键合的羰基配位体称为端羰基配体。与 2 个或 3 个金属原子键合的羰基配体称为桥羰基配体。

（7）簇化合物；

答：具有金属间成键作用的多核分子称为簇化合物。

（8）固载催化剂。

答：将具有催化活性的配合物分子，通过其辅助配位体上的官能团，以共价键与某种固体结合，所得到的催化剂称为固载催化剂。

16. 以 CrO_4^{2-} 转化为 $Cr_2O_7^{2-}$ 为例说明金属元素的含氧酸根离子转化为聚氧阴离子的机理。

答：CrO_4^{2-} 为正四面体构型。$CrO_4^{2-} + H^+ = HCrO_4^-$，$HCrO_4^-$ 为一个以 Cr 为中心、三个顶点为氧原子、一个顶点为—OH 的四面体。当两个 $HCrO_4^-$ 脱水时成 $Cr_2O_7^{2-}$，$2HCrO_4^- = Cr_2O_7^{2-} + H_2O$。即两个氧四面体以顶点的氧原子相连。

17. 写出“火法”和“全湿法”炼锌工艺的反应式。

答：火法为：$2ZnS + 3O_2 = 2ZnO + 2SO_2$，$ZnO + C = Zn + CO$。

全湿法为：$2ZnS + 2H_2SO_4 + O_2 = 2ZnSO_4 + 2H_2O + S$。

18. 写出水溶液中 $HgCl_2$ 的反应。

（1）加氨水；（2）加 $SnCl_2$；（3）加 KI。

答：（1）$HgCl_2 + 2NH_3 = Hg(NH_2)Cl\downarrow + NH_4Cl$；

（2）$2HgCl_2 + SnCl_2 + 2HCl = Hg_2Cl_2\downarrow + H_2SnCl_6$；

$Hg_2Cl_2 + SnCl_2 + 2HCl = 2Hg\downarrow + H_2SnCl_6$。

（3）$HgCl_2 + 2KI = HgI_2 + 2KCl$，KI 过量时还有 $HgI_2 + 2KI = K_2[HgI_4]$。

19. 用反馈成键和协同效应的概念解释金属羰基配合物的特殊稳定性。

答：在 M—CO 间，除 CO 作为路易斯碱，形成 σ 配键外，还有 M 把电子对提供给 CO（作为路易斯酸）的反馈 π 键（dπ-pπ 键）。M—CO 间为双键结合。同时还有由于配键造成的电子密度增加，而导致的协同效应，使 M—CO 键更强。

20. 用反应式表示魏克尔法乙烯氧化制乙醛的过程，威克尔公司的化学家们发现的这一工艺有什么重大意义？

答：$PdCl_4^{2-} + C_2H_4 + H_2O = CH_3CHO + Pd + 2H^+ + 4Cl^-$，

$Pd + 2CuCl_2 + 2Cl^- = PdCl_4^{2-} + 2CuCl$，

$2CuCl + 1/2O_2 + 2HCl = 2CuCl_2 + H_2O$。

用该思路可以开发催化剂新体系，有重大的经济效益。

21. 写出以 $Fe(CO)_5$ 为原料制备 $Fe_2(CO)_9$ 的反应式，注明反应条件，说明反应发生的可能途径。

答：在光照、HAc 催化下：$2Fe(CO)_5 = Fe_2(CO)_9 + CO$。可能的途径为：

$Fe(CO)_5 = Fe(CO)_4 + CO, Fe(CO)_5 + Fe(CO)_4 = Fe_2(CO)_9$。

22. 为什么均相催化剂的选择性高于多相催化剂?

答：均相催化的配位反应，发生在配合物中心原子的配位空位上。由于配位空位相同，即起催化作用的活性中心（配位空位）相同，发生的反应相同，所以选择性高。

多相催化中使用的固体催化剂，其台坪、台棱、棱角位置的表面原子配位环境不同，有不同的催化活性，会造成产物有别，即选择性较差。

三、自测习题

（一）选择题

1. 下列钛的化合物中，作为颜料使用的是（　）。

   A. $TiCl_4$　　B. $TiOSO_4$　　C. TiO_2　　D. TiF_4

2. 下列关于 V_2O_5 的叙述中错误的是（　）。

   A. 是酸性氧化物　　B. 是无色晶体　　C. 具有强氧化性　　D. 可用作催化剂

3. 下列物种中，还原性最差的是（　）。

   A. Cr^{2+}　　B. Cr^{3+}　　C. $Cr(OH)_3$　　D. $Cr(OH)_4^-$

4. 下列物质与 $CrCl_3$ 溶液反应，既生成沉淀又生成气体的是（　）。

   A. 锌粉　　B. Na_2CO_3 溶液　　C. Na_2S 溶液　　D. NaOH 溶液

5. 下列物质与 $K_2Cr_2O_7$ 溶液反应，没有沉淀生成的是（　）。

   A. H_2S　　B. KI　　C. H_2O_2　　D. $AgNO_3$

6. MnO_2 可溶于下列溶液中的（　）。

   A. HCl　　B. 浓 HCl　　C. NaOH　　D. H_2SO_4

7. 在下列条件中，$KMnO_4$ 发生反应时，产物中没有气体的是（　）。

   A. 受热　　B. 在酸性条件下放置

   C. 在浓碱溶液中　　D. 酸性条件下与 H_2S 反应

8. 下列锰的物种中，在酸性溶液中发生歧化反应的是（　）。

   A. MnO_4^{2-}　　B. MnO_2　　C. Mn^{3+}　　D. Mn^{2+}

9. 下列物质不易被空气中的氧气氧化的是（　）。

   A. $Mn(OH)_2$　　B. $Ni(OH)_2$　　C. Fe^{2+}　　D. $Co(NH_3)_6^{2+}$

10. 要配制标准的 Fe^{2+} 溶液，最好的方法是将（　）。

    A. 硫酸亚铁铵溶于水　　B. 铁钉溶于稀酸

    C. $FeCl_2$ 溶于水　　D. $FeCl_3$ 溶液与铁屑反应

11. 下列试剂中，不能与 $FeCl_3$ 溶液反应的是（　）。

    A. Fe　　B. Cu　　C. KI　　D. $SnCl_4$

12. 下列物质中，可用于鉴定 S^{2-} 的是（　）。

    A. $K_3[Fe(CN)_6]$　　B. $K_4[Fe(CN)_6]$

    C. $Na_2[Fe(CN)_5NO]$　　D. $Na_3[Co(CN)_5H_2O]$

13. 四种元素 Ca、Ti、Ba、Zr 的金属性从强到弱的排列顺序为（　）。

A. Ba、Ti、Ca、Zr   B. Ba、Ca、Ti、Zr

C. Ca、Ba、Ti、Zr   D. Ba、Zr、Ca、Ti

14. 固体重铬酸铵受热分解的产物为（　）。

A. $CrO_3 + NH_3 + H_2O$ B. $Cr_2O_3 + NH_3 + H_2O$

C. $CrO_3 + N_2 + H_2O$ D. $Cr_2O_3 + N_2 + H_2O$

15. 已知某溶液中含有 Fe^{3+}、Cr^{3+}、Zn^{2+}、K^+ 和 Cl^-，加入过量的 NaOH 溶液，将导致（　）。

A. 无沉淀、不冒泡   B. 红棕色沉淀和绿色溶液

C. 绿色沉淀和红棕色溶液   D. 白色沉淀和绿色溶液

16. 下列关于过渡元素在化合物中的氧化态（数）的说法中不妥当的（　）。

A. 元素最高氧化态在数值上不一定都等于该元素所在的族数

B. 所有过渡元素在化合物中都处于正氧化态

C. 不是所有过渡元素都有两种以上的氧化态

D. 有些过渡元素的最高氧化数可以超过元素本身的族数

17. 欲使共存的 Al^{3+} 和 Cr^{3+} 分离，可以采用的试剂是（　）。

A. NaOH   B. $NH_3 \cdot H_2O$ C. HAc   D. $NaHCO_3$

18. 在酸性的 $K_2Cr_2O_7$ 溶液中，加入 Pb^{2+}，可生成的沉淀物质是（　）。

A. $PbCr_2O_7$ B. $PbCrO_4$ C. PbO_2 D. PbO

19. 下列离子在水溶液中最不稳定的是（　）。

A. Cu^{2+} B. Cu^+ C. Hg^{2+} D. Hg_2^{2+}

20. 下列电对的标准电极电势最大的是（　）。

A. Cu^{2+}/Cu^+ B. Cu^+/Cu C. $CuCl_2^-/Cu$ D. CuI/Cu

21. 下列离子与过量的 KI 溶液反应只得到澄清、无色溶液的是（　）。

A. Cu^{2+} B. Ag^+ C. Hg^{2+} D. Hg_2^{2+}

22. 在含有下列物种的溶液中分别加入 Na_2S 溶液，发生特征反应用于离子鉴定的是（　）。

A. $Cu(NH_3)_4^{2+}$ B. Hg^{2+} C. Cd^{2+} D. Hg_2^{2+}

23. 除去 $ZnSO_4$ 溶液中所含的少量 $CuSO_4$，最好选用下列试剂中的（　）。

A. $NH_3 \cdot H_2O$ B. NaOH   C. Zn   D. H_2S

24. 某过渡金属离子与强场配体形成的正八面体配离子磁矩为 0，而与弱场配体形成的八面体离子磁矩为 4.90B. M.，该金属离子可能是（　）。

A. Cr^{3+} B. Mn^{2+} C. Fe^{2+} D. Co^{2+}

25. 下列金属与相应的盐可以发生反应的是（　）。

A. Fe 与 Fe^{3+} B. Cu 与 Cu^{2+} C. Hg 与 Hg^{2+} D. Zn 与 Zn^{2+}

26. 下列配离子空间构型为正四面体的是（　）。

A. $Zn(NH_3)_4^{2+}$ B. $Cu(NH_3)_4^{2+}$ C. $Ni(CN)_4^{2-}$ D. $Hg(NH_3)_4^{2+}$

27. 下列配合物属于反磁性的有（　）。

A. $Mn(CN)_6^{4-}$ B. $Cd(NH_3)_4^{2+}$ C. $Fe(CN)_6^{3-}$ D. $Co(CN)_6^{3-}$

28. 在含有 Al^{3+}、Ba^{2+}、Hg_2^{2+}、Cu^{2+}、Ag^+ 等离子的溶液中加入稀 HCl，发生反应的离子是（　）。

A. Ag^+和Cu^{2+}　B. Hg^{2+}和Al^{3+}　C. Ag^+和Hg_2^{2+}　D. Ba^{2+}和Al^{3+}

29. Cr_2O_3、MnO_2、Fe_2O_3在碱性条件下都可以被氧化到（Ⅵ）的酸根，完成各自的氧化过程所要求的氧化剂和碱性条件上（　）。

A. 三者基本上相同　B. 对于铬要求最苛刻

C. 对于锰要求最苛刻　D. 对于铁要求最苛刻

30. 下列哪一体系可以自发发生反歧化反应而产生中间氧化态离子（　）。

A. $Cu(s) + Cu^{2+}(aq)$　B. $Fe(s) + Fe^{3+}(aq)$

C. $Mn^{2+}(aq) + MnO_4^-(aq)$　D. $Hg(l) + HgCl_2$(饱和)

31. 某淡绿色晶体（Ⅰ），若配成溶液并加入$BaCl_2$溶液后，则生成不溶于酸的白色沉淀（Ⅱ）；若在（Ⅰ）溶液中加入NaOH，则生成白色的胶状沉淀（Ⅲ），并很快地变成红棕色。再加入盐酸，此红棕色沉淀又溶解，若再滴入KCNS溶液，则有深红色物质（Ⅳ）生成。试推测上述四种物质与下列哪种答案相符，并填入括号内。（Ⅰ）为（　）、（Ⅱ）为（　）、（Ⅲ）为（　）、（Ⅳ）为（　）。

A. $Na_2CO_3 \cdot 10H_2O$　B. $MgSO_4 \cdot 7H_2O$

C. $FeSO_4 \cdot 7H_2O$　D. $Mg(OH)_2$

E. $Fe(OH)_2$　F. $Fe(OH)_3$

G. I_2　H. $Fe(CNS)_3$

I. $BaSO_4$

32. 下列哪种叙述对于过渡元素是不正确的（　）。

A. 它们都是金属　B. 它们的离子大多数有颜色

C. 仅少数形成配合物　D. 它们的原子多数有未充满的轨道

33. 下列物质的颜色，正确的是（　）。

A. $Ni^{2+}(aq)$紫色　B. $Ce^{4+}(aq)$棕色

C. $Ti^{3+}(aq)$绿色　D. $Co^{2+}(aq)$粉红色

34. 用高锰酸钾稀溶液滴定草酸（用H_2SO_4酸化）时，反应速率在滴定开始后一段时间内突然增大，理由是（　）。

A. 产生的Mn^{2+}有催化作用

B. 滴定液pH升高

C. 反应放热，提高了体系的温度

D. 硫酸除去产物中的水，使平衡很快右移

35. 下列关于$FeCl_3$在酸性水溶液中的说法不妥的是（　）。

A. 浓度小时可以是水合离子的真溶液　B. 可以形成以氧为桥基的多聚体

C. 可以形成暗红色的胶体溶液　D. 可以形成分子状态的分子溶液

36. 下列哪一种关于$TiCl_4$的说法是错的（　）。

A. 典型的离子化合物

B. 常温下是液体，易挥发

C. 水解后，溶液显酸性，加酸可以使水解产物溶解

D. 遇氧气或氢气不冒烟，但露置空气中会冒烟

37. 下列哪种钛（Ⅳ）化合物实际上不可能存在（　）。

A. $Ti(CO_3)_2$　B. $Ti(NO_3)_4$　C. $Ti(OH)_4$　D. 都不存在

38. 铬的某化合物（Ⅰ）是橙红色可溶于水的固体，将它用浓 HCl 处理产生黄绿色刺激性气体（Ⅱ）和暗绿色溶液（Ⅲ）。在（Ⅲ）中加入 KOH 溶液，先生成灰蓝色沉淀（Ⅳ），继续加入过量的 KOH 溶液则沉淀消失，变为绿色溶液（Ⅴ），再在其中加入 H_2O_2，加热则生成黄色溶液（Ⅵ），若将其用稀酸酸化，则又变为原来的化合物（Ⅰ）的溶液。试推断这些物质，（Ⅰ）为（　）、（Ⅱ）为（　）、（Ⅲ）为（　）、（Ⅳ）为（　）、（Ⅴ）为（　）、（Ⅵ）为（　）。

A. $KMnO_4$　B. $KClO_3$　C. K_2CrO_4　D. Cl_2

E. $KCrO_2$　F. Cr_2O_3　G. MnO_2　H. $CrCl_3$

I. $Cr(OH)_3$　J. $K_2Cr_2O_7$

39. 有一锰的化合物（Ⅰ）。它是不溶于水且很稳定的黑色粉末状物质。该物质与浓硫酸作用得到淡红色溶液（Ⅱ），且有无色气体（Ⅲ）放出。向溶液（Ⅱ）中加入强碱可得到白色沉淀（Ⅳ），此沉淀在碱性介质中很不稳定，易被空气中氧气氧化成棕色物质（Ⅴ）。若将（Ⅰ）与氢氧化钾和氯酸钾一起混合加热熔融，可得一绿色物质（Ⅵ），将其溶于水并通入二氧化碳则生成紫色溶液（Ⅶ）和物质（Ⅰ）。试推测上述物质：（Ⅰ）为（　）、（Ⅱ）为（　）、（Ⅲ）为（　）、（Ⅳ）为（　）、（Ⅴ）为（　）、（Ⅵ）为（　）、（Ⅶ）为（　）。

A. $MnCl_2$　B. $MnSO_4$　C. $Mn(NO_3)_2$　D. $KMnO_4$

E. K_2MnO_4　F. MnO　G. Mn_2O_3　H. MnO_2

I. Mn_3O_4　J. $Mn(OH)_2$　K. $MnO(OH)_2$　L. O_2

M. Cl_2　N. CO

40. 在某溶液中加入 NaOH 溶液，在空气中放置片刻后，有棕色沉淀生成，则该盐中不可能含有的离子是（　）。

A. Cu^{2+}　B. Fe^{2+}　C. Co^{2+}　D. Ni^{2+}

41. 在下列物质中加入盐酸后，能够产生有刺激性、黄绿色气体的是（　）。

A. $Cr(OH)_3$　B. $Fe(OH)_3$　C. $Co(OH)_3$　D. $Ni(OH)_3$

42. 欲除去 $CuSO_4$ 溶液中的少量 Fe^{3+}，加入下列哪种试剂效果最好（　）。

A. NH_3　B. NaOH　C. $Cu_2(OH)_2CO_3$　D. H_2S

43. 用 $NaBiO_3$ 将 Mn^{2+} 氧化为 MnO_4^- 时，要用浓 HNO_3 酸化而不能用 HCl，这是因为（　）。

A. HNO_3 是氧化性酸，参与反应有助于将 Mn^{2+} 氧化为 MnO_4^-

B. HNO_3 的酸性比 HCl 强

C. Cl^- 能被强氧化剂 BiO_3^- 所氧化

D. NO_3^- 离子催化 $NaBiO_3$ 对 Mn^{2+} 的氧化作用

44. 已知某氯化物（Ⅰ）在空气中会冒白烟。向（Ⅰ）中加入浓盐酸和金属锌时，可生成紫色溶液（Ⅱ），在（Ⅱ）中缓慢地加氢氧化钠至溶液呈碱性，则析出紫色沉淀（Ⅲ）。将（Ⅱ）先用硝酸、然后用稀碱溶液处理，有白色沉淀（Ⅳ）生成。将（Ⅳ）过滤并灼烧，与盐酸反应，又可生成（Ⅰ）。试推断这些物质，（Ⅰ）为（　）、（Ⅱ）为（　）、（Ⅲ）为（　）、（Ⅳ）为（　）。

A. TiO_2　B. MgO　C. $Ti(OH)_4$　D. $TiCl_3$

E. $TiCl_4$　F. H_2TiO_3　G. $Ti(OH)_3$　H. NO_2

45. 将重铬酸钾与某钾盐（或钠盐）混合后置于蒸馏烧瓶中，慢慢滴入浓 H_2SO_4，并在沙浴上小心加热，可生成血红色液体。此钾盐为（　）。

A. 硫化物　B. 碘化物　C. 溴化物　D. 氯化物

46. 下列物质中，能与 CNS^- 作用而生成蓝色配离子的是（　）。

A. Fe^{2+}　B. Co^{2+}　C. Ni^{2+}　D. Fe^{3+}

47. 用很稀的 $PdCl_2$ 溶液浸制过的滤纸可以检验下列何种气体（　）。

A. O_2　B. CO_2　C. Cl_2　D. CO

48. 下列氢氧化物中，哪一种既能溶于过量的 NaOH 溶液，又能溶于氨水（　）。

A. $Ni(OH)_2$　B. $Zn(OH)_2$　C. $Fe(OH)_3$　D. $Al(OH)_3$

49. 波尔多液是由硫酸铜和石灰乳配成的农药乳液，它的有效成分是（　）。

A. 硫酸铜　B. 硫酸钙　C. 氢氧化铜　D. 碱式碳酸铜

50. 处理含汞离子的废水，可加下列哪种试剂使其沉淀、过滤而净化水质（　）。

A. NaCl 溶液　B. 铁粉　C. Na_2SO_4 溶液　D. 通入氯气

51. 在 $CuSO_4 \cdot 5H_2O$ 分子中的五个水（　）。

A. 有四个是结晶水　B. 有四个是配位水　C. 有两个是结晶水　D. 全部是配位水

52. 下列物质中哪一个是无毒的（　）。

A. As_2O_3　B. P_4　C. Hg_2Cl_2　D. $HgCl_2$

53. 水银温度计最高可测下列哪种温度范围？（　）。

A. 37℃以下的温度　B. 100℃以下的温度

C. 400℃以下的温度　D. 500℃以下的温度

54. 在 $Cr_2(SO_4)_3$ 溶液中加入 Na_2S 溶液，其主要产物是下列哪一组物质？（　）。

A. $Cr_2S_3 + Na_2SO_4$　B. $Cr(OH)_3 + H_2S$

C. $Na_2CrO_4 + SO_2$　D. $CrO_2^- + S$

55. 水银温度计打破后，处理溅落的汞滴所用的药品为（　）。

A. 硫粉　B. 铁粉　C. 锌粉　D. 炭粉

56. 为除去钢粉中的少量氧化铜杂质，采用下列哪种方法合适（　）。

A. 用热水洗　B. 用浓盐酸洗

C. 用氨水洗　D. 用盐酸洗

57. “沾起”撒落的细小汞滴的金属片为（　）。

A. 铜片　B. 铁片　C. 铝片　D. 锡片

58. 汞能用于制造温度计是因为（　）。

A. 膨胀系数均匀，不润湿玻璃　B. 室温时蒸气压低

C. 能溶解金属　D. 常温时不活泼

59. Cu^{2+} 能氧化（　）。

A. I^-　B. S^{2-}　C. Cl^-　D. Cu

60. 在碱性物质中硫酸铜溶液与 $C_6H_{12}O_6$ 反应生成（　）。

A. $CuO + Cu$　B. Cu_2O　C. $Cu(OH)_2 + Cu$　D. $Cu_2O + Cu + CuO$

61. 氧化亚铜在（　）溶液中发生歧化反应。

A. 稀硝酸　　B. 稀硫酸　　C. $FeCl_3$　　D. 浓盐酸

62. 氯化汞溶液与（　）反应能生成黑色沉淀物。

A. H_2O_2+NaOH　　B. $NH_3 \cdot H_2O$　　C. $Na_2C_2O_4$　　D. NaOH

63. 氯化亚汞白色沉淀物与（　）反应不生成灰色沉淀物。

A. $SnCl_2$　　B. $NH_3 \cdot H_2O$　　C. NaCl　　D. $KI+I_2$

64. 最难溶于浓氨水的是（　）。

A. AgI　　B. AgBr　　C. AgCl　　D. AgF

65. 硝酸银溶液显（　）。

A. 近中性　　B. 强酸性　　C. 酸性　　D. 碱性

66. 下列配离子中无色的是（　）。

A. $[Cu(NH_3)_2]^+$　　B. $[CuCl_4]^{2-}$　　C. $[Cu(NH_3)_4]^{2+}$　　D. $[Cu(H_2O)_4]^{2+}$

67. 下列化合物中遇皮肤能产生黑色斑点的物质是（　）。

A. NaCl　　B. $Cu(NO_3)_2$　　C. $AgNO_3$　　D. $ZnCl_2$

68. 下列化合物中，不溶于水的白色沉淀是（　）。

A. PbS　　B. ZnS　　C. Ag_2S　　D. As_2S_3

69. 向汞盐溶液中加入过量的浓氨水后生成（　）。

A. $Hg(OH)_4^{2-}$　　B. $Hg(NH_3)_4^{2+}$　　C. $HgNH_2Cl$　　D. $Hg+HgNH_2Cl$

70. 俗称升汞的物质是（　）。

A. Hg_2Cl_2　　B. $HgCl_2$　　C. 两者均是　　D. 两者均否

71. $ZnSO_4$ 溶液中加入 Na_2CO_3 溶液所得产物是（　）。

A. $ZnCO_3$　　B. $ZnCO_3 \cdot Zn(OH)_2$

C. ZnO　　D. $Zn(OH)_2$

72. $ZnSO_4$ 溶液与（　）溶液反应能制得立德粉。

A. Na_2S　　B. $MgSO_4$　　C. BaS　　D. CdS

73. $ZnSO_4$ 中加入 $NaHCO_3$ 溶液所得产物是（　）。

A. $ZnCO_3 \cdot Zn(OH)_2$　　B. $ZnCO_3$

C. $Zn(OH)_2$　　D. ZnO

74. 用过量 KI 试剂鉴别 Hg_2^{2+} 和 Hg^{2+} 时，产生（　　）的为 Hg_2^{2+} 而产生（　　）的为 Hg^{2+}。

A. 砖红色沉淀　　B. 无色溶液

C. 黄色沉淀或绿色溶液　　D. 橙红色溶液

75. 利用氨水鉴别 Hg^{2+} 和 Hg_2^{2+} 离子时，产生（　　）者为 Hg^{2+}，产生（　　）者为 Hg_2^{2+}。

A. 黑色　　B. 灰黑色　　C. 白　　D. 黄色

76. 往一弱酸性无色溶液中加入 $0.1mol \cdot L^{-1}$ K_2CrO_4 溶液产生砖红色沉淀，说明此无色溶液中含有（　）。

A. Ba^{2+}　　B. Pb^{2+}　　C. Ag^+　　D. Cu^{2+}

77. 往一白色固体中加氨水变为无色液体，再加硝酸酸化白色固体出现。证明此白色固体为（　）。

A. $PbCl_2$　　B. AgCl　　C. Hg_2Cl_2　　D. $ZnCl_2$

78. 往一白色固体中加入氨水后变为黑色固体，说明此白色固体为（　）。

A. $HgCl_2$　　B. AgCl　　C. Hg_2Cl_2　　D. $ZnCl_2$

79. 下列只溶于王水的是（　）。

A. CuS　　B. Ag_2S　　C. CdS　　D. HgS

80. 下列硫化物可溶于非氧化性浓酸的是（　）。

A. CuS　　B. CdS　　C. Ag_2S　　D. HgS

（二）填空题

1. 在所有过渡金属中熔点最高的是________，熔点最低的是________，硬度最大的是________，密度最大的是________，导电性最好的是________。
2. 在 $Ni(CO)_4$ 中，与镍原子直接相连的原子是________，Ni 与 CO 间除形成________键外，还形成________键。$Ni(CO)_4$ 的磁矩为 0，由此可推知镍原子的杂化方式为________，$Ni(CO)_4$ 的空间构型为________。
3. 金属钛具有良好的________性；常温下钛与空气和水________作用；高温下钛与氧气和氯气反应的产物分别为________和________。
4. $CrCl_3$ 溶液与氨水反应生成________色的________，该产物与 NaOH 溶液作用生成________色的________。
5. $BaCl_2$ 溶液与 $K_2Cr_2O_7$ 溶液混合，生成________色的________沉淀，然后加入稀 HCl 则沉淀________，溶液呈________色；再加入 NaOH 溶液则生成________色的________。
6. 有三种组成为 $CrCl_3 \cdot 6H_2O$ 的配合物，它们各呈不同的颜色，它们互为________异构体。有两种组成为 $[CrCl_2(NH_3)_4]$ 的八面体构型的配离子，它们互为________异构体，也呈不同的颜色。
7. 锰在自然界主要以________的形式存在。锰有从________到________氧化值的化合物，在酸性溶液中 Mn(Ⅱ)的化合物还原性________。
8. 高锰酸钾是强________，它在酸性溶液中与 H_2O_2 反应的主要产物是________；它在中性或弱碱性溶液中与 Na_2SO_3 反应的产物为________和________。
9. 在强碱性条件下，$KMnO_4$ 溶液与 MnO_2 反应生成________色的________；在该产物中加入 H_2SO_4 后生成________色的________和________色的________。
10. $FeCl_3$ 的蒸气中含有________分子，其结构类似于________。$FeCl_3$________溶于有机溶剂。
11. 滕氏蓝是________与________反应的产物，其分子式可写作________；结构分析证明它与普鲁士蓝为________化合物。
12. 既可以用来鉴定 Fe^{3+}，也可以用来鉴定 Co^{2+} 的试剂是________；既可以用来鉴定 Fe^{3+}，也可以用来鉴定 Cu^{2+} 的试剂是________。
13. 用于鉴定 Ni^{2+} 的试剂是________，鉴定反应需在________性溶液中进行，反应现象为生成________。

14. $[Ni(CN)_4]^{2-}$ 的空间构型为________，它具有________磁性，形成体采用________杂化轨道与 CN^- 成配键，配位原子是________。

15. 实验中使用的变色硅胶中含有少量的________。烘干后的硅胶呈________色，实际呈现的是________的颜色。吸水后的硅胶呈现________色，这实际上是________的颜色。

16. 金属铜不溶于稀盐酸，但在有硫脲存在时，铜与浓盐酸反应生成氢气，这是由于生成________，而使铜的________性增强的缘故。

17. 金与王水作用的过程涉及________反应和________反应。

18. 硫酸铜晶体俗称________，其分子式为________。它受热时将会________得到________色的________。

19. 在 $CuCl_2$ 溶液中加入浓 HCl 时，溶液的颜色由________变为________色。然后加入铜屑煮沸，生成________色的溶液，将该溶液稀释时生成________色的________。

20. $[Cu(NH_3)_2]^+$ 配离子是________色的，但 CuCl 与浓氨水反应得到的溶液呈深蓝色，这是由于________的结果。

21. 含有 Cu^{2+} 的溶液加入过量的浓碱及葡萄糖后加热时，生成________色的________，该产物的热稳定性比 CuO ________。

22. 将盛有 $Ag(NH_3)_2^+$ 溶液及葡萄糖的试管在水浴中加热后发生________反应。最难溶的金属硫化物是________，它可溶于________或________。

23. CuI 可溶于 KSCN 得到________色溶液，将该溶液稀释后会有________色________生成。

24. $HgCl_2$ 是________型化合物，其分子构型为________形，Hg 原子的杂化方式为________。甘汞的溶解度比升汞________。

25. 鉴定 Zn^{2+} 的方法是在溶液中加入________，反应现象是水溶液中生成________色的________。

26. 在含有 Ag^+ 的溶液中加入 Cl^- 生成________沉淀，加入氨水，由于生成________使沉淀溶解。此溶液中加入 Br^-，则生成________沉淀，加入 $S_2O_3^{2-}$，由于生成________沉淀又溶解。此溶液中再加入 I^-，则又生成________沉淀，加入 CN^-，由于生成________沉淀又溶解。以上事实说明________________。

27. 在 NaH_2PO_4 溶液中加入 $AgNO_3$ 溶液，析出________色沉淀________，溶液的酸性________。反应的配平方程式是________________。

28. Ag 与 HI 溶液反应生成________和________。

29. CuCl 为________色沉淀，溶于氨水有 $Cu(NH_3)_2^+$ 生成呈________色。

30. 在亚汞盐溶液中，加入过量氯化钠溶液析出________色的沉淀，其是________。

31. 在 $HgCl_2$ 溶液中通入适量二氧化硫生成________色沉淀物，其为________。

32. 氢氧化铜呈微弱的________，它能溶于过量的强碱溶液，生成________。

33. $Zn(OH)_2$ 受热会分解生成________，能溶于碱生成________。

34. 在 $Hg(NO_3)_2$ 溶液中逐滴加入 KI 溶液，开始有________色________生成。

35. 在 $HgCl_2$ 溶液中滴加某无色试剂________，先产生白色沉淀，后产生黑色沉淀__________。

36. 在含有氯化锌和氯化汞的混合液中，加入过量稀氨水产生白色沉淀物__________。生成__________仍存在于溶液中。
37. 在含有 $Zn(NO_3)_2$ 和 $Hg_2(NO_3)_2$ 的混合液中加入过量稀氨水产生灰色沉淀__________，生成__________仍存在于溶液中。
38. 所有金属中导电导热性最好的是__________，居第二位的是__________。
39. 在一蓝色溶液 A 中滴加乙酸酸化，然后滴入 $K_4[Fe(CN)_6]$ 溶液产生红棕色沉淀为__________，A 为__________。
40. ⅠB 和ⅡB 族元素从上到下活泼性依次__________，只有__________能与盐酸反应产生氢气。
41. ⅡB 族金属与稀盐酸和稀硫酸反应缓慢的是__________，而完全不反应的是__________。
42. ⅠB 族三种金属中，有空气存在时能缓慢溶于稀酸的是__________，而只能溶于王水的是__________。
43. 在常温下，将同一 NaOH 溶液滴入 $CdSO_4$ 和 $HgSO_4$ 溶液中，分别得到______，______。

（三）问答题

1. 某溶液中含有 Cr^{3+}、Fe^{3+} 和 Al^{3+}，设法将它们分离，并写出有关反应的离子方程式。
2. 在 $BaCl_2$ 溶液中加入少量 K_2CrO_4 溶液，会产生什么现象？然后向该溶液中逐滴加入 $AgNO_3$ 溶液，又会出现什么现象？最后是否会出现砖红色沉淀？试解释之。
3. 在化合物 A 的水溶液中加入适量氨水生成蓝色沉淀 B，分离、水洗后将 B 置于 NaOH 溶液中得到粉红色沉淀 C，然后加入 H_2O_2 得棕色沉淀 D，D 与浓盐酸反应得到蓝色的溶液 E，E 被 H_2O 稀释后得到 A 的溶液。沉淀 B 与氨水反应生成土黄色溶液 F，F 在空气中放置后变成红色溶液 G。A 的溶液中加入溴水不起反应，但可与 KNCS 及丙酮反应生成蓝色的溶液 H。试确定各字母所代表的物质，并写出有关的反应方程式。
4. 某金属 M 溶于稀 HNO_3，生成溶液 A，其 M^{n+} 的磁矩为 2.83B. M.。在溶液 A 中滴加 NaOH 生成苹果绿色沉淀 B，该沉淀能被溴水在碱性溶液中氧化为黑色沉淀 C。C 与浓盐酸反应得到绿色溶液 D 和黄绿色气体 E。沉淀 B 溶于氨水中生成蓝色溶液 F。试判断各字母所代表的物质。
5. 在 Cr^{3+}、Fe^{3+}、Ni^{2+}、Cu^{2+}、Ag^{+}、Hg^{2+}、Zn^{2+}、Cd^{2+} 中，哪些离子与适量的 NaOH 溶液反应生成氢氧化物？这些氢氧化物中哪些属于两性氢氧化物，哪些离子与 NaOH 溶液反应生成氧化物？
6. 在 Fe^{2+}、Fe^{3+}、Co^{2+}、Ni^{2+}、Cu^{2+}、Ag^{+}、Zn^{2+}、Cd^{2+}、Hg^{2+}、Hg_2^{2+} 中，哪些离子与适量的氨水反应生成氢氧化物沉淀，哪些离子与适量的氨水反应生成相应的碱式盐，那些离子可与 NH_3 形成配合物？
7. 某溶液 A 中加入 NaCl 溶液有白色的沉淀 B 析出，B 可溶于氨水，所得溶液为 C，把 NaBr 加到溶液 C 中，有浅黄色沉淀 D 析出，D 在阳光下容易变黑。D 溶于 $Na_2S_2O_3$ 溶液得溶液 E，于 E 中加入 NaI，则有黄色沉淀 F 析出，F 可溶于 NaCN 溶液，得溶液 G，往 G 中加入 Na_2S，得黑色沉淀 H。自溶液中分离出 H，将 H 与浓硝酸一起煮沸后，得到悬浮着浅黄色沉淀Ⅰ的溶液，滤去沉淀，又得到原来的溶液A，试判断各字母所代表的物质。

8. 如何分离和鉴定 Ag^+、Cu^{2+}、Fe^{3+}、Ba^{2+}？

9. 某橙红色晶体A受热时生成无色的气体B、绿色固体C和水，B与金属镁反应生成固体D，D与水作用生成气体E和白色沉淀F。A的水溶液与NaOH溶液共热生成气体E和黄色溶液G。将E通入蓝色溶液H中产生浅蓝色沉淀后又逐渐变为深蓝色溶液I，加入 $BaCl_2$ 后生成白色沉淀J，J不溶于稀盐酸。G中加入 $BaCl_2$ 溶液则生成黄色沉淀K，K可溶于稀盐酸。试判断各字母所代表的物质。

10. 写出下列各字母所代表的物质。

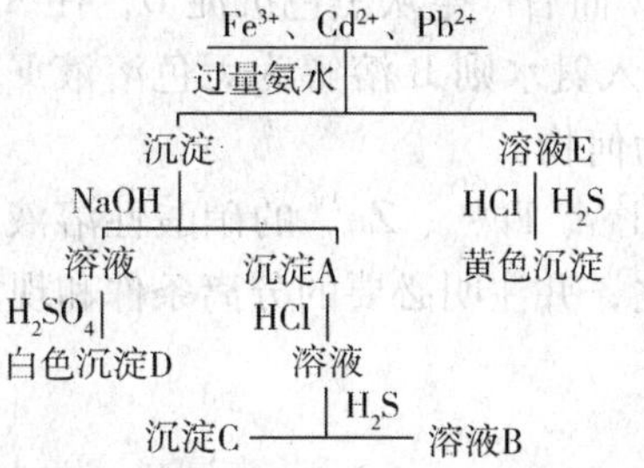

11. 今有一黑色粉末A，受强热时变为暗红色固体B。A、B都是不溶于水的氧化物。A溶于热盐酸，可生成绿色溶液C，C与铜丝一起煮沸逐渐变成黄色溶液D，若用大量水稀释D，则生成白色沉淀E。E溶于氨水后得到无色溶液F，F在空气中可生成蓝色溶液G。B溶于稀 H_2SO_4 中生成紫红色的沉淀H和蓝色的溶液I，I与黄血盐反应生成红棕色沉淀J。试根据上述实验现象确定各字母所代表的物质。

12. 某固体混合物，可能含有 $FeCl_3$、$NaNO_2$、Na_2SO_3、$AgNO_3$、$CuCl_2$、NH_4Cl、NaF这7种物质中的若干种。将此混合物加水后，可得白色沉淀和无色溶液。在此无色溶液中加入少量的KSCN没有发生变化。该无色溶液酸化后可使 $KMnO_4$ 溶液紫色褪去。将此无色溶液加热有红棕色气体放出。白色沉淀可溶于氨水中。根据上述现象推断肯定存在的物质、肯定不存在的物质、可能存在的物质各是什么。

13. 有一淡绿色晶体溶于稀 H_2SO_4 得溶液A。该溶液与 $K_2Cr_2O_7$ 溶液反应得一绿色溶液，在此绿色溶液中加入过量NaOH后有亮绿色溶液B和红棕色沉淀C生成。该沉淀C溶于稀HCl，与KSCN反应后溶液为血红色D。在血红色溶液D中加入NaF得无色溶液E。试根据上述实验步骤和现象确定各字母所代表的物质。

14. 将某金属的氨配合物无色溶液暴露于空气中，则迅速变成蓝色溶液A，向A中加入NaCN时，蓝色消失生成溶液B，向B中加入锌粉则生成红棕色沉淀C，C不溶于碱和非氧化性酸，可溶于热硝酸生成蓝色溶液D，当逐滴加入NaOH溶液于D时，则生成蓝色胶状沉淀E，过滤强热得黑色金属氧化物，判断A，B，C，D，E各为何物（用化学式表示）。

15. 在氯化汞溶液中，通入气体A，产生白色沉淀B，将B过滤，在所得滤液中加入氯化钡溶液产生白色沉淀C，其不溶于硝酸，将白色沉淀B转入氯化钠溶液产生黑色沉淀D。将D在空气中加热转化为红色固体物质E。判断A，B，C，D，E各为何物。

16. 在含有ⅠB和ⅡB族两种离子的混合液中，加入硫化氢产生黑色沉淀，将其过滤分离后，向沉淀中加入6mol·L^{-1}盐酸，部分沉淀溶解为A溶液，在A中加氨水调pH值至中性，再加入硫化铵产生黄色沉淀B，原沉淀不溶部分仍为黑色。将其溶于热的稀硝酸中得无色溶液C和乳白色沉淀D，向无色溶液C中加溴化钠溶液可产生浅黄色沉淀E，其不溶于稀硝酸和氨水但溶于$Na_2S_2O_3$溶液。判断A，B，C，D，E各为何物。

17. 含有A和B两种离子的混合液，向其中加入氯化钠溶液产生白色沉淀A，过滤分离后，向A中加入氨水部分溶解为无色溶液B，往其中加硝酸产生白色沉淀C，而部分沉淀A加氨水后转化为灰黑色沉淀D。将D溶于硝酸形成无色溶液，往此溶液中加入KI产生橘红色沉淀E。A，B，C，D，E各为何物。

18. 一种白色混合物，加水部分溶解为氯化物溶液A，不溶部分B仍为白色。往A中滴加$SnCl_2$先产生白色沉淀C，而后产生灰黑色沉淀D，往A溶液中加入氨水生成白色沉淀E，而往不溶物B中，加入氨水则B溶解为无色溶液F，再加入硝酸而B重现。判断A，B，C，D，E，F各为何物。

19. 现有一含Ag^+、Al^{3+}、Cd^{2+}、Fe^{3+}、Zn^{2+}的硝酸性溶液，试设计一种化学分离上述离子的方案（用图解表示之，并注明必要的分离条件和现象）。

（四）制备题

1. 从铬铁矿$Fe(CrO_2)_2$制备重铬酸钾；
2. 由钛铁矿$FeTiO_3$制备金属钛；
3. 以铜粉为原料制备硫酸四氨合铜；
4. 由闪锌矿（ZnS）制备金属锌；
5. 由软锰矿（MnO_2）制备高锰酸钾；
6. 由铁制备摩尔盐$(NH_4)_2Fe(SO_4)_2\cdot 6H_2O$。

四、自测习题答案

（一）选择题

1. C；2. B；3. B；4. B；5. C；6. B；7. D；8. AC；9. B；10. A；11. D；12. C；13. B；14. D；15. B；16. B；17. B；18. B；19. B；20. B；21. BC；22. C；23. C；24. C；25. A；26. AD；27. BD；28. C；29. D；30. B；31. CIEH；32. C；33. D；34. A；35. D；36. A；37. D；38. JDHIEC；39. HBLJKED；40. AD；41. CD；42. C；43. C；44. EDGC；45. C；46. B；47. D；48. B；49. C；50. B；51. B；52. C；53. C；54. B；55. A；56. D；57. D；58. A；59. A；60. B；61. B；62. A；63. D；64. A；65. C；66. A；67. C；68. B；69. C；70. B；71. B；72. C；73. B；74. CB；75. CB；76. C；77. B；78. C；79. D；80. B。

（二）填空题

1. 钨，汞，铬，锇，银。
2. C，δ配键，反馈π，sp^3，四面体。
3. 抗腐蚀，不，TiO_2，$TiCl_4$。

4. 灰绿色，$Cr(OH)_3$，亮绿色，CrO_2^-。
5. 黄，$BaCrO_4$，溶解，橙红，黄，$BaCrO_4$。
6. 水合，几何。
7. $MnO_2 \cdot H_2O$，-2，$+7$，较差。
8. 氧化剂，Mn^{2+}和O_2，MnO_2，Na_2SO_4。
9. 绿，K_2MnO_4，紫红，$KMnO_4$，棕褐，MnO_2。
10. Fe_2Cl_6，Al_2Cl_6，易。
11. Fe^{2+}，$K_3[Fe(CN)_6]$，$KFe[Fe(CN)_6]$，同一。
12. KSCN，$K_4[Fe(CN)_6]$。
13. 丁二肟，氨碱，鲜红色沉淀。
14. 平面四方形，抗，dsp^2，C。
15. $CoCl_2$，蓝，无水$CoCl_2$，粉红，$CoCl_2 \cdot 6H_2O$。
16. 铜的配合物，还原。
17. 氧化还原，配合。
18. 胆矾，$CuSO_4 \cdot 5H_2O$，脱水，白，无水$CuSO_4$。
19. 蓝，绿，泥黄，白，CuCl 沉淀。
20. 无，$[Cu(NH_3)_2]^+$被空气中的氧气氧化成$[Cu(NH_3)_4]^{2+}$。
21. 暗红，Cu_2O沉淀，高。
22. 银镜，HgS，王水，Na_2S。
23. 无，白，CuSCN。
24. 共价，直线，sp，小。
25. 二苯硫腙的CCl_4溶液，粉红，螯合物。
26. 白色 AgCl，$[Ag(NH_3)_2]^+$，浅黄色 AgBr，$[Ag(S_2O_3)_2]^{3-}$，黄色 AgI，$[Ag(CN)_2]^-$。由于沉淀的K_{sp}越来越小，配离子的K稳越来越大，溶液中的Ag^+浓度越来越小。
27. 黄，Ag_3PO_4，增强，$3NaH_2PO_4 + 3AgNO_3 = Ag_3PO_4\downarrow + 2H_3PO_4 + 3NaNO_3$。
28. AgI，H_2。
29. 白，无。
30. 黑，Hg。
31. 白，Hg_2Cl_2。
32. 两性，$[Cu(OH)_4]^{2-}$。
33. ZnO，$[Zn(OH)_4]^{2-}$。
34. 橘红，HgI_2。
35. $SnCl_2$，Hg。
36. $HgNH_2Cl$，$Zn(NH_3)_4^{2+}$。
37. $HgNH_2NO_3 + Hg$，$Zn(NH_3)_4^{2+}$。
38. 银，铜。
39. $Cu_2[Fe(CN)_6]$，Cu^{2+}的溶液。
40. 减弱，Zn、Cd。

41. Cd，Hg。

42. Cu，Au。

43. $Cd(OH)_2$，HgO。

（三）问答题

1. 答：加氨水。先沉淀，后可溶的是 Cr^{3+}，$Cr^{3+}+6NH_3 = Cr(NH_3)_6^{3+}$。分离后，往沉淀中加 NaOH 溶液，可溶的是 $Al(OH)_3$，$Al(OH)_3+OH^- = [Al(OH)_4]^-$。不溶的是$Fe(OH)_3$。

2. 答：产生黄色沉淀，$K_2CrO_4+BaCl_2 = BaCrO_4\downarrow+2KCl$。加 $AgNO_3$，有白色沉淀生成，$KCl+AgNO_3 = AgCl+KNO_3$。

3. 答：A—$CoCl_2$，B—Co(OH)Cl，C—$Co(OH)_2$，D—$Co(OH)_3$，E—$CoCl_6^{4-}$，F—$Co(NH_3)_6^{2+}$，G—$Co(NH_3)_6^{3+}$，H—$Co(SCN)_6^{4-}$。

$CoCl_2+NH_3+H_2O = Co(OH)Cl+NH_4Cl, Co(OH)Cl+NaOH = Co(OH)_2+NaCl,$

$2Co(OH)_2+H_2O_2 = 2Co(OH)_3, 2Co(OH)_3+14HCl = 2H_4[CoCl_6]+Cl_2+6H_2O,$

$H_4[CoCl_6] = CoCl_2+4HCl, Co(OH)Cl+6NH_3 = [Co(NH_3)_6]^{2+}+Cl^-+OH^-,$

$4[Co(NH_3)_6]^{2+}+O_2+2H_2O = 4[Co(NH_3)_6]^{3+}+4OH^-,$

$CoCl_2+6KSCN = K_4[Co(SCN)_6]+2KCl$。

4. 答：A—$Ni(NO_3)_2$，B—$Ni(OH)_2$，C—Ni_2O_3（或 $Ni(OH)_3$），D—$NiCl_2$，E—Cl_2，F—$Ni(NH_3)_4^{2+}$。

5. 答：生成氢氧化物沉淀的有 Cr^{3+}、Fe^{3+}、Ni^{2+}、Cu^{2+}、Zn^{2+}、Cd^{2+}。两性氢氧化物是 $Cr(OH)_3$、$Cu(OH)_2$、$Zn(OH)_2$。生成氧化物的有 Ag^+、Hg^{2+}。

6. 答：生成氢氧化物的有：Fe^{2+}、Fe^{3+}、Zn^{2+}、Cd^{2+}、Ni^{2+}。生成碱式盐的有 Co^{2+}、Cu^{2+}。生成配合物的有 Ag^+、Co^{2+}、Ni^{2+}、Cu^{2+}、Zn^{2+}、Cd^{2+}。

7. 答：A—$AgNO_3$，B—AgCl，C—$[Ag(NH_3)_2]^+$，D—AgBr，E—$[Ag(S_2O_3)_2]^{3-}$，F—AgI，G—$[Ag(CN)_2]^-$，H—Ag_2S，I—S。

8. 答：加 HCl，沉淀的是 AgCl。在剩余的滤液中加 H_2SO_4，沉淀的是 $BaSO_4$。在又剩余的滤液中加过量的氨水，沉淀的是 $Fe(OH)_3$。Cu^{2+}以$[Cu(NH_3)_4]^{2+}$进入滤液。然后再分别检出。

9. 答：A—$(NH_4)_2Cr_2O_7$，B—N_2，C—Cr_2O_3，D—Mg_3N_2，E—NH_3，F—$Mg(OH)_2$，G—Na_2CrO_4，H—$CuSO_4$，I—$[Cu(NH_3)_4]SO_4$，J—$BaSO_4$，K—$BaCrO_4$。

10. 答：A—$Fe(OH)_3$，B—$FeCl_2$，C—S，D—$PbSO_4$，E—$Cd(NH_3)_4^{2+}$。

11. 答：A—CuO，B—Cu_2O，C—$CuCl_2$，D—$[CuCl_2]^-$，E—CuCl，F—$[Cu(NH_3)_2]^+$，G—$[Cu(NH_3)_4]^{2+}$，H—Cu，I—$CuSO_4$，J—$Cu_2[Fe(CN)_6]$。

12. 答：无 $CuCl_2$、NH_4Cl。肯定有 $AgNO_3$、NH_4F、$FeCl_3$、$NaNO_2$。可能有 Na_2SO_3。

13. 答：A—Fe^{2+}，B—CrO_2^-，C—$Fe(OH)_3$，D—$Fe(SCN)_2^+$，E—FeF_6^{3-}。

14. 答：A—$Cu(NH_3)_4^{2+}$，B—$[Cu(CN)_4]^{3-}$，C—Cu，D—$Cu(NO_3)_2$，E—$Cu(OH)_2$。

15. 答：A—SO_2，B—Hg_2Cl_2，C—$BaSO_4$，D—Hg，E—HgO。

16. 答：A—$CdCl_2$，B—CdS，C—$AgNO_3$，D—S，E—AgBr。

17. **答**：A—AgCl 和 Hg_2Cl_2，B—$Ag(NH_3)_2^+$，C—AgCl，D—$HgNH_2Cl$ 和 Hg，E—HgI_2。

18. **答**：A—$HgCl_2$，B—AgCl，C—Hg_2Cl_2，D—Hg，E—$HgNH_2Cl$，F—$Ag(NH_3)_2^+$。

19. **答**：

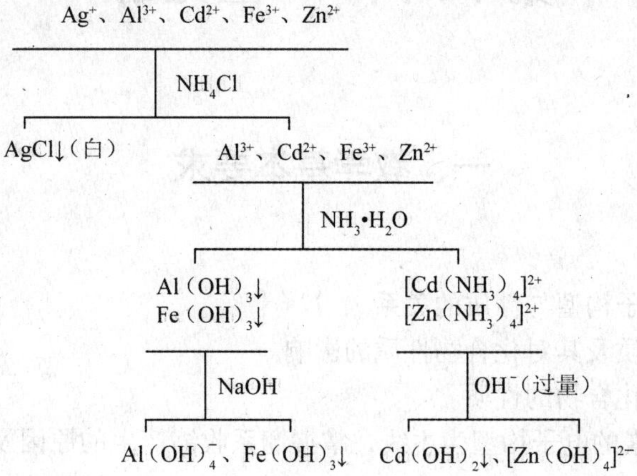

（四）制备题

1. 灼烧 $4Fe(CrO_2)_2 + 8K_2CO_3 + 7O_2 = 2Fe_2O_3 + 8K_2CrO_4 + 8CO_2$，
$2K_2CrO_4 + H_2SO_4 = K_2Cr_2O_7 + K_2SO_4 + H_2O$。

2. $FeTiO_3 + 2H_2SO_4 = FeSO_4 + TiOSO_4 + 2H_2O$，$TiOSO_4 + 3H_2O = Ti(OH)_4 + H_2SO_4$，
加热下 $Ti(OH)_4 = TiO_2 + 2H_2O$，加热下 $TiO_2 + 2C + 2Cl_2 = TiCl_4 + 2CO$，
加热下 $TiCl_4 + 2Mg = Ti + 2MgCl_2$。

3. 灼烧 $2Cu + O_2 = 2CuO$，$CuO + H_2SO_4 = CuSO_4 + H_2O$，
$CuSO_4 + 4NH_3 = [Cu(NH_3)_4]SO_4$。

4. 灼烧 $2ZnS + 3O_2 = 2ZnO + 2SO_2$，$ZnO + C = Zn + CO$。

5. 灼烧 $2MnO_2 + 2K_2CO_3 + O_2 = 2K_2MnO_4 + 2CO_2$，
$3K_2MnO_4 + 2CO_2 = 2KMnO_4 + MnO_2 + 2K_2CO_3$。

6. $Fe + H_2SO_4 = FeSO_4 + H_2$，$FeSO_4 + (NH_4)_2SO_4 + 6H_2O = (NH_4)_2Fe(SO_4)_2 \cdot 6H_2O$。

第十六章　f区元素

一、教学基本要求

1. 了解镧系元素的电子构型与性质的关系。
2. 掌握镧系收缩的实质及其对化合物性质的影响。
3. 了解镧系元素重要化合物的性质。

本章应以镧系元素的电子构型为主线，掌握镧系收缩产生的原因及后果。

二、习题分析与解答

1. 镧系收缩现象与周期表 s、p、d 区同周期元素原子半径自左向右减小的趋势相比有些什么特征？

答： 镧系收缩现象是指由于 f 电子填入而造成的镧系元素原子半径极为缓慢地减小的情况。与 s、p、d 区同周期元素的原子半径较大幅度地减小相比，镧系元素原子半径减小的幅度极小。

2. 回答下列问题，并用适当的反应式表示。

（1）稀土草酸盐在稀土元素分离工艺、制备化学和化学分析中各起什么重要作用？

（2）Eu^{2+} 的相对稳定性在 Eu 的分离工艺和化学分析中各起什么重要作用？（提示：碱度法分离、共沉淀作用、滴定分析等）

（3）Ce^{4+} 的相对稳定性在 Ce 的分离工艺和化学分析中各起什么重要作用？（提示：优先溶解法分离、萃取法分离、滴定分析中的铈量法等）

（4）稀土硫酸复盐在稀土生产工艺中起什么重要作用？

答：（1）稀土草酸盐在酸性溶液中也难溶。这样可以与许多其他金属离子分离开来。

镧系元素的氧化物可由加热草酸盐的方法来制备。镧系元素的草酸盐有固定的组成，可以用重量法测定镧系元素的含量。

（2）$Eu(OH)_2$ 开始沉淀的 pH 值较 $Ln(OH)_3$ 高得多，以这种差别为基础的分离方法称为碱度法。用这种方法可实现 Eu^{2+} 与 Ln^{3+} 的分离。Eu^{2+} 的性质与 Ba^{2+} 相似。$EuSO_4$ 和 $BaSO_4$ 的溶解度都很小，类质同晶。在加入 Na_2SO_4、$BaCl_2$ 时，$EuSO_4$ 和 $BaSO_4$ 会共沉淀，进一步与 Ln^{3+} 分离。然后 $EuSO_4$ 在稀 HNO_3 中氧化为 Eu^{3+} 而溶解。

在分析化学中，利用 Eu^{2+} 可被 Fe^{3+} 氧化而进行 Eu^{2+} 的氧化还原滴定（以 NH_4CNS 为指示剂）。

（3）$Ce(OH)_4$ 在很低的 pH 值下即可沉淀，也就是说沉淀在极低的 pH 值下才会溶解。用 HNO_3 控制 pH 值为 2.5，使其他 $Ln(OH)_3$ 溶解与 $Ce(OH)_4$ 分离的方法，称为优先溶解法。

Ce^{4+} 作为路易斯酸，硬度与 Ln^{3+} 有别。与螯合试剂（萃取剂）的配合能力不同，在不同溶剂中的分配比不同，从而可以用萃取的方法把 Ce^{4+} 与 Ln^{3+} 分离。Ce^{4+} 为强氧化剂，以 Ce(Ⅳ)盐溶液做氧化剂的氧化还原滴定法称为铈量法。

（4）镧系元素与碱金属可生成硫酸复盐（$xLn_2(SO_4)_3 \cdot yM_2SO_4 \cdot zH_2O$）。其溶解度较低。利用这一性质可将 Ln^{3+} 与溶液中大量的 Fe^{3+} 分离。

3. 简述镧系收缩氧化态变化规律，为什么镅和锔以后锕系元素的离子交换淋洗曲线与重稀土元素的淋洗曲线形状相似?

答：与镧系元素的正常氧化态不同，锕系元素氧化态在前一半元素中稳定氧化态是逐渐升高的。如钍、镤、铀的稳定氧化态分别为 +4、+5、+6，镎还存在 +7。而镅及其后的锕系元素仍以 +3 为最稳定价态，以 M^{3+} 存在，与 Ln^{3+} 相同，所以有相似的淋洗曲线。

4. 设有一个含常量 Eu_2O_3 的稀土氧化样品，你能设计出具体的滴定分析步骤测知其中稀土总含量和铕的含量吗?

答：把 Eu_2O_3(含有 Ln_2O_3)定量地溶于 H_2SO_4，配制成一定体积的溶液。取其中一部分溶液（定体积），与定量的草酸反应。过滤 $Eu_2(C_2O_4)_3$ 和 $Ln_2(C_2O_4)_3$ 后，溶液用氧化剂（如高锰酸钾）滴定，可测出稀土总含量。

另取一份溶液（定体积），与足量的 Zn 反应（只有 Eu^{3+} 被还原）。过滤掉未反应的锌粉后，溶液用 Fe^{3+} 溶液滴定，可测出 Eu^{2+} 的含量。

5. 解释下列术语。

（1）分配比；

答：一物质分散在互不混溶的两个液相中的浓度比。用 D 来表示，$D = c_O/c_A$。分配比为一常数。它是有机相萃取能力的量度。

（2）分离因数；

答：物质 1 和物质 2 的分配比为 D_1 与 D_2。而 D_1 与 D_2 的比值 β 称为分离因数（$\beta = D_1/D_2$），它表示萃取体系对两物质进行分离的有效程度。

（3）强酸型和弱酸型阳离子交换树脂；

答：阳离子型树脂的活性基为磺酸基时，称为强酸型树脂（$R\text{-}SO_3H$）。

阳离子型树脂的活性基为羧酸基或酚基时，称为弱酸型树脂（R-COOH）。

（4）强碱型和弱碱型离子交换树脂。

答：阴离子型树脂的活性基团为季铵基时，称为强碱型树脂（$R\text{-}NX_3$）。

阴离子型树脂的活性基团为伯、仲、叔胺基时，称为弱碱型树脂（$R\text{-}NH_2$）。

6. 与 d 区金属配合物相比较，镧系元素配合物有哪些明显不同的特征? 试对你提出的区别作解释。

答：不同点在于：镧系元素的配合物不如 d 区元素相应配合物的稳定性强；镧系元素配合物的光谱带比 d 区元素配合物的窄得多，而且谱带位置对配体改变不敏感；另外，镧系元素的配位数高（除 6 之外，还有 7 ~ 14 的配位数）。原因是 4f 轨道的径向伸展程度小，与配体的作用弱，导致分裂能小；Ln^{3+} 的半径大于 d 区元素离子半径，配原子的数目（配位数）要多一些。

三、自测习题

（一）选择题

1. 下列元素中属于稀土元素的是（　）。

A. U　　B. Y　　C. Fe　　D. Mn

2. 第 57 号元素镧原子的价电子构型是（　）。

A. $4f^16s^2$　　B. $5d^16s^2$　　C. $4f^15d^16s^1$　　D. $5d^26s^1$

3. 下列镧系元素中，哪一个呈 +2 价态（　）。

A. 铈　　B. 镨　　C. 铕　　D. 镥

4. 第 58 号元素铈容易呈现的氧化态是（　）。

A. +2　　B. +3　　C. +4　　D. +5

5. 以下矿物中，哪一种可作为提取稀土元素的矿物（　）。

A. 孔雀石　　B. 锆英石　　C. 独居石　　D. 重晶石

（二）填空题

1. 镧系元素全部形成稳定的________氧化态。
2. 镧系收缩的主要后果是________。

四、自测习题答案

（一）选择题

1. B；2. B；3. C；4. C；5. C。

（二）填空题

1. +3。
2. 造成镧系元素之间以及第六周期元素和同族第五周期元素之间性质相近，分离困难。

第十七章　氢

一、教学基本要求

1. 掌握氢的成键特征。
2. 掌握氢气的性质、制法及用途。
3. 了解氢能源。

二、习题分析与解答

1. 回答下列用途所依据的性质，可能情况下写出相关的反应式。

（1）氢用作大型火箭的燃料；

答：氢的质量轻，燃烧焓高，特别适于用作火箭燃料。$2H_2+O_2=2H_2O$。

（2）氢有用作普通燃料的前景；

答：氢气的燃烧焓高，无污染，来源广泛，储存和运输的问题都可以解决。

（3）似盐型氢化物（主要是 CaH_2）在实验室用来除去有机溶剂的惰性气体（如 N_2，Ar）中的微量水；

答：可与水反应，$CaH_2+2H_2O=Ca(OH)_2+2H_2$，产物易于与有机溶剂分离。

（4）钯银合金管用作制备超纯氢的装置；

答：Pd 与 H_2 可形成金属型氢化物，它在稍高的温度下又可放出氢气。根据这一性质，利用钯银合金管，在管式炉中，H_2 可以扩散通过管壁，在管内得到超纯氢。

（5）金属型氢化物用作贮氢介质。

答：吸收氢：$LaNi_5+3H_2=LaNi_5H_6$。在加热时，又重新放出氢气。

2. 解释：

（1）D_2O 在电解水得到的残液中得以富集；

答：由于 D_2O 中的 D—O 键的键焓高，电解速率低于 H_2O。这样在电解水时，D_2O 在残液中得到富集。

（2）氘取代氢对性质造成的影响比其他任何同位素取代都大；

答：氢的几种同位素质量之间的相对差值特别大，所以对性质的影响也大。

（3）由各种氢化物中测得的 H^- 离子半径在较大的范围变化；

答：H^- 的核外电子数是质子数（核电荷数）的 2 倍，原子核对核外电子的控制比较弱。

（4）在碱金属卤化物熔体中电解似盐型氢化物时，H_2 在阳极释出；

答：溶于熔融的卤化物后，似盐型氢化物的负离子为 H^-，它的还原性远强于 X^-。所以在阳极发生的反应是：$2H^- - 2e = H_2$。

（5）第10族的三个金属中迄今只发现钯型氢化物；

答：金属键越弱越有利于金属型氢化物的形成。在Ni、Pd、Pt中，只有Pd能形成金属型氢化物，是由于Pd的金属键最弱。

（6）第14至17族二元氢化合物的稳定性由上而下逐渐减小；

答：在这些同一族的共价型氢化物中，随原子序数增大，R—H键的键长增大。加之R^{-1}的还原性增强，所以其稳定性减弱。

（7）H_2分子配合物中H_2与金属原子的配位。

答：H_2分子以σ成键轨道投入金属的空的d轨道，以其反键σ空轨道接受金属的成对的d电子形成反馈键，也有协同成键作用。

3. 用化学方程式表示H_2的两种主要工业制法（水蒸气转化法、水煤气反应）。

答：水蒸气转化法（在1000℃下）：$CH_4 + H_2O = 3H_2 + CO$。

水煤气法（在1000℃下）：$C + H_2O = H_2 + CO$。

4. 第15族和第16族元素的氢化物分别具有锥形和角形结构，试解释HEFH键角的变化趋势。

NH_3	PH_3	AsH_3	SbH_3	H_2O	H_2S	H_2Se	H_2Te
107.8°	93.6°	91.8°	91.3°	104.5°	92.1°	91°	89°

答：在这些共价型氢化物中，中心原子均为sp^3杂化。由于中心原子都有孤对电子，所以HEH键角都小于109°28′。对ⅤA族的EH_3来说，中心原子上有一对孤对电子，ⅥA族的EH_2有两对孤对电子。孤对电子与孤对电子间有很强的斥力，所以ⅥA族HEH键角比相应ⅤA族氢化物的键角都要小。在同一族中，孤对电子的对数相同，键角主要取决于成键电子对间的作用。中心原子的电负性递减时，成键电子对离中心原子越远，相互作用减弱、斥力变小、键角变小。

5. 已知气体^{1}HCl的红外伸缩振动波数为$2991cm^{-1}$，那么^{3}HCl的红外伸缩振动波数应是多少?

答：由$v(Cl-T)/v(Cl-H) = [m(H)/m(T)]^{1/2}$，

有$v(Cl-T) = v(Cl-H) \cdot [m(H)/m(T)]^{1/2} = 2991 \times (1/3)^{1/2} = 1727cm^{-1}$。

6. 简述H_2分子在金属表面和配合物中发生的均裂活化，并举例说明。

答：H_2在Pt的表面，被铂原子化学吸附后，H—H键均裂。H_2分子与Ir配合物$[Ir(PPh_3)_2(CO)Cl]$反应，发生H—H均裂，使Ir的配位数增至6。

三、自测习题

（一）选择题

1. 下列叙述中错误的是（　）。

A. 氢原子可获得一个电子形成含H^-的离子型化合物

B. 氢原子可以失去一个电子形成含H^+的离子型二元化合物

C. 形成氢键时必须含有氢原子

D. 在某些化合物中，氢原子可以与其他元素形成氢桥键

2. 氢气与下列物质反应时，氢气不作为还原剂的是（　）。

A. 单质硫　　B. 金属锂　　C. 四氯化碳　　D. 乙烯

3. 在野外加水能方便地制取氢气的物质是（　）。

A. CaC_2　　B. SiH_4　　C. CaH_2　　D. PH_3

4. 商业上用的氢气通常是由什么方法制取的?（　）

A. 电解水　　B. 发生炉煤气　　C. 空气液化　　D. 水煤气

（二）填空题

1. 氢可以与其他元素形成氧化值为__________的化合物。能与氢直接化合形成离子型氢化物的元素__________，不能与氢形成氢化物的元素是__________。

2. 氢是一种__________的能源。

四、自测习题答案

（一）选择题

1. B；2. B；3. C；4. D。

（二）填空题

1. +1，-1，ⅡA 的 Ca、Sr、Ba，稀有气体。

2. 洁净。

附　录

附录 1　一些物质的热力学性质（298K）

物　质	状　态	$\Delta_f H^\ominus$/kJ · mol^{-1}	$\Delta_f G^\ominus$/kJ · mol^{-1}	$S^\ominus$/J · K^{-1} · mol^{-1}
Ag	s	0	0	42. 6
Ag^+	aq	105. 4	76. 98	72. 6
$AgCl$	s	-127. 1	-110	96. 2
$AgBr$	s	-100	-97. 1	107
AgI	s	-61. 9	-66. 0	116
$AgNO_2$	s	-45. 1	19. 1	128
$AgNO_3$	s	-124. 4	-33. 5	141
Ag_2O	s	-31. 0	-11. 2	121
Al	s	0	0	28. 3
Al_2O_3	s	-1676	-1582	50. 9
Al^{3+}	aq	-531	-485	322
B	s	0	0	5. 86
B_2H_6	g	35. 6	86. 6	232
B_2O_3	s	-1272. 8	-1193. 7	54. 0
$B(OH)_4^-$	aq	-1343. 9	-1153. 0	102. 5
H_3BO_3	s	-1094. 6	-969. 0	88. 8
Ba^{2+}	aq	-537. 6	-560. 7	9. 6
BaO	s	-663. 6	-525. 1	70. 4
BaO_2	s	-634. 3	—	—
$BaCO_3$	s	-1216	-1138	112
$BaSO_4$	s	-1473	-1362	132
Br_2	g	30. 95	3. 14	245. 35
Br_2	l	0	0	152. 2
Br^-	aq	-121	-104	82. 4
HBr	g	-36. 4	-53. 6	198. 7
$HBrO_3$	aq	-67. 1	-181	61. 5
C(金刚石)	s	1. 9	2. 9	2. 4
C(石墨)	s	0	0	5. 73
CH_4	g	-74. 8	-50. 8	186. 2
C_2H_5OH	l	-277. 7	-174. 9	160. 7
CO	g	-110. 3	-137. 2	197. 6

物　质	状　态	$\Delta_f H^{\ominus}$/kJ · mol^{-1}	$\Delta_f G^{\ominus}$/kJ · mol^{-1}	$S^{\ominus}$/J · K^{-1} · mol^{-1}
CO_2	g	-393.5	-394.4	213.6
Ca	s	0	0	41.4
Ca^{2+}	aq	-542.7	-553.5	-53.1
CaO	s	-635.1	-604.2	39.7
$CaCO_3$	s	-1206.9	-1128.8	92.9
CaC_2O_4	s	-1360.6	—	—
$CaSO_4 \cdot 2H_2O$	s	-2023	-1797	194.1
Cl_2	g	0	0	223
Cl^-	aq	-167.2	-131.3	56.5
ClO^-	aq	-107.1	-36.8	41.8
HCl	g	-92.5	-95.1	186.6
HClO	aq	-121	-79.9	142
$HClO_3$	aq	104.0	-8.03	162
Co	s	0	0	30.0
Co^{2+}	aq	-58.2	-54.3	-113
$CoCl_2$	s	-312.5	-270	109.2
$CoCl_2 \cdot 6H_2O$	s	-2115	-1725	343
CrO_4^{2-}	aq	-881.1	-728	50.2
$Cr_2O_7^{2-}$	aq	-1490	-1301	262
$(NH_4)_2Cr_2O_7$	s	-1807	—	—
Cu	s	0	0	33
Cu^+	aq	71.5	50.2	41
Cu^{2+}	aq	64.77	65.52	-99.6
Cu_2O	s	-169	-146	93.3
CuO	s	-157	-130	42.7
$CuSO_4$	s	-771.5	-661.9	109
$CuSO_4 \cdot 5H_2O$	s	-2321	-1880	300
F_2	g	0	0	202.7
F^-	aq	-333	-279	-138
HF	g	-271	-273	174
Fe	s	0	0	27.3
Fe^{2+}	aq	-59.1	-78.6	-138
Fe^{3+}	aq	-48.5	-4.6	-316
FeO	s	-272	—	—
Fe_2O_3	s	-824	-742.2	87.4
Fe_3O_4	s	-1118	-1015	146
$Fe(OH)_2$	s	-569	-486.6	88
$Fe(OH)_3$	s	-823.0	-696.6	107
H_2	g	0	0	130

物　质	状　态	$\Delta_f H^{\ominus}$/kJ · mol^{-1}	$\Delta_f G^{\ominus}$/kJ · mol^{-1}	$S^{\ominus}$/J · K^{-1} · mol^{-1}
H^+	aq	0	0	0
H_2O	g	-241.8	-228.6	188.7
H_2O	l	-285.8	-237.2	69.91
H_2O_2	l	-187.8	-120.4	109.6
OH^-	aq	-230.0	-157.3	-10.8
Hg	l	0	0	76.1
Hg^{2+}	aq	171	164	-32
Hg_2^{2+}	aq	172	153	84.5
HgO(黄色)	s	-90.4	-58.4	371.1
HgS(黑色)	s	-53.6	-47.7	88.3
I_2	s	0	0	116
I_2	g	62.4	19.4	261
I^-	aq	-55.19	-51.59	111
HI	g	26.5	1.72	207
HIO_3	aq	-230	—	—
K	s	0	0	64.7
K_2O_2	s	-494.1	-425.1	102
Li^+	aq	-278.5	-293.3	13
Li_2O	s	-597.9	-561.1	37.5
Mg	s	0	0	32.7
Mg^{2+}	aq	-466.9	-454.8	-138
MgO	s	-601.7	-569.4	26.9
$MgCO_3$	s	-1096	-1012	65.7
Mn	s	0	0	32.0
Mn^{2+}	aq	-220.7	-228	-73.6
MnO_2	s	-520.1	-465.3	53.1
N_2	g	0	0	192
NH_3	g	-46.11	-16.5	192.3
N_2H_4	l	50.61	49.2	121
HN_3	l	264	327	141
NH_4Cl	s	-315	-203	94.6
NH_4NO_2	s	-256	—	—
NH_4NO_3	s	-366	-184	151
$(NH_4)_2SO_4$	s	-901.9	—	187.5
NO	g	90.4	86.6	210
NO_2	g	33.2	51.5	240
N_2O_4	g	9.16	97.82	304
HNO_3	l	-174	-80.8	156
Na	s	0	0	51.2

续附录 1

物质	状态	$\Delta_f H^{\ominus}$/kJ · mol^{-1}	$\Delta_f G^{\ominus}$/kJ · mol^{-1}	$S^{\ominus}$/J · K^{-1} · mol^{-1}
Na^+	aq	−240	−262	59.0
NaCl	s	−327.4	−384.15	72.1
NaClO	aq	−347	−299	100
Na_2CO_3	s	−1130.7	−1044.5	135
$NaHCO_3$	s	−950.8	−851.0	102
$NaNO_3$	s	−467.9	−367.1	116.5
Na_2O	s	−414	−385.5	75.06
Na_2O_2	s	−510.9	−447.7	93.3
O_2	g	0	0	205.03
O_3	g	143	163	238.8
P(白)	s	0	0	41.1
PCl_3	l	−320	−272	217
PCl_5	s	−444	—	—
P_4O_{10}	s	−2984	−2698	228.9
Pb	s	0	0	64.9
Pb^{2+}	aq	−1.7	−24.4	10
PbO	s	−215	−188	68.6
PbO_2	s	−277	−217	68.6
PbS	s	−100	−98.7	91.2
S(斜方)	s	0	0	31.8
S(单斜)	s	0.33	—	—
S^{2-}	aq	33.1	85.8	−14.6
H_2S	g	−20.6	−33.6	206
SO_2	g	−296.8	−300	248
SO_3	l	−320	—	—
SO_3	g	−395.7	−371.1	256.6
SO_3^{2-}	aq	−635.5	−486.6	−29
SO_4^{2-}	aq	−909.27	−744.63	20
SiO_2(石英)	s	−910.9	−856.7	41.8
SiF_4	g	−1614.9	−1572.7	282.4
$SiCl_4$	l	−687.0	−619.9	239.7
Sn(白色)	s	0	0	51.55
Sn(灰色)	s	−2.1	0.13	44.14
Sn^{2+}	aq	−8.8	−27.2	−16.7
SnO	s	−286	−257	56.5
SnO_2	s	−580.7	−519.6	52.3
TiO_2	s	−944.7	−889.5	50.3
$TiCl_4$	l	−804.2	−737.2	252.3
Zn	s	0	0	41.6
Zn^{2+}	aq	−153.9	−147.0	−112
ZnS	s	−206.0	−210.3	57.7

附录2　弱酸的电离常数(298K)

弱　酸	分子式	K_a	pK_a
砷　酸	H_3AsO_4	6.3×10^{-3}	2.20
	$H_2AsO_4^-$	1.0×10^{-7}	7.00
	$HAsO_4^{2-}$	3.2×10^{-12}	11.50
亚砷酸	$HAsO_2$	6.0×10^{-10}	9.22
硼　酸	H_3BO_3	5.8×10^{-10}	9.24
	$H_2BO_3^-$	1.8×10^{-13}	12.74
	HBO_3^{2-}	1.6×10^{-14}	13.80
碳　酸	H_2CO_3	4.2×10^{-7}	6.38
	HCO_3^-	5.6×10^{-11}	10.25
氢氰酸	HCN	7.2×10^{-10}	9.14
次氯酸	HClO	2.95×10^{-8}	7.53
氰　酸	HCNO	1.2×10^{-4}	3.92
铬　酸	$HCrO_4^-$	3.2×10^{-7}	6.50
氢氟酸	HF	7.2×10^{-4}	3.14
亚硝酸	HNO_2	5.1×10^{-4}	3.29
铵离子	NH_4^+	5.6×10^{-10}	9.26
联氨离子	$N_2H_6^{2+}$	0.01	−0.12
	$N_2H_5^+$	3.3×10^{-9}	8.48
羟氨离子	NH_3OH^+	1.1×10^{-6}	6.00
甲胺离子	$CH_3NH_3^+$	2.3×10^{-11}	10.62
乙胺离子	$C_2H_5NH_3^+$	1.8×10^{-11}	10.75
二甲胺离子	$(CH_3)_2NH_3^+$	8.3×10^{-11}	10.08
二乙胺离子	$(C_2H_5)_2NH_3^+$	7.8×10^{-12}	11.11
苯胺离子	$C_6H_5NH_3^+$	2.2×10^{-5}	4.66
六次甲基四胺离子	$(CH_2)_6N_4H^+$	7.3×10^{-6}	5.15
乙二胺离子	$H_2N(CH_2)_2NH_3^+$	1.2×10^{-10}	9.93
吡啶离子	$(C_5H_5)NH^+$	5.9×10^{-6}	5.23
喹啉离子	$C_9H_7NH^+$	1.6×10^{-5}	4.80
磷　酸	H_3PO_4	7.6×10^{-3}	2.12
	$H_2PO_4^-$	6.3×10^{-8}	7.20
	HPO_4^{2-}	4.4×10^{-13}	12.36
焦磷酸	$H_4P_2O_7$	3.0×10^{-2}	1.52
	$H_3P_2O_7^-$	4.4×10^{-3}	2.36
	$H_2P_2O_7^{2-}$	2.5×10^{-7}	6.60
	$HP_2O_7^{3-}$	5.6×10^{-10}	9.25
亚磷酸	H_3PO_3	5.0×10^{-2}	1.30
	$H_2PO_3^-$	2.5×10^{-7}	6.60

续附录 2

弱　酸	分 子 式	K_a	pK_a
氢硫酸	H_2S	5.7×10^{-8}	7.24
	HS^-	1.2×10^{-15}	14.92
硫　酸	HSO_4^-	1.0×10^{-2}	1.99
亚硫酸	H_2SO_3	1.3×10^{-2}	1.90
	HSO_3^-	6.3×10^{-8}	7.20
硫代硫酸	$H_2S_2O_3$	5×10^{-1}	0.3
	$HS_2O_3^-$	1×10^{-2}	2.0
硫氰酸	HSCN	1.4×10^{-1}	0.85
偏硅酸	H_2SiO_3	1.7×10^{-10}	9.77
	$HSiO_3^-$	1.6×10^{-12}	11.8
甲　酸	HCOOH	1.8×10^{-4}	3.74
乙　酸	CH_3COOH	1.8×10^{-5}	4.74
丙　酸	C_2H_5COOH	1.34×10^{-5}	4.87
一氯乙酸	$CH_2ClCOOH$	1.4×10^{-3}	2.86
二氯乙酸	$CHCl_2COOH$	5.0×10^{-2}	1.30
三氯乙酸	CCl_3COOH	0.32	0.64
氨基乙酸盐	$^+NH_3CH_2COOH$	4.5×10^{-3}	2.35
	$^+NH_2CH_2COO^-$	2.5×10^{-10}	9.60
乳　酸	$CH_3CHOHCOOH$	1.4×10^{-4}	3.86
苯甲酸	C_6H_5COOH	6.2×10^{-5}	4.21
草　酸	$H_2C_2O_4$	5.9×10^{-2}	1.22
	$HC_2O_4^-$	6.4×10^{-5}	4.19
酒石酸	$H_2C_4H_4O_6$	1.04×10^{-3}	2.98
	$HC_4H_4O_6^-$	4.55×10^{-5}	4.34
邻苯二甲酸	$C_6H_4(COOH)_2$	1.1×10^{-3}	2.95
	$C_7H_4O_2COOH^-$	3.9×10^{-6}	6.41
柠檬酸	$H_3C_6O_7H_5$	7.1×10^{-4}	3.13
	$H_2C_6O_7H_5^-$	1.7×10^{-5}	4.78
	$HC_6O_7H_5^{2-}$	4.0×10^{-7}	6.40
苯　酚	C_6H_5OH	1.1×10^{-10}	9.95
乙二胺四乙酸	H_6Y^{2+}	0.1	0.9
	H_5Y^+	3×10^{-2}	1.6
	H_4Y	1×10^{-3}	2.0
	H_3Y^-	2.1×10^{-3}	2.67
	H_2Y^{2-}	6.9×10^{-7}	6.16
	HY^{3-}	5.5×10^{-11}	10.26
水杨酸	$C_6H_4OHCOOH$	1.0×10^{-3}	3.00
	$C_5H_4OHCOO^-$	4.2×10^{-13}	12.38
磺基水杨酸	$C_6H_3SO_3HOHCOOH$	4.7×10^{-3}	2.33
	$C_6H_3SO_3OHCOOH^-$	4.8×10^{-12}	11.32

附录3　标准电极电势(298K)

1. 在酸性溶液内

电极反应	$\varphi^{\ominus}$/V	电极反应	$\varphi^{\ominus}$/V
$2H^+ + 2e = H_2$	0.0000	$Ti^{2+} + 2e = Ti$	-1.628
$2D^+ + 2e = D_2$	-0.044	$TiO_2 + 4H^+ + 4e = Ti + 2H_2O$	-0.86
$Li^+ + e = Li$	-3.0401	$Ti^{3+} + e = Ti^{2+}$	-0.37
$Na^+ + e = Na$	-2.7109	$HNO_2 + H^+ + e = NO + H_2O$	1.035
$K^+ + e = K$	-2.931	$NO_3^- + 4H^+ + 3e = NO + 2H_2O$	0.96
$Rb^+ + e = Rb$	-2.98	$NO_3^- + 3H^+ + 2e = HNO_2 + H_2O$	0.934
$Cu^+ + e = Cu$	0.522	$2NO_3^- + 4H^+ + 2e = N_2O_4 + 2H_2O$	0.803
$CuI + e = Cu + I^-$	-0.1852	$H_3PO_4 + H^+ + e = P$(白磷)$ + 2H_2O$	-0.508
$Cu^{2+} + e = Cu^+$	0.152	$H_3PO_4 + 2H^+ + 2e = H_3PO_3 + H_2O$	-0.276
$Ag^+ + e = Ag$	0.7996	$As + 3H^+ + 3e = AsH_3$	-0.608
$AgI + e = Ag + I^-$	-0.1522	$HAsO_2 + 3H^+ + 3e = As + 2H_2O$	0.2475
$AgCl + e = Ag + Cl^-$	0.2223	$H_3AsO_4 + 2H^+ + 2e = HAsO_2 + 2H_2O$	0.58
$AgBr + e = Ag + Br^-$	0.0713	$BiO + 2H^+ + 2e = Bi + H_2O$	0.32
$Au^+ + e = Au$	1.692	$H_2O_2 + 2H^+ + 2e = 2H_2O$	1.776
$Au^{3+} + 3e = Au$	1.498	$O_2 + 4H^+ + 4e = 2H_2O$	1.229
$AuCl_4^- + 3e = Au + 4Cl^-$	1.002	$O_2 + 2H^+ + 2e = H_2O_2$	0.692
$Be^{2+} + 2e = Be$	-1.847	$S + 2e = S^{2-}$	-0.476
$Mg^{2+} + 2e = Mg$	-2.372	$S + 2H^+ + 2e = H_2S$	0.141
$Ca^{2+} + 2e = Ca$	-2.86	$H_2SO_3 + 4H^+ + 4e = S + 3H_2O$	0.45
$Sr^{2+} + 2e = Sr$	-2.89	$SO_4^{2-} + 4H^+ + 2e = H_2SO_3 + H_2O$	0.172
$Ba^{2+} + 2e = Ba$	-2.912	$S_2O_8^{2-} + 2e = 2SO_4^{2-}$	2.0
$Zn^{2+} + 2e = Zn$	-0.7618	$Cr^{3+} + 3e = Cr$	-0.74
$Cd^{2+} + 2e = Cd$	-0.4026	$Cr^{3+} + e = Cr^{2+}$	-0.41
$Hg_2^{2+} + 2e = 2Hg$	0.7973	$Cr_2O_7^{2-} + 14H^+ + 6e = 2Cr^{3+} + 7H_2O$	1.33
$HgI_2 + 2e = Hg + 2I^-$	-0.0405	$F_2 + 2e = 2F^-$	2.87
$Hg^{2+} + 2e = Hg$	0.851	$F_2(g) + 2H^+ + 2e = 2HF(aq)$	3.03
$2Hg^{2+} + 2e = Hg_2^{2+}$	0.920	$Cl_2(g) + 2e = 2Cl^-$	1.3583
$Al^{3+} + 3e = Al$	-1.706	$HClO + H^+ + 2e = Cl^- + H_2O$	1.49
$La^{3+} + 3e = La$	-2.522	$ClO_3^- + 6H^+ + 6e = Cl^- + 3H_2O$	1.45
$Ce^{4+} + e = Ce^{3+}$	1.61	$HClO + H^+ + e = 1/2Cl_2 + H_2O$	1.63
$2CO_3^{2-} + 2H^+ + 2e = H_2C_2O_4$	-0.49	$ClO_3^- + 6H^+ + 5e = 1/2Cl_2 + 3H_2O$	1.47
$Sn^{2+} + 2e = Sn$	-0.1375	$ClO_4^- + 8H^+ + 7e = 1/2Cl_2 + 4H_2O$	1.39
$Sn^{4+} + 2e = Sn^{2+}$	0.151	$ClO_4^- + 2H^+ + 2e = ClO_3^- + H_2O$	1.19
$Pb^{2+} + 2e = Pb$	-0.1263	$Br_2(l) + 2e = 2Br^-$	1.085
$PbSO_4 + 2e = Pb + SO_4^{2-}$	-0.359	$HBrO + H^+ + 2e = Br^- + H_2O$	1.33
$PbI_2 + 2e = Pb + 2I^-$	-0.358	$BrO_3^- + 6H^+ + 6e = Br^- + 3H_2O$	1.44
$PbO_2 + 4H^+ + 2e = Pb^{2+} + H_2O$	1.435	$I_2 + 2e = 2I^-$	0.535
$Mn^{2+} + 2e = Mn$	-1.185	$HIO + H^+ + 2e = I^- + H_2O$	0.99
$MnO_2 + 4H^+ + 2e = Mn^{2+} + 2H_2O$	1.228	$IO_3^- + 6H^+ + 6e = I^- + 3H_2O$	1.085

续附录 3

电极反应	$\varphi^{\ominus}$/V	电极反应	$\varphi^{\ominus}$/V
$MnO_4^- + 8H^+ + 5e = Mn^{2+} + 4H_2O$	0.491	$Fe^{3+} + e = Fe^{2+}$	0.770
$MnO_4^- + 4H^+ + 3e = MnO_2 + 2H_2O$	0.679	$[Fe(CN)_6]^{3-} + e = [Fe(CN)_6]^{4-}$	0.55
$MnO_4^- + e = MnO_4^{2-}$	0.558	$Co^{2+} + 2e = Co$	-0.28
$H_5IO_6 + H^+ + 2e = IO_3^- + 3H_2O$	1.7	$Co^{3+} + e = Co^{2+}$	1.842
$Fe^{2+} + 2e = Fe$	-0.4402	$Ni^{2+} + 2e = Ni$	-0.257

2. 在碱性溶液内

电极反应	$\varphi^{\ominus}$/V	电极反应	$\varphi^{\ominus}$/V
$2H_2O + 2e = H_2 + 2OH^-$	-0.8277	$Bi_2O_3 + 3H_2O + 6e = 2Bi + 6OH^-$	-0.46
$[Cu(NH_3)_2]^+ + e = Cu + 2NH_3$	-0.12	$O_2 + 2H_2O + 4e = 4OH^-$	0.401
$CuO + H_2O + 2e = Cu + 2OH^-$	-0.361	$S_4O_6^{2-} + 2e = 2S_2O_3^{2-}$	0.09
$[Cu(CN)_3]^{2-} + e = Cu + 3CN^-$	-1.10	$2SO_3^{2-} + 3H_2O + 4e = S_2O_3^{2-} + 6OH$	-0.58
$AgCN + e = Ag + CN^-$	-0.02	$SO_4^{2-} + H_2O + 2e = SO_3^{2-} + 2OH^-$	-0.92
$[Ag(CN)_2]^- + e = Ag + 2CN^-$	-0.31	$S + 2e = S^{2-}$	-0.476
$Ag_2S + 2e = 2Ag + S^{2-}$	-0.7051	$SeO_4^{2-} + H_2O + 2e = SeO_3^{2-} + 2OH^-$	0.05
$Be_2O_3^{2-} + 3H_2O + 4e = 2Be + 6OH^-$	-2.63	$SeO_3^{2-} + 3H_2O + 4e = Se + 6OH^-$	-0.35
$Mg(OH)_2 + 2e = Mg + 2OH^-$	-2.69	$Se + 2e = Se^{2-}$	-0.924
$Ca(OH)_2 + 2e = Ca + 2OH^-$	-3.02	$CrO_2^- + 2H_2O + 3e = Cr + 4OH^-$	-1.2
$HgO + H_2O + 2e = Hg + 2OH^-$	0.0984	$Cr(OH)_3 + 3e = Cr + 3OH^-$	-1.48
$Zn(OH)_4^{2-} + 2e = Zn + 4OH^-$	-1.245	$CrO_4^{2-} + 4H_2O + 3e = Cr(OH)_3 + 5OH^-$	-0.12
$Zn(CN)_4^{2-} + 2e = Zn + 4CN^-$	-1.26	$ClO_4^- + H_2O + 2e = ClO_3^- + 2OH^-$	0.36
$Cd(OH)_2 + 2e = Cd + 2OH^-$	0.081	$ClO_3^- + H_2O + 2e = ClO_2^- + 2OH^-$	0.35
$H_2BO_3^- + H_2O + 3e = B + 4OH^-$	-2.5	$ClO_3^- + 3H_2O + 6e = Cl^- + 6OH^-$	0.62
$H_2AlO_3^- + H_2O + 3e = Al + 4OH^-$	-2.35	$ClO_2^- + H_2O + 2e = ClO^- + 2OH^-$	0.66
$La(OH)_3 + 3e = La + 3OH^-$	-2.90	$ClO_2^- + 2H_2O + 4e = Cl^- + 4OH^-$	0.76
$U(OH)_3 + 3e = U + 3OH^-$	-2.17	$ClO^- + H_2O + 2e = Cl^- + 2OH^-$	0.81
$UO_2 + 2H_2O + 4e = U + 4OH^-$	-2.39	$BrO_3^- + 3H_2O + 6e = Br^- + 6OH^-$	0.76
$U(OH)_4 + e = U(OH)_3 + OH^-$	-2.2	$BrO^- + H_2O + 2e = Br^- + 2OH^-$	0.70
$Na_2UO_4 + 4H_2O + 2e = U(OH)_4 + 2Na^+ + 4OH^-$	-1.61	$H_3IO_6^{2-} + 2e = IO_3^- + 3OH^-$	0.70
$SiO_3^{2-} + 3H_2O + 4e = Si + 6OH^-$	-1.69	$IO_3^- + 3H_2O + 6e = I^- + 6OH^-$	0.26
$HSnO_2^- + H_2O + 2e = Sn + 3OH^-$	-0.909	$IO^- + H_2O + 2e = I^- + 2OH^-$	0.49
$Sn(OH)_6^{2-} + 2e = HSnO_2^- + H_2O + 3OH^-$	-0.93	$MnO_4^- + 2H_2O + 3e = MnO_2 + 4OH^-$	0.595
$PbO_2 + H_2O + 2e = PbO + 2OH^-$	0.247	$MnO_2 + 2H_2O + 2e = Mn(OH)_2 + 2OH^-$	-0.05
$NO_3^- + H_2O + 2e = NO_2^- + 2OH^-$	0.01	$Mn(OH)_2 + 2e = Mn + 2OH^-$	-1.56
$2NO_3^- + 2H_2O + 2e = N_2O_4 + 4OH^-$	-0.85	$Fe(OH)_3 + e = Fe(OH)_2 + OH^-$	0.56
$PO_4^{3-} + 2H_2O + 2e = HPO_3^{2-} + 3OH^-$	-1.05	$Co(NH_3)_6^{3+} + e = Co(NH_3)_6^{2+}$	0.108
$P + 3H_2O + 3e = PH_3(g) + 3OH^-$	-0.87	$Co(OH)_3 + e = Co(OH)_2 + OH^-$	0.17
$AsO_2^- + 2H_2O + 3e = As + 4OH^-$	-0.68	$Co(OH)_2 + 2e = Co + 2OH^-$	-0.73
$AsO_4^{3-} + 2H_2O + 2e = As + 4OH^-$	-0.71	$Ni(OH)_2 + 2e = Ni + 2OH^-$	-0.72
$SbO_2^- + 2H_2O + 3e = Sb + 4OH^-$	-0.66	$Pt(OH)_2 + 2e = Pt + 2OH^-$	0.14

附录4　一些化合物的相对分子质量

化 合 物	相对分子质量	化 合 物	相对分子质量
$AgBr$	187.77	$FeNH_4(SO_4)_2 \cdot 12H_2O$	482.22
$AgCl$	143.32	H_3BO_3	61.83
$AgCN$	133.84	HBr	80.91
Ag_2CrO_4	331.73	H_2CO_3	62.03
AgI	234.77	$H_2C_2O_4$	90.04
$AgNO_3$	69.87	$H_2C_2O_4 \cdot 2H_2O$	126.07
$AgSCN$	165.95	HCl	36.46
Al_2O_3	229.84	$HClO_4$	100.46
$Al_2(SO_4)_3$	342.15	HF	20.02
As_2O_3	197.84	HI	127.91
$BaCO_3$	197.34	HNO_3	63.01
BaC_2O_4	225.35	H_2O	18.02
$BaCl_2$	208.24	H_2O_2	34.02
$BaCl_2 \cdot 2H_2O$	244.27	H_3PO_4	98.00
$BaCrO_4$	253.32	H_2S	34.08
BaO	153.33	H_2SO_4	98.08
$Ba(OH)_2$	171.35	KBr	119.01
$BaSO_4$	233.39	$KBrO_3$	167.01
$CaCO_3$	100.09	K_2CO_3	138.21
CaC_2O_4	128.20	$KClO_3$	122.55
$CaCl_2$	110.99	$K_2Cr_2O_7$	294.19
$CaCl_2 \cdot 2H_2O$	129.00	KI	166.01
CaF_2	78.08	KIO_3	214.00
$Ca(NO_3)_2$	164.09	$KMnO_4$	158.04
CaO	56.08	KOH	56.11
$Ca(OH)_2$	74.09	K_2SO_4	174.26
$CaSO_4$	136.14	$Na_2S_2O_3 \cdot 5H_2O$	248.10
$Ca_3(PO_4)_2$	310.18	NH_4Cl	53.49
CH_3COOH	60.05	$(NH_4)_2C_2O_4 \cdot H_2O$	142.11
C_6H_5COOH	122.12	$(NH_4)_2SO_4$	132.14
$C_6H_4COOHCOOK$（邻苯二甲酸氢钾）	204.23	P_2O_5	141.95
		$PbCrO_4$	323.18
CO_2	44.01	PbO	223.19
Cr_2O_3	151.99	PbO_2	239.19
CuO	79.54	Pb_3O_4	685.57
Cu_2O	143.09	$PbSO_4$	303.26
$CuSCN$	121.63	SiO_2	60.08
$CuSO_4$	159.61	$SnCl_2$	189.60
$CuSO_4 \cdot 5H_2O$	249.69	TiO_2	79.88
$FeCl_3$	162.21	WO_3	231.85
FeO	71.85	$ZnCl_2$	136.30
Fe_2O_3	231.54	ZnO	81.39
$FeSO_4 \cdot 7H_2O$	278.02	$ZnSO_4$	161.45

附录 5　金属配合物的稳定常数

金属离子	离子强度	n	$\lg\beta_n$
氨配合物			
Ag^+	0.1	1,2	3.40,7.40
Cd^{2+}	0.1	1,…,6	2.60,4.65,6.04,6.92,6.6,4.9
Co^{2+}	0.1	1,…,6	2.05,3.62,4.61,5.31,5.43,4.75
Cu^{2+}	2	1,…,4	4.13,7.61,10.48,12.59
Ni^{2+}	0.1	1,…,6	2.75,4.95,6.64,7.79,8.50,8.49
Zn^{2+}	0.1	1,…,4	2.27,4.61,7.01,9.06
氟配合物			
Al^{3+}	0.53	1,…,6	6.1,11.15,15.0,17.7,19.4,19.7
Fe^{3+}	0.5	1,2,3	5.2,9.2,11.9
Th^{4+}	0.5	1,2,3	7.7,13.5,18.0
TiO^{2+}	3	1,…,4	5.4,9.8,13.7,17.4
Sn^{4+}	*	6	25
Zr^{4+}	2	1,2,3	8.8,16.1,21.9
氯配合物			
Ag^+	0.2	1,…,4	2.9,4.7,5.0,5.9
Hg^{2+}	0.5	1,…,4	6.7,13.2,14.1,15.1
碘配合物			
Cd^{2+}	*	1,…,4	2.4,3.4,5.0,6.15
Hg^{2+}	0.5	1,…,4	12.9,23.8,27.6,29.8
氰配合物			
Ag^+	0~0.3	1,…,4	—,21.1,21.8,20.7
Cd^{2+}	3	1,…,4	5.5,10.6,15.3,18.9
Cu^+	0	1,…,4	—,24.0,28.6,30.3
Fe^{2+}	0	6	35.4
Fe^{3+}	0	6	43.6
Hg^{2+}	0.1	1,…,4	18.0,34.7,38.5,41.5
Ni^{2+}	0.1	4	31.3
Zn^{2+}	0.1	4	16.7
硫氰酸配合物			
Fe^{3+}	*	1,…,5	2.3,4.2,5.6,6.4,6.4
Hg^{2+}	1	1,…,4	—,16.1,19.0,20.9
硫代硫酸配合物			
Ag^+	0	1,2	8.82,13.5
Hg^{2+}	0	1,2	29.86,32.26

金属离子	离子强度	n	$\lg\beta_n$
柠檬酸配合物			
Al^{3+}	0.5	1	20.0
Cu^{2+}	0.5	1	18
Fe^{3+}	0.5	1	25
Ni^{2+}	0.5	1	14.3
Pb^{2+}	0.5	1	12.3
Zn^{2+}	0.5	1	11.4
磺基水杨酸配合物			
Al^{3+}	0.1	1,2,3	12.9,22.9,29.0
Fe^{3+}	3	1,2,3	14.4,25.2,32.2
乙酰丙酮配合物			
Al^{3+}	0.1	1,2,3	8.1,15.7,21.2
Cu^{2+}	0.1	1,2	7.8,14.3
Fe^{3+}	0.1	1,2,3	9.3,17.9,25.1
邻二氮菲配合物			
Ag^{+}	0.1	1,2	5.02,12.07
Cd^{2+}	0.1	1,2,3	6.4,11.6,15.8
Co^{2+}	0.1	1,2,3	7.0,13.7,20.1
Cu^{2+}	0.1	1,2,3	9.1,15.8,21.0
Fe^{2+}	0.1	1,2,3	5.9,11.1,21.3
Hg^{2+}	0.1	1,2,3	—,19.65,23.35
Ni^{2+}	0.1	1,2,3	8.8,17.1,24.8
Zn^{2+}	0.1	1,2,3	6.4,12.15,17.0
乙二胺配合物			
Ag^{+}	0.1	1,2	4.7,7.7
Cd^{2+}	0.1	1,2	5.47,10.02
Cu^{2+}	0.1	1,2	10.55,19.60
Co^{2+}	0.1	1,2,3	5.89,10.72,13.82
Hg^{2+}	0.1	2	23.42
Ni^{2+}	0.1	1,2,3	7.66,14.06,18.59
Zn^{3+}	0.1	1,2,3	5.71,10.37,12.08

参 考 文 献

[1] 史启祯主编．无机化学与化学分析[M]．北京：高等教育出版社，1998.
[2] 史启祯主编．无机化学与化学分析[M]．第二版．北京：高等教育出版社，2005.
[3] 吴成鉴主编．无机化学学习指导[M]．哈尔滨：黑龙江科学技术出版社，1994.
[4] 北京师范大学无机化学教研室等编．无机化学[M]．第四版．北京：高等教育出版社，2003.